生成AI時代を
生き抜く社員になる！

Microsoft Copilot for Microsoft 365 活用大全

著
アクセンチュア
データ&AIグループ

日経BP

はじめに

ようこそ、Copilot for Microsoft 365 の世界へ！

Copilot for Microsoft 365 は、AI の力を借りて日々のビジネス業務を効率化し、革新的な方法で業務遂行をサポートする新しいツールである。これは、Microsoft Office の各アプリケーションに深く統合されており、文書作成、データ分析、コミュニケーションといった日常業務を AI のアシスタンスによって効率的かつスマートに行えるように設計されている。

Word では文書作成時に下書きや編集を助け、Excel では複雑なデータ分析や視覚化を簡易にする。PowerPoint ではプレゼンテーションのアイデアを形にし、Outlook ではメールの返信やスケジュール管理を効率化する。加えて、Teams では、会議の議事録の自動作成やアクションアイテムの抽出、さらにはチーム内のコミュニケーションを円滑にするための推奨事項を提供する。これらの機能により、日々の業務はよりスムーズかつ創造的になる。

しかし、Copilot for Microsoft 365 の真の力を引き出すには、その機能を理解し、適切に活用することが必要である。本書では、Copilot の基本的な使用方法から、より高度な活用テクニックまでを段階的に解説する。あなたはこのガイドを通じて、Copilot for Microsoft 365 を最大限に活用し、自身のビジネスパフォーマンスを向上させるための知識と技術を身につけることができる。

この新時代のツールをマスターすることで、日々の業務を効率的に進めるだけでなく、新たなアイデアやソリューションを生み出すことが可能だ。Copilot for Microsoft 365 は、まさにあなたの働き方を変革し、未来のビジネスをリードするための鍵となる。

それでは、このエキサイティングな旅を始めよう。

さて、ここまでの文章は、実はほとんど Word で Copilot を使用してドラフトしたものがベースとなっている。そう言われてあなたはどう感じるだろうか。「どこかで読んだことがあるような文章だな」と感じたあなたは流石である。書籍の一部を生成 AI に作らせることはもはや目新しいことではなく、例えば、『生成 AI 時代の「超」仕事術大全』〔1〕でも「はじめに」で使われている。ただ、Copilot はあくまでも副操縦士であり、自動操縦（Autopilot）ではない。最終的には主操縦士（pilot）は我々自身であり、本書についても文責は Copilot ではなく、アクセンチュア　データ& AI グループが負っている。それでは改めて、Copilot for Microsoft 365 をマスターするための旅を始めよう。

2024 年 2 月　アクセンチュア　データ& AI グループ

CONTENTS

■本書の前提

・本書は2024年2月現在の情報をもとに、Microsoft Copilot for Microsoft 365がインストールされているパソコンで、インターネットに常時接続されている環境を前提に紙面を制作しています。

・本書の発行後に、本書で解説しているツールやWebページの操作や画面が変更された場合、本書の掲載内容通りに操作できなくなる可能性があります。

・本書についての最新情報、訂正、重要なお知らせについては下記Webページを開き、書名もしくはISBNで検索してください。ISBNで検索する際は-（ハイフン）を抜いて入力してください。
https://bookplus.nikkei.com/catalog/

・本書の運用によって生じる直接的または間接的な損害について、著者ならびに弊社では一切の責任を負いかねます。

序　章

Microsoft Copilot for Microsoft 365が生成AIの起爆剤になる

ChatGPTが公開されてから約1年後に当たる2023年11月、マイクロソフトは「Microsoft Copilot for Microsoft 365（以下、Copilot for Microsoft 365）」の提供を開始した。生成AIをTeamsやOutlookで使えるようになり、人とAIの関係は新たな時代に入った。ビジネスとAIの関係を知り尽くした2人の専門家が語る、生成AIとの正しい向き合い方とは。

生成AIをビジネスに導入する企業が急増している理由

――2023年の社会、ビジネス界はまさに、生成AIの話題一色でした。生成AIが私たちの仕事にもたらすインパクトと、企業が抱く期待や課題についてどう見ていますか。

岡嵜　生成AIの登場はインターネット、スマートフォンに匹敵する大きなインパクトといわれますが、まさにその通りだと思います。2022年11月末に登場したChatGPTは、全世界でユーザーが1億人に達するまで、わずか2カ月しかかかっていません。現在世界中で使われている有名なSNSでも1億人まで4年以上かかっていることを考えると、この普及スピードは驚異的です。

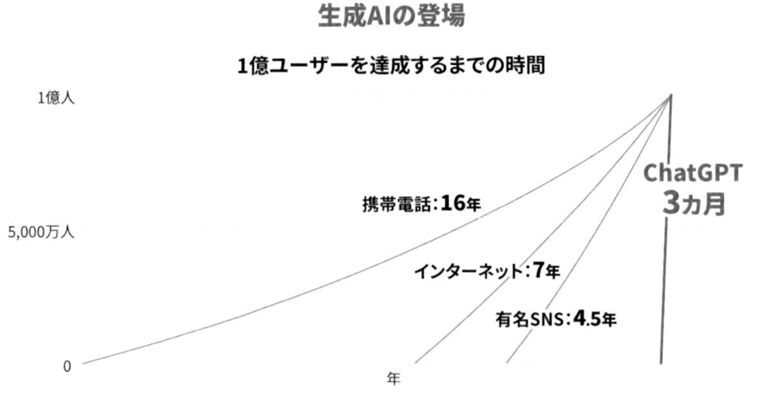

図１：ChatGPTが世界で1億人ユーザーに達するまでの時間

マイクロソフトが提供する生成AIソリューションの利用者も、提供開始からわずか10カ月で1万8000社に達し、そのうち日本企業は560社を超えています。いずれも、記録的な勢いで利用が拡大している状況です。

生成AIが爆発的にユーザーを獲得している最大の理由は「分かりやすさ」だと思います。通常の会話のようにチャットすることで、非常に満足度の高い答えが返ってくるのです。性能も高く、すでにMBAのテストや司法試験に受かるレベルと評価されています。分かりやすく高性能なツールであり、ビジネスでうまく利用すれば様々な業務を改善できるのではないかと期待が高まっています。

また生成AIは、新しいテクノロジーに対して比較的保守的な金融機関、政府などの公共分野が非常に高い関心を示しており、実際に導入していることも特徴的です。これも、生成AIが提供する価値がいかに分かりやすいかの表れと言えるでしょう。

保科　生成AIは特定目的に特化したAIとは異なり、一般的なビジネスシーンでも高い効果が期待できる汎用性の高い技術だと捉えています。アクセンチュアの調査では、業界平均で約44%の仕事が、ChatGPTなどの大規模言語モデル

(LLM) によって自動化されたり、強化されるという結果が出ています。

ビジネスユーザーにとって親和性が高く、一斉に利用が始まった一方で、使う人によって活用の仕方に大きな開きがあることが見えてきました。自分の仕事を高度化するイメージを持てている人と、まだどう使うのかが分からない人との間で、パフォーマンスの差が明確になってきているのです。生成AIを使いこなすために、本来目指すべき仕事のゴールを意識した上で、現状の仕事のプロセスを分解し、組み立て直す能力が今まで以上に問われる時代になりました。

岡嵜　生成AIは個人だけでなく、組織に対するインパクトも大きいと思います。これまでDXの成果が発揮できなかった組織でも、生成AIはユーザーメリットをクリアに描きやすいツールであるため、多くの企業が「あったらいいな」ではなく「これが欲しい」とはっきり言えるツールだからです。

「企業が蓄えたデータ」＋「生成AI」でビジネスの価値を高める

―― マイクロソフトは、いち早く自社のソフトウェアに生成AIを採り入れています。いよいよ、ビジネスユーザーの標準ツールとも言えるMicrosoft 365に生成AIが搭載されました。これはどのような機能を提供しているのでしょうか。

岡嵜　マイクロソフトは生成AIについて、大きく2つの方向性で取り組んでいます。1つは、当社のクラウド基盤サービスであるMicrosoft Azure向けの「Azure OpenAI Service」で、企業のビジネスプロセスや業務アプリケーションを開発する際、生成AIを組み込むことができます。

もう1つのアプローチが、アプリケーションやサービスへの生成AIの導入です。当社は、提供しているクラウドアプリケーションの全てに生成AIの機能を付加することを発表しました。

その1つが「Copilot for Microsoft 365」です。Word、Excel、PowerPoint、Outlook、Teamsなど広くビジネスでご利用いただいているMicrosoft 365で、生成AIの機能をお使いいただけます。具体的には、ドキュメントやスライドを自動生成したり、Teamsで行った会議内容を要約させる、次のアクションアイテムを洗い出すなど、ビジネスユーザーにとって分かりやすい機能が追加されます。

図2：Word原稿をWordでのCopilotで推敲している例

保科　アクセンチュアはCopilot for Microsoft 365を先行ユーザーとして使わせていただいてきましたが、ものすごく便利だと感じています。例えば、時間が重なって参加できなかったTeamsでのオンライン会議があっても、後からCopilot for Microsoft 365で内容を聞くと要約して回答してくれるので素早く確認できます。また、海外のメンバーから深夜に英語のメールが来て、それを朝一番で確認するのが日課ですが、長文の場合、読んで内容を把握するのに相当時間を取られてしまいます。Copilot for Microsoft 365を使えば、受信したメールを翻訳して要約までしてくれるので内容の把握が早く、返信文のドラフトも

岡嵜 禎 氏

日本マイクロソフト株式会社
執行役員 常務
クラウド & AIソリューション事業本部長

NTTデータ、日本オラクルなどでシステム開発、ITアーキテクトを歴任。2015年アマゾン データ サービス ジャパン（現アマゾン ウェブ サービス ジャパン）入社。2019年同社執行役員 技術統括本部長に就任。2022年日本マイクロソフト入社。執行役員 常務 クラウド&ソリューション事業本部長に就任。2023年7月より現職。

翻訳して自動生成することが可能です。

Copilot for Microsoft 365の強みは、私たちが普段使っているアプリケーションに生成AIが組み込まれたということ。新しいツールを別途使う必要がなく、いつも通りの仕事の中で自然に生成AIを使えるメリットは非常に大きいと思います。

さらに、普段の業務で保存しているデータの価値を生成AIによって引き出せるという強みがあります。企業が蓄積したデータから、生成AIの力を使って新しいものを生み出すことで、ビジネスの価値は格段に高まります。

岡嵜　Copilot for Microsoft 365のもう1つのメリットは、ExcelとOutlookなど、複数のアプリケーション間で連携ができることです。1つのツールの効果は小さくても、連携させることで生成AIの効果を2倍、3倍に高めることができます。

この「Copilot＝副操縦士」という名前が非常に重要で、あくまで中心は人であり、生成AIは人を助ける役割であることを表しています。当社では、AIと人は対立するものでなく、共存共栄する働き方を模索することにこだわりを持っています。

保科　生成AIのメリットは、単に人の作業を自動化するだけではありません。人

保科 学世 氏

アクセンチュア株式会社
執行役員 データ&AIグループ日本統括
AIセンター長

アクセンチュアにてAI、アナリティクス部門の日本統括、およびデジタル変革の知見や技術を集結した拠点「アクセンチュア・イノベーション・ハブ東京」の共同統括を務める。『生成AI時代の「超」仕事術大全』をはじめ、AI、データサイエンスに関する著書、監修書多数。理学博士。

間の能力を拡張するための道具だという発想で向き合うべきだと考えています。

アクセンチュアでは、自社開発の生成AI「ブレインバディさん」を仕事のパートナーとして利用を開始しました。例えば、社内会議に参加したブレインバディさんが、メンバーと意見を交わした内容を整理して論点を明確にしたり、顧客の課題解決策のアイディア出しをするなど、人間の能力を拡張し、ビジネス成長へつなげる活用方法を見いだしています。

積極的な生成AIの活用が新たな価値を創造

——生成AIが話題となる一方で、AIが出した情報に誤りがあったり、機密情報が学習データとして使用されて漏洩するなどの問題が指摘されています。企業は何に注意すればいいでしょうか。

岡嵜　AIを有効活用するための課題は、大きく3つあると思います。1つ目は、データの安全な取り扱いや、学習データの公平性、著作権などの問題です。ここは、私たち開発側も安全で安心して活用できる環境を提供することに努めています。2つ目は、AIを活用するためにはデータが必要だということ。自社にどれだけデータの蓄積があるか、それが学習に使える状態にあるかが重要です。

そして3つ目は、AIに対する知識、スキルの問題です。お客様の中には、保科さんが指摘された通り、まだ生成AIでできることについてイメージが湧かない方も少なくありません。

生成AIの利用範囲は、事務処理やチャットだけではないのです。例えば、IT部門で従来はプログラムコードを直接書いていたものが、生成AIにうまく質問を投げることで、ほぼ実用的なソースコードを書かせることができます。システム開発の仕事の仕方を大きく変えていくでしょう。

保科　岡嵜さんがご指摘されたように、「責任あるAI」の運用は、生成AI時代の今、さらに重要度を増しています。生成AIは一般的な知識に加え、自社のデータを掛け合わせることで、得られる効果が飛躍的に高まります。まずは社内で使ってみて、その特徴を理解することが重要です。

完璧な人間が存在しないように、生成AIも完璧ではありません。AIエンジンごとに得意な領域も異なります。また、生成AIが出した結果を、そのままうのみにしてはいけません。「最終的に責任を負うのは使う人」ということは、これまでのビジネスツールと同様です。

「責任」の問題が出てくると、それならAIを使うのは中止しようという意見が必ず出てきます。しかし、そこで安易にブレーキをかけるべきではありません。懸念点は何かを把握し、運用ルールを明確に示しながら、使い続けることで進化させることが大切ですね。

岡嵜　まさにその通りで、理解不足からブレーキがかかる事態は避けるべきです。生成AIが登場して1年たち、ガイドラインもだいぶ整備されてきました。正しく理解することで、積極的に活用していってほしいと思います。

もう1点、生成AIの活用にブレーキをかける要因になりがちなのが、生成AIをコスト削減のツールとしてしか見ないことによる過小評価です。仮に生成AIで20%コストが下がるとしても、それで良かったで終わるのではなく、その先にある人とAIの共存による新しい可能性にも目を向けてほしいと思います。

完璧な人間はいないという話がありましたが、なぜか人はAIに完璧を求めがちです（笑）。そうではなくて、あくまでAIは人の補佐をする存在だと認識いただければ、生成AIを使い始める敷居はおのずと下がるはずです。

多くの方のご利用が見込まれるCopilot for Microsoft 365で、生成AI時代ならではの働き方をぜひ体験していただければと思います。

保科　新しいことには常にリスクが伴います。生成AIを使うことによるリスクも、確かにあるでしょう。しかし、私はこのツールを使わずに静観しているリスクのほうが、はるかに大きいと思います。メリットと課題を正しく理解して、生成AIの恩恵を最大限活用していきたいですね。

第 1 章

はじめに

まずはじめに、Microsoft Copilot for Microsoft 365とは何なのか？　そして、Microsoft Copilot for Microsoft 365を使うとどんなことができるのか、概要をみていこう。

LESSON 1

ビジネスにおける生成AIのインパクト

生成AIのビジネスへのインパクト、そしてその中でMicrosoft Copilot for Microsoft 365がどう位置づけられるのか大まかにみてみよう。

1 ChatGPTそしてMicrosoft Copilot for Microsoft 365の出現

2022年11月、OpenAIによりChatGPTが公開された。公開後わずか2か月でユーザー数が1億人を突破し、その展開の速さも驚異的であったが、さらに驚くべきは能力の高さである。GPT-4においては、アメリカの司法試験で上位10%に入るスコアで合格するほどであり、日本語においても過去5年分の医師国家試験に合格するほどの実力をもっている。

特定の専門知識を保有しているだけではない。"GPTs are GPTs"[2]というOpenAIの論文がある。ChatGPTで用いられている事前学習済みのトランスフォーマー（GPT：Generative Pre-trained Transformer）が、汎用技術（GPT：General Purpose Technology）である、というのだ。

人類の長い歴史の中で、"汎用技術"と呼ばれるのは図1-1の通り30個もない。産業革命時に人類は蒸気機関という動力を得たが、GPTをはじめとする大規模言語モデル（Large Language ModelあるいはLLM）により、人類はもう1つの脳を得たと言っても過言ではないだろう。

No.	GPT	時期	分類	No.	GPT	時期	分類
1	植物の栽培	紀元前9000～8000年	プロセス	13	鉄道	19世紀半ば	プロダクト
2	動物の家畜化	紀元前8500～7500年	プロセス	14	鋼製汽船	19世紀半ば	プロダクト
3	鉱石の精練	紀元前8000～7000年	プロセス	15	内燃機関	19世紀末	プロダクト
4	車輪	紀元前4000～3000年	プロダクト	16	電気	19世紀末	プロダクト
5	簿記	紀元前3400～3200年	プロセス	17	自動車	20世紀	プロダクト
6	青銅	紀元前2800年	プロダクト	18	飛行機	20世紀	プロダクト
7	鉄	紀元前1200年	プロダクト	19	大量生産	20世紀	組織
8	水車	中世初期	プロダクト	20	コンピュータ	20世紀	プロダクト
9	3本マストの帆船	15世紀	プロダクト	21	リーン生産方式	20世紀	組織
10	印刷	16世紀	プロセス	22	インターネット	20世紀	プロダクト
11	蒸気機関	18世紀末～19世紀初頭	プロダクト	23	バイオテクノロジー	20世紀	プロセス
12	工場	18世紀末～19世紀初頭	組織	24	ナノテクノロジー	21世紀	プロセス

図1-1　汎用技術（GPT：General Purpose Technology）の一覧[3]

アクセンチュアの調査[4]によれば、LLMにより、総労働時間の約24%の作業が大幅に自動化され、約21%の作業が大幅に高度化されると見込まれている。全人類の総労働時間の約44%が生成AIによって大きな影響を受けるのである。職種別にみると、例えば事務職（オペレーション）への影響については、44%が大幅に自動化され、21%が大幅に高度化されると見込まれている。その他、IT部門や財務、人事といったバックオフィスサービスについて軒並み50%を超える影響が見込まれていることから、ホワイトカラーのデスクワークに変革が起こる、と言えるだろう。

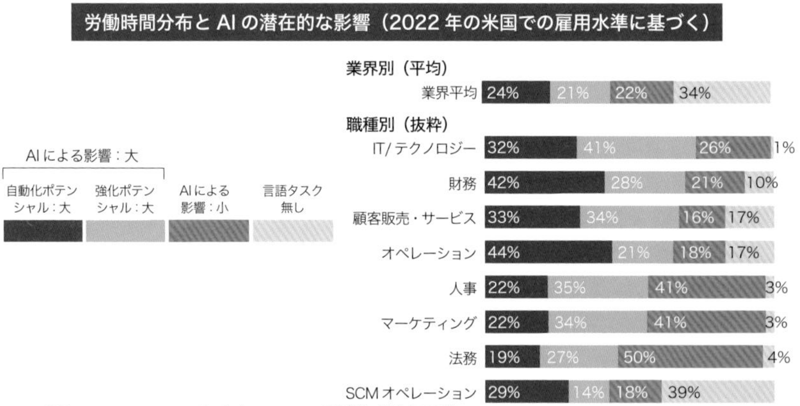

図1-2　LLMのビジネスへの影響（職種別）

そしてOpenAIと長期的に強固なパートナーシップを築いているMicrosoftは、複数年にわたって数十億ドル規模の投資を行っており、OpenAIのモデルを自社製品に組み込めるようになっている。[5]OpenAIの独占的クラウドベンダーとしてAzure Open AIサービスも提供しており、読者の中にはこのAPIを使用したことのある方もいるかもしれない。

このような背景から、Microsoft 365というビジネス用のアプリケーション群に、Copilotという形でOpenAIの生成AIが組み込まれたのである。そして、2022年11月のChatGPTの出現から約1年後の2023年11月1日、Microsoft Copilot for Microsoft 365が満を持して一般提供開始となった。ホワイトカラーのデスクワーク変革を推進・実現する基盤として大きな期待が寄せられている。

それでは早速Microsoft Copilot for Microsoft 365でどんなことができるのか、詳細に入っていこう。

LESSON 2

Microsoft Copilot for Microsoft 365とは

さあ、いよいよCopilotとの旅のはじまりだ。まずはMicrosoft Copilot for Microsoft 365とはどんなものなのか、そしてどんなことができるのか、から話を進めよう。

1 Microsoft Copilot for Microsoft 365は職場の副操縦士

Microsoft Copilot for Microsoft 365(以下、"Copilot"と呼ぶ)は、一言でいうと職場での副操縦士となってくれるAIアシスタントである。あくまでも人が主役(主操縦士：pilot)であり、我々は言語を使って副操縦士(=Copilot)とやりとりしながら一緒に仕事を進めることができる。Microsoftの会長兼最高経営責任者(CEO)のサティア・ナデラも「Copilotによって、人々はもっと主体性をもち、最も普遍的なインターフェイスである自然言語を通じて、テクノロジーにアクセスしやすくなる。これは私たちの働き方を根本的に変え、生産性向上の新たな波を解き放つものです。」と述べている。[6]

Copilotは、我々の多くが仕事をする際に使用しているMicrosoft 365のアプリケーション群(例えばWord、Excel、PowerPoint、Outlook、Teamsなど)にOpenAIのGPT-4をベースにしたLLMを組み込んだものである。LLMがMicrosoft 365アプリケーションとシームレスに統合されており、各アプリケーションの中で同僚とチャットするのと同じように、Copilotと自然言語でやりとりすることでMicrosoft 365アプリケーションを操作できるようになる。そしてCopilotが副操縦士としてユーザーをアシストし、アウトプット作成までの時間を短縮し、アウトプットの質を高め、選択肢(着想／想像力)の幅を広げ、スキルアップすることができるのだ。

2 アウトプット作成までの時間短縮

我々は、本当は重要な仕事に集中したいと思っているものの、普段殆どの時間は重要ではない雑務や庶務に追われているのではないだろうか？　そんな悩みは、Copilotがアウトプットの「たたき台」を短時間で生成し、人間がそれを確認して指示を出しながら修正するプロセスに変えることで解決できるだろう。結果として、ホワイトカラーのアウトプット作成までの生産性が向上し、作業時間が大幅に短縮するので、より重要な仕事に集中できるようになるのだ。

例えば、OutlookでCopilotを使用すると、長いメールスレッドの要約や返信のドラフトを迅速につくることができる。また、TeamsでCopilotを使用すれば、会議の要約やアクションアイテムリストのドラフトを作成できるので、これまで議事録作成にかかっていた時間を大幅に短縮することができる。同様にWordやPowerPointでCopilotを使用すると、ドラフトが迅速に作成されるため、思考することにより多くの時間を使うことができるようになる。さらに、ExcelでCopilotを使用すると、データセットの理解・傾向分析・グラフ化といった分析と可視化に関わる作業時間を大幅に短縮できる。

3 アウトプットの質の向上

仕事を進めていく上で、自身のアウトプットを確認するのは当然である。しかし、自分自身の作成したアウトプットを客観的に確認して品質を高めることには限界がある。そこで、Copilotに相談してフィードバックを求めることで、アウトプットを精査・修正して品質を向上することができる。
例えば、OutlookでCopilotを使用すると、メールを送信する前にCopilotによるコーチングを受けることができ、トーン・読者の感情・明瞭さといった観点からのフィードバックと提案を受けることができる。また、WordやPowerPointでCopilotを使用すると、文書やスライドの改善ポイントに関するフィードバックを受けられる。さらにTeamsの会議の際にCopilotを使用すると、議論のどこに穴があるのか、議論で出たアイデアの長所と短所はなにか、といったフィードバックをもらうこともできる。

4 選択肢（着想／想像力）の幅の拡張

我々人間が独力で出せる選択肢には限りがある。一方、LLMには、これまでに蓄積されてきた世界中の様々な知見が学習されており、それをベースとして様々なアイデアを提示できるため、Copilotを活用することで選択肢の幅を大幅に広げることができる。
例えば、プレゼン後の質疑応答の時間に何も質問があがらず場が冷え切っている際にTeamsでCopilotを使用すると、プレゼンターへの質問候補を複数提案してくれる。また、OneNoteでCopilotを使用すると、何かの課題やトピックに対するアイデアを提案してもらうこともできる。さらにWhiteboardでCopilotを使用すると、アイデアやコンテンツに対して関連するいくつもの候補を提案してくれ、それを付箋として追加することもできる。

5 スキルアップ

大量のドキュメントを詳細まで全て読むのは非常に骨が折れ、途中で集中力が切れてしまうこともあるだろう。そんな時はPowerPointやWordでCopilotを使用して、文書の内容についての質問をすると、Copilotがその文書の内容をベースに回答してくれるため、理解を深めることができる。
また、殆どの人はMicrosoft 365で利用できる数千のコマンドのうち、一部のコマンドしか使用していないのではないだろうか。Copilotと自然言語でやりとりすれば、まだ学んでいないことをすぐに使いこなすことができる。例えば、Power AutomateでCopilotを使用すると、自分がやりたいことをどうすれば自動化できるか教えてもらえる。今までRPAでの自動化の経験がない人でも、容易に自動化できるようになるだろう。このように、我々自身のスキルアップも促進できるのだ。

6 Web検索とは何が違うのか？

Web検索は、インターネット上の膨大な情報から、入力したキーワードや文章に関連するページを探し出すものである。しかし、検索結果が多すぎて目的の答えを見つけられない場合もあるだろう。また、Web検索はインターネット上の一般的な情報に基づいて情報を提供するものであり、社内の文書やデータに関する質問には答えられない。
それに対してCopilotは、Web検索とは異なり、自分が利用しているMicrosoft 356アプリケーションのコンテキストに沿って質問に答えることができる。例えば、WordやPowerPointでCopilotにドキュメントの要約をお願いすると、今そこに表示されている情報を要約してくれる。Outlookでメールの返信をCopilotにドラフトしてもらうと、受信したメールの内容をベースにして返信をドラフトしてくれる。また、M365チャット*を使用すると、自社内の情報にアクセスできるので、社内用語などの情報を検索することもできる。
Copilotは、Microsoft 365アプリケーションとシームレスに統合されており、Web検索よりもより深いレベルで自分の仕事に役立つ情報を提供してくれるのである。

* 現在はCopilot for Microsoft 365に変更

LESSON

3 Copilotを利用するには？

次に、Copilotを利用するための前提条件および手順について確認していこう。

1 ライセンス体系

Copilotは企業向けのサービスである。現時点（2024年2月）では、Microsoft 365またはOffice 365のE3またはE5ライセンスを保持する企業向けに大企業向けプランが、Microsoft 365 Business StandardまたはBusiness Premiumライセンスを保持する企業向けに一般法人向けプランが提供されている。これらのライセンスは、各種Microsoft 365アプリケーションやセキュリティ対策機能を含んだ企業向けのライセンスである。[7]なお、一般法人向けプランと大企業向けプランで提供されるCopilotの機能に差はない。

Copilotの価格については、1ユーザーあたり3,750円／月（消費税別）となっている。

ただし、ここ最近の円安を受けてMicrosoftは2024年4月に法人向けソフトウェアおよびクラウドサービスを20%値上げすることを発表しているため、この本が発売される頃には価格が変わっているかもしれない。[8]

2 ユーザーインターフェースの概要

Copilotは、（組織の管理者によるセットアップが完了すれば）既存のMicrosoft 365アプリケーション上ですぐに使用できる形で提供されている。具体的な操作については各アプリケーションの章に譲るが、大きく分けると2つの起動方法がある。

1つ目が画面上のアイコンを押下して起動する方法だ。各アプリの［ホーム］タブやアプリ画面右上に配置されているCopilotアイコンを押下すると、Copilotウィンドウが現れる。例えばPowerPointの場合には、図3-1のように［ホーム］タブの右端にCopilotアイコンが配置されており、押下するとCopilotウィンドウが現れる（図3-2参照）。

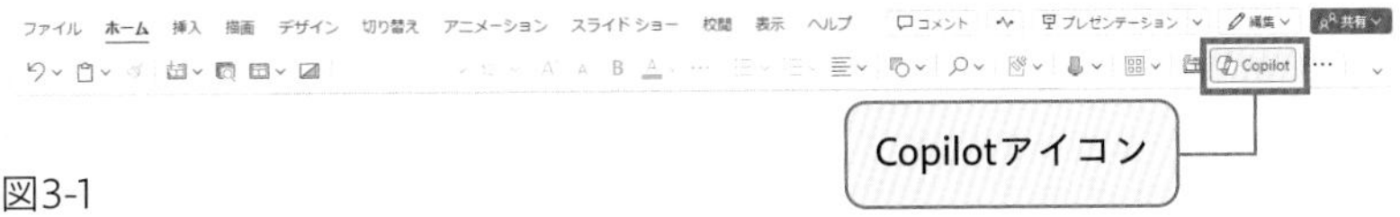

図3-1

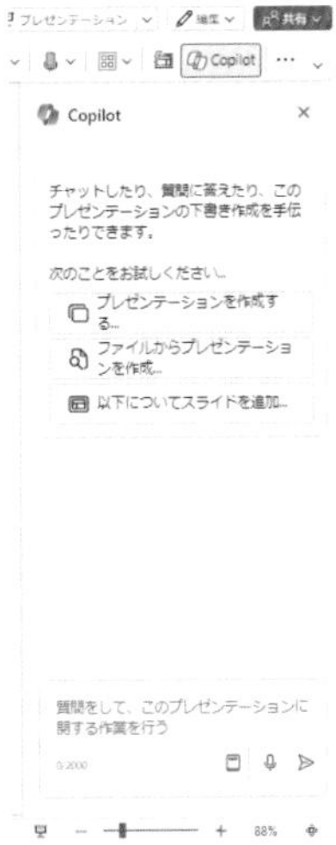

図3-2

2つ目がショートカットを利用して起動する方法だ。例えばOutlookではメールの編集中に「/」と入力するとメニューが出現し、Copilotを起動することができる。また、特定のタスクをすぐに実行するためのショートカットも存在する。例えばWordでは、新しい段落の先頭で「Alt＋I」を押下するとCopilotが起動し、下書きを生成してくれる。

なお、Teamsはやや特殊で、ミーティングCopilot、チャットCopilot、M365チャット*という3種類のCopilotが活用できる。詳細については3章にて解説する。

* 現在はCopilot for Microsoft 365に変更

第 2 章

Microsoft Copilot for Microsoft 365の共通知識

早くCopilotのレッスンに入りたくてうずうずしている方もいるかもしれない。けれども、各アプリケーションごとのレッスンに入る前に、共通して知っておくべきことがある。ここでは、Copilotそのものの仕組みや注意事項、各アプリケーション共通のプロンプトテクニック、賢く使うための心得などに触れておきたい。

LESSON 4

Copilotの仕組み

このレッスンでは、Copilotがあなたから指示を受け取り、回答を生成するまでの5つの手順について解説する。[9]

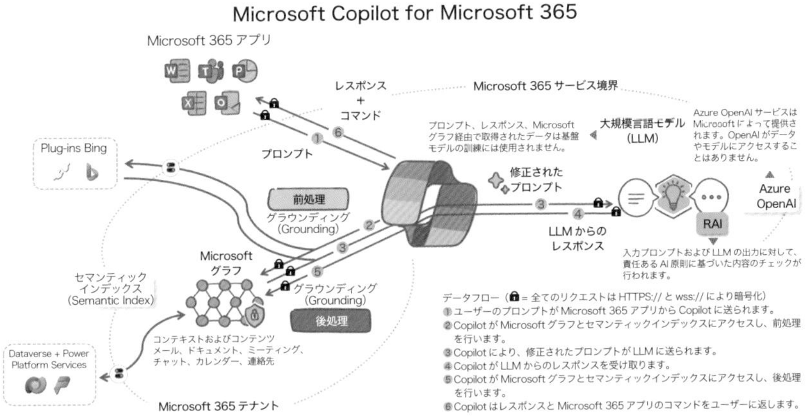
Microsoft Copilot for Microsoft 365
Microsoft 365 アプリ
レスポンス + コマンド
Microsoft 365 サービス境界
プロンプト
Plug-ins Bing
前処理
グラウンディング (Grounding)
Microsoft グラフ
セマンティック インデックス (Semantic Index)
グラウンディング (Grounding)
後処理
コンテキストおよびコンテンツ
メール、ドキュメント、ミーティング、チャット、カレンダー、連絡先
Dataverse + Power Platform Services
Microsoft 365 テナント
プロンプト、レスポンス、Microsoft グラフ経由で取得されたデータは基盤モデルの訓練には使用されません。
大規模言語モデル (LLM)
Azure OpenAI サービスは Microsoft によって提供されます。OpenAI がデータやモデルにアクセスすることはありません。
修正されたプロンプト
LLM からのレスポンス
RAI
Azure OpenAI
入力プロンプトおよび LLM の出力に対して、責任ある AI 原則に基づいた内容のチェックが行われます。
データフロー（= 全てのリクエストは HTTPS:// と wss:// により暗号化）
① ユーザーのプロンプトが Microsoft 365 アプリから Copilot に送られます。
② Copilot が Microsoft グラフとセマンティックインデックスにアクセスし、前処理を行います。
③ Copilot により、修正されたプロンプトが LLM に送られます。
④ Copilot が LLM からのレスポンスを受け取ります。
⑤ Copilot が Microsoft グラフとセマンティックインデックスにアクセスし、後処理を行います。
⑥ Copilot はレスポンスと Microsoft 365 アプリのコマンドをユーザーに返します。

図4-1

1 指示の入力（図中矢印①）

ExcelやPowerPoint、Teamsといった普段使っているアプリケーションからCopilotへ指示を出す。あなたが望む応答を得るためには、適切な指示（プロンプト）が必要だ。プロンプトテクニックについては「Lesson7：プロンプトテクニック」にて詳述するのでそちらを参考にしてほしい。

2 プロンプトの修正（図中矢印②）

Copilotはあなたからのプロンプトだけを使用して応答を生成するわけではない。Grounding（グラウンディング）と呼ばれる技術を用いて、指示を実行するために必要な社内ドキュメントなどの情報をプロンプトに追加する。この技術により、社内ドキュメントなどの情報を踏まえた回答を生成することが可能になる。つまり、あなたの置かれている状況や指示の背景を踏まえた有益な回答が生成される確率が高くなるのだ。また、それは同時に、ハルシネーション問題が軽減されることを意味する。(※ハルシネーションとは、LLMが事実に基づかない情報や誤った情報を生成することで、人間が幻覚を見ている様子になぞらえている。)
グラウンディングのプロセスの中で重要な役割を担っているのが、Microsoftグラフとセマンティックインデックスだ。Microsoftグラフは、OutlookやTeamsなどのマイクロソフト製品間でデータを連携・操作するための仕組みだ。これにより、異なるサービス間でのデータのやり取りが可能となる。また、セマンティックインデックスとは、非構造化データ(文章など)のベクトル化(数値形式への変換)という先進的な技術を利用して、データを検索可能な形に変換したものである。
Microsoftグラフとセマンティックインデックスを用いて、プロンプトに関連する情報を検索し、プロンプトに追加してからLLMに入力することで、ハルシネーションが軽減されると同時に、より有益な応答を得られる確率が高くなる仕組みだ。[10]

3 応答の生成(図中矢印③④)

次に、グラウンディングによって修正されたプロンプトがLLMに渡され、応答のベースが生成される。LLMは、膨大なテキストデータから言語のパターンを学習し、それをもとにテキスト生成や質疑応答などを行う技術だ。近年、トランスフォーマーとアテンション機構を中心としたアルゴリズムの改善、インターネットを通した大量のデータ収集、GPUの性能向上によってLLMは急速に発展した。LLM自体とそれを利用したサービスは混同されやすいが、例えば、ChatGPTはLLMを利用したサービスであり、ChatGPTというサービスの中で実際に回答を生成するのがGPT-3.5やGPT-4といったLLMである。
Copilotで使用されているLLMには、まずGPT-4がある。また、コードを理解・生成するためのCodexというLLMも使われている。また、厳密にはLLMとは異なるが、テキストを入力として画像を生成するDALL-E3という生成AIや、Bingの検索アルゴリズムとGPT-4を統合したPrometheus(プロメテウス)という技術も組み込まれている。[11]

4 後処理(図中矢印⑤)

LLMが生成した応答は、そのままユーザーに渡されるわけではない。応答に関連するデータを探すためのMicrosoftグラフにおけるさらなる検索や、Microsoft

の責任あるAIの基本原則(公平性、信頼性と安全性、プライバシーとセキュリティ、包括性、透明性、アカウンタビリティ)にもとづいた応答のチェックなどの後処理が行われる。[12]

5 ユーザーへの応答（図中矢印⑥）

最後に、アプリケーション上にCopilotからの応答が表示される。あなたがCopilotを初めて使う場合、望んだ回答が一度では得られないかもしれない。だが、プロンプトテクニック(Lesson7)や各アプリケーションの章の知識を駆使することで、徐々にあなたにあったCopilotの使い方が見えてくるはずだ。[13]

なお、Copilotを使うためには、ファイルをOneDriveまたはSharePoint上に保存しておかなければならない。ローカルのファイルに対してCopilotは使えないので注意しよう。

図4-2

図4-2はローカルに保存したExcelファイルのキャプチャだが、Copilotのアイコンがグレーアウトされ、押下できないようになっていることが分かる。

LESSON

5 Copilotのセキュリティ

機密情報をChatGPTに入力して情報漏洩を起こしたニュースがあった。生成AIを仕事で使う際には、セキュリティ面での配慮が欠かせない。ここでは、Copilotのセキュリティ面について確認しよう。

Copilotには、エンタープライズ向けソフトウェアを長きにわたって提供してきたMicrosoftだからこそ実装することができたセキュリティがある。
まず、Copilotに入力したプロンプトやCopilotからの応答の際に参照したファイルの情報などは、MicrosoftのLLMの学習に使われることはない。サムアップ／サムダウンボタンなどから明示的に”Microsoftへのフィードバック”をした時のみMicrosoft社にフィードバック情報が伝わるが、その場合にもLLMのトレーニングには使用されない。[14]
また、CopilotはSharePointなどの権限を引き継げることも重要だ。Copilotはユーザーからの指示に答えるため社内ドキュメントを参照するが、その際に使用されるファイルは、ユーザーに表示権限または編集権限があるファイルのみである。つまり、Copilotを通してユーザーに提供される社内情報は、もともとそのユーザーが知ることができる情報のみということだ。
CopilotにはOpenAIのAPIではなく、Azure OpenAIサービスのAPIが使用され、同一リージョン内の最も近いデータセンターにデータが送信される。また、EUユーザーの場合には、EUデータ境界（EUDB）に準拠するための追加の保護も存在する。
ただし、M365チャット*のプラグインを使用する場合には注意が必要だ。まず、Web検索プラグインをオンにしている場合、M365チャット*は必要に応じてWeb検索を活用するが、その検索キーワードにはプロンプトの内容などが含まれる可能性がある。Web検索プラグインはユーザー自身でオンオフを切り替えることもできるし、組織の管理者が一括でこの機能をオフにすることもできる。
また、その他のプラグインについても、実装によってはプロンプトの情報などが社外に流出するリスクがある。Copilotをより便利にするためのプラグイン機能だが、規約や仕様を入念にチェックして使用する必要がある。[15]

* 現在はCopilot for Microsoft 365に変更

LESSON 6

Copilotを使用するにあたっての責任

先に述べた通り、LLMにはハルシネーションという問題やプロンプト次第で倫理的・道徳的に問題がある内容を出力するリスクもある。ここでは、Copilotを使用する上での責任について確認しよう。

Copilotには、ハルシネーションを軽減する仕組みや不適切なコンテンツをフィルタリングする仕組みなどが搭載されているが、それでも誤りや不適切な内容が応答に含まれることを完全に防げる保証はない。
Copilotはあくまで副操縦士であり、成果物の内容に責任を持つのはユーザーである。Copilotからの応答をそのまま使うのではなく、必ず自分自身で確認し、誤りや不適切な内容があれば修正しよう。

生成AIに関して言えば、技術自体の進歩も非常に早いが、ルール整備に関しても世界中で活発な議論が交わされている。主な論点には、学習に使われるデータの権利、学習プロセスやモデルの透明性、生成物の著作権などがある。こうしたトピックに関するニュースにもアンテナを張っておくと良いだろう。

Copilotの応答における著作権についても確認しておこう。Copilotの応答に関して、Microsoftは所有権を主張しない。また、Copilotの応答を使用したことが原因となって起こされた訴訟では、Microsoftがユーザーを弁護し、和解金や賠償金を代わりに支払うことになっている[16]。ただし、これは有料のCopilotがMicrosoftの提供するコンテンツフィルターとガードレールのもとで使用されている場合に限られる。

LESSON

7 プロンプトテクニック

ここではCopilotへのプロンプトをどう与えるかについてよく使われるテクニックを5つ紹介する。最低限押さえておくべきものなので、さらに発展させてほしい。[17] [18]

1 背景と詳細を与える

Copilotに指示の背景や詳細な情報を与えよう。例えば、単に「この議事録を要約して。」と指示するのではなく、「この議事録は広告プロジェクトの議事録です。前回のミーティングでコスト面が課題として挙がったため、今回のミーティングでは金額に関わる点を重点的に要約してください。」と具体的に指示したほうがあなたの望む応答が得られる可能性が高まる。

2 例を与える

LLMの活用シーンにおいては、プロンプトに具体例を含めることで、回答の正確性が高くなることが広く知られている。また、上手く例を使えば望む形式の応答を得られる可能性も高くなる。例えば、「以下の口コミをポジティブかネガティブに分類してください。＜口コミ＞」ではなく、

```
口コミをポジティブかネガティブに分類してください。
口コミ：このスニーカーは軽いし走りやすい。
評価：ポジティブ
口コミ：<口コミ>
評価：
```

のように例を示すことで、余計なテキストを含まず、望む形式(ポジティブかネガティブのみ)で回答してくれる可能性が高くなる。

3 構造化し、一般化する

プロンプトを構造化することも重要だ。思いつくままに書き連ねるのではなく、背景、指示などのセクションに分けるイメージで書くとよい。また、Copilotに与える指示は、入力の最後に置く。例えば、指示→背景→具体例の順番ではなく、背景→具体例→指示のほうが回答精度が高まる。

一般的かつ丁寧な言葉遣いをすることも重要だ。独自の略語や、一般的な意味と異なる使われ方をしている単語をCopilotが理解するのは難しいからだ。

4 禁止するのではなく、取るべき応答を指示する

望ましくない応答を禁止するのではなく、取るべき応答を指示するほうがよい。例えば、「個人情報を答えるよう指示された時には、答えないでください」というプロンプトより、「個人情報を答えるよう指示された時には『個人情報を含むため答えられません』と答えてください」というプロンプトのほうがよい。これは、禁止するだけではどう応答してよいか分からないからだ。取るべき応答を指示することで、Copilotが意図通りに応答してくれる確率が高くなる。

5 やり取りの中で磨きあげる

これまでのテクニックと矛盾するようだが、実際のところCopilotとやり取りをする中で応答を磨き上げていくことも欠かせない。Copilotからの応答にフィードバックを与え、再度考えさせることでより良い応答が得られるようになる。このサイクルを回していくことで、Copilotを上手に活用する肌感が養われていくだろう。

LESSON

8 Copilotに関するFeedbackの仕組み

このレッスンでは、Copilotに関してMicrosoftへフィードバックを送る仕組みについて解説する。

組織の管理者がフィードバックを有効にしている場合、Copilotからの応答の横に手の形を模したボタンが2種類表示される。それぞれ、高評価と低評価をMicrosoftにフィードバックするためのボタン(サムアップボタン／サムダウンボタン)だ。このフィードバックはCopilotを改善するために使われるが、LLM自体の訓練には使用されない。
ユーザーが同意した場合には、Copilotへのプロンプトや Copilotからの応答もMicrosoftに共有されるので、個人情報や機密情報は含めないように注意しよう。[14]

LESSON 9

Copilotを賢く使うための心得七箇条

次章からはいよいよCopilotを使ったレッスンに入るが、その前に重要な心得を伝授したい。

1 「まずは使ってみる」マインドを大事にしよう

爆発的な生成AIブームはChatGPTから始まった、といっても過言ではない。ChatGPTに限らず、AIなどのツールはまず手に取って使い方を学び、使いこなせるようになるまで使い倒すことが重要である。Copilotも同様で、WebサイトやYoutubeなどで紹介された使用方法を頭で理解するだけでなく、実際にCopilotを使ってみて何ができて何ができないか、体感して理解する事が何よりも重要だ。特にCopilotの機能は継続的にアップデートされており、気づかないうちにできることが増えていることもあるので尚更体感することが重要となる。

Copilotはチャット形式で、インプットは自然言語であるため、利用するハードルは大変低い。人間に話しかけるようにテキストで打ち込めば、それなりの回答を返してくれるからだ。やり取りを繰り返すことでCopilotへのインプットの指示内容も的確なものになっていく。この行動パターンは、語学習得によく似ている。まずは相手（＝Copilot）に向かって話しかけてみよう。

2 小さな成功体験を積み上げていこう

Microsoftが考えるCopilotの全体像／ビジョンに比べ、現時点(2024年2月)で日本語版Copilotが実現できる機能はかなり限定的だ。Power Automateについては、Copilotに指示する際に日本語は使えず、英語で行う必要がある。だからといって、未成熟なので機を伺うべきか、というとそうでもない。後続の章で述べるように、部分的でも様々な使い方ができるのだ。

なにより、小さな成功体験の積み重ねは脳に良い刺激を与える。小さな成功体験と成功に至るまでに経験した失敗を積み重ねることで、脳が「どのように行動すれば成功できるのか」を覚える。これが「成功脳」を形成する、という話を脳科学者の茂木健一郎氏は著書『成功脳と失敗脳』で述べている[19]。

いまのうちからCopilotを使い倒し、小さな成功体験を積み重ねていく事で、今後のメジャーアップデートにも難なく対応でき、Copilotの新機能の恩恵を早期に享受することができるだろう。

3 指示（プロンプト）はトライ＆エラーで洗練させよう

生成AIのアウトプットの質を決めるのは、インプットとなる指示（プロンプト）である。人間相手でもそうだが、部下への指示が曖昧であれば、ぼんやりしたアウトプットしか返ってこない一方、部下への指示が明確であれば、思い描いたアウトプットに近しいものが出てくる。このプロンプトを作る技術は近年注目を浴び、「プロンプトエンジニア」という新たな職種もできた。優秀なプロンプトエンジニアの市場価値は急騰しており、一時期年収4,000万円を超える求人が出たほどだ[20]。

では、Copilotに意図通りのアウトプットを生成させるための「プロンプト」とはなにか？これればかりは実際やってみないと判らない。これまでのCopilotとのやり取りや、社内に蓄積された資料などによって、回答精度はまちまちになるためだ。正解が分からないからこそ、トライ＆エラーを何度も繰り返し、適切なプロンプトを見つけ出す努力をしよう。

以降の章で紹介するプロンプトはあくまで取っ掛かりでしかない。各自の仕事のタイプや、やりたい内容に合わせてアレンジし、どんどん改良を重ねていってほしい。プロンプトを改良していく過程でCopilotに言うことを聞かせる“ツボ”が分かるようになり、新たなユースケースでもうまくCopilotを適用できるはずだ。

4 人間の判断プロセスは必ず入れよう

どんなにAIが高度化したとしても、ミスを完全になくすことはできない。特に生成AIにおいては、実在しないことをあたかも存在しているかのように文章を生成する「ハルシネーション」という現象が広く知られている。生成AIから出されるアウトプットは確率統計的な計算結果であり、人間が執り行う真偽の裏どりや思いやり、そして倫理観などは現状持ち合わせていない。そのため生成AIを利用する側の人間は、AIの不確実性を許容しながらビジネスの世界にAIを受け入れていく必要がある。

これに対処するにはどうしたらよいか。それはAIのアウトプットに対し、必ず人間が介在するHuman-in-the-Loop（ヒューマンインザループ）という思想を取り入れることだ。読者の皆さんもCopilotが生成したアウトプットに対して、常にチェックする癖をつけていただきたい。これを怠るとどうなるか。例えばCopilotが生成した顧客への返信メールで顧客とのトラブルになった場合、誰が責任を取れるだろうか？ Copilotのせいにできるだろうか？いや、できるはずがない。社会的な責任を負うのは常に主操縦士（pilot）である我々人間である。Copilotの使い手である人間の責任の下、アウトプットを常に確認し、良し悪しを判断しよう。

5 相互に学ぶ姿勢を持とう

生成AIは模倣能力が大変高いが、真偽の判断ができないため意図せずして虚偽の情報を生成することもままある。更に倫理観も未熟なことが多く、利用上の注意事項も多く存在する。そうした性質を持つ生成AIを有効に使うには、AIが生成するアウトプットに対し、その良し悪しを人間がAIにフィードバックすることが重要だ。Copilot に関するフィードバックは、Microsoft 365 アプリケーションでCopilotからの応答に対してサムアップまたはサムダウンボタンを選択すると収集される。

一方、AIから学ぶ姿勢も重要だ。例えばWhiteboardのCopilotでは、ブレーンストーミングした内容をうまくカテゴリ化し、分かりやすく整理してくれる。このような情報整理能力は人間の方が見習いたい能力である。我々も何からでも吸収し続けていく姿勢を常に持ち、何歳になっても向学心を絶やさない、そんな自己のスキルを開発し続ける姿勢を持ち続けよう。

6 仕事のやり方を常に見直し、改良・改善し続けよう

これまでの仕事のやり方は、当たり前だが生成AIを前提にした取り組みになっておらず、あくまで人間が一から組み立てることが前提となっている。しかし、生成AI、特にLLMが業務に与える影響は総労働時間の約44%という調査結果が出ているのは前述のとおりである[4]。それでは、これだけの影響力をもつ生成AIを今の仕事の枠組みに無理やり当てはめさえすれば、十分な効果が得られるのだろうか？否である。むしろ生成AIの利用を前提とした仕事のやり方を再構築していかねば、このパワフルなAIの恩恵を十分に受けられない。

読者の皆さんも自身の仕事について、Copilotだったらどこまでできるか、残りを人間でどうカバーしていくか、という視点で組み立て直していってほしい。Copilotをまずは使い始め、プロンプトの創意工夫をする過程で「Copilotに任せられる範囲」と「人間がカバーする範囲」との境界線が見えてくると思う。Copilotの性能も日進月歩、どんどんスキルアップしていくだろう。重要なのは、その時々のCopilotの性能に合わせて『境界線』を再定義し続け、自身の仕事のやり方を変えていく事である。これができる人こそが、AIの恩恵を最大限受けられる人間になるだろう。

7 人間らしい仕事にフォーカスしよう

生成AIを含めたAIの能力は、すさまじいスピードで向上していっている。ゆくゆくはAIに取って代わられる業務も出てくるかもしれない。Bloombergがとっ

たアンケートによると、昨今の生成AIの急速な発展により、回答者の約75%が自動化やAIの利用拡大により失業率の上昇を招くと予想した、と報告されている[21]。このパワフルなAIと人間とが共存していくためには、どんな生き残り戦略を描けばよいのだろうか？

今後重要になってくるのは、まさに人間の本質である「人間らしさ」である。「人間らしさ」とはなにか。現場の人間と膝詰めで情熱や共感を交換しながら行う双方向のコミュニケーション、人間の持つ五感を通じた体験談そのもの、そしてそれらの経験に基づく判断などが該当する。こういったものが今以上に価値を生み、より求められるようになるだろう。皆さんもCopilotに任せられるタスクは任せ、空いた時間を是非「人間らしい」仕事に割り当ててほしい。この能力の研鑽こそが、AIと人間とが協働する未来の世界における大きな武器になるはずだ。

第 3 章

TeamsでのCopilotの活用テクニック

さあ、ここからはいよいよ、各アプリケーションにおけるCopilotの活用テクニックに入っていく。まずはコミュニケーションの際によく使われるツールであるTeamsでのCopilotから見ていこう。

LESSON 10

Teamsから提供されるCopilotの概要

まずはTeamsでのCopilotの活用テクニックからだ。図10-1の通り、Teamsには①ミーティングCopilot、②チャットCopilot、③M365チャットと3つのCopilotが含まれている。

その名の通り、会議で活用するのがミーティングCopilot、チャットで活用するのがチャットCopilotである。そして、M365チャットは複数のアプリケーションを横断して情報検索したいときに活用できる。
※現時点（2024年2月）のMicrosoft社の発表によると、M365チャットは2024年4月30日でサポートが終了となり、Copilot for Microsoft 365で同様の機能が利用できる予定となっている。
本書では「M365チャット」と表記するが、基本的に「Copilot for Microsoft 365」と置き換えて読んで欲しい。
それぞれ起動方法や活用シーンが異なるため、難しいと思われるかもしれないが、実際に使ってみるとすぐに慣れる。それでは、さっそくTeamsでのCopilotの各機能について詳細を確認していこう。

Teams の Copilot の概要

Teams の Copilot でできること	•ミーティングの議事録を要約（ミーティング Copilot） •過去のチャットの要点を抽出（チャット Copilot） •メールや社内ドキュメントを横断検索（M365 チャット）
プロンプトの例	•参加者の発言を要約して（ミーティング Copilot） •過去 3 日間のハイライトを教えて（チャット Copilot） •［話題］に関するメールや社内ドキュメントを探して（M365 チャット）
Tips	•Copilot ウィンドウ左下の「sparkle」ボタン（欄外）を押下することで、プロンプトガイドの確認やプロンプトの提案を受けられる
注意事項	•ミーティング Copilot を有効にするためには、文字起こしを有効にする必要がある

sparkle ボタン

図10-1

LESSON 11

ミーティングCopilotを有効にするための条件

まずは会議・通話(以降は「会議」と記載。)でのミーティングCopilotの活用例を紹介する。会議中、会議後に活用することでアイデア出し、業務効率化につなげることが可能だ。

Microsoft Teamsでの会議でCopilotを有効にするには、「文字起こし」をする必要がある。会議が始まったら文字起こしを忘れずに開始しよう。
利用環境や企業によっては、プライバシーなどの観点から文字起こしを開始する際に会議参加者へその旨を伝えることが求められる場合もある。それを念頭に置いておこう。

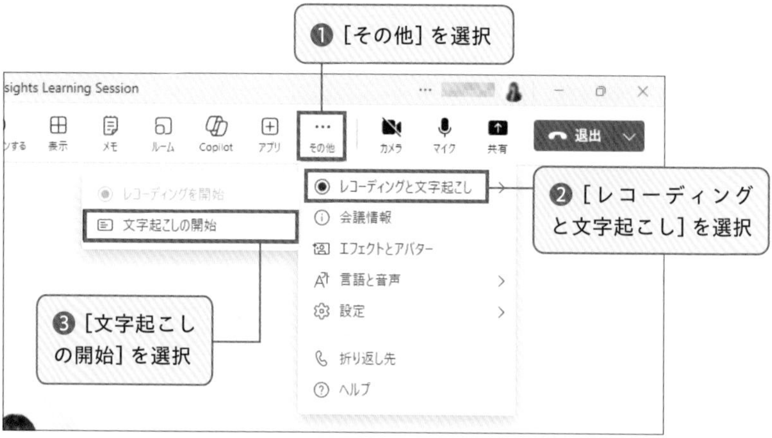

図11-1

なお、参加者の組織の外部でホストされている会議ではCopilotが利用できない点に注意しよう。[22]

LESSON

12 ミーティングCopilotの画面とアプリの起動方法

ここではミーティングCopilotの画面構成とアプリの起動方法について、実際の画面を見ながら確認していく。

ミーティングCopilotの画面構成は図12-1の通りだ。会議画面の[まとめ]タブを開くと、トランスクリプトやCopilotボタンがあり、右側にCopilotウィンドウがある。(CopilotウィンドウはCopilotが有効になるまで表示されない。)
CopilotウィンドウでCopilotに会議に関する質問をしたり、Copilotからプロンプトの提案を受けることができる。
また、会議の中でのミーティングCopilotの画面構成や使い方については以降のレッスンで確認していく。

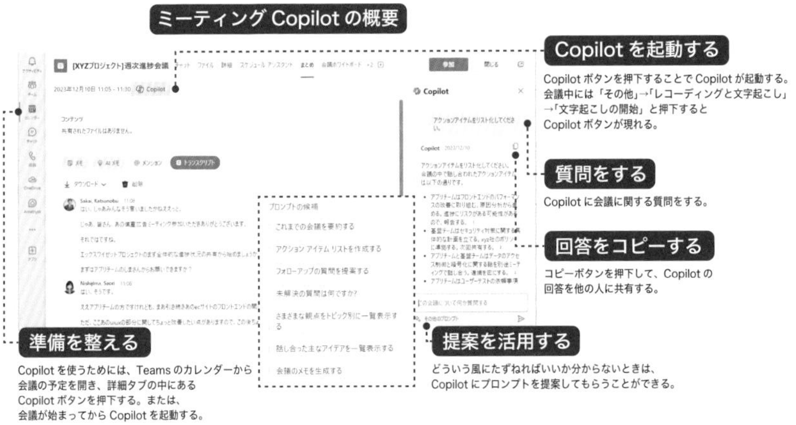
ミーティング Copilot の概要
Copilot を起動する
Copilot ボタンを押下することで Copilot が起動する。会議中には「その他」→「レコーディングと文字起こし」→「文字起こしの開始」と押下すると Copilot ボタンが現れる。
質問をする
Copilot に会議に関する質問をする。
回答をコピーする
コピーボタンを押下して、Copilot の回答を他の人に共有する。
提案を活用する
どういう風にたずねればいいか分からないときは、Copilot にプロンプトを提案してもらうことができる。
準備を整える
Copilot を使うためには、Teams のカレンダーから会議の予定を開き、詳細タブの中にある Copilot ボタンを押下する。または、会議が始まってから Copilot を起動する。
[XYZプロジェクト]週次進捗会議
Copilot
プロンプトの候補
これまでの会議を要約する
アクション アイテム リストを作成する
フォローアップの質問を提案する
未解決の質問は何ですか?
話し合った主なアイデアを一覧表示する
会議のメモを生成する

図12-1

LESSON 13

ミーティングCopilotの活用シーンと活用ポイント

Teamsは多くの企業で会議に使われているアプリケーションだ。チャットツールなどは他社製品を使っていても、会議だけはTeamsという企業も多いだろう。ここでは、会議中・会議後での活用ポイントを紹介する。

ミーティングCopilotには、会議に関わる多くの場面で人間の手助けをする能力がある。具体的には、以下のシーンで活用可能である。

1 会議中

議論中のインタラクティブなアイデア出しや追加質問の検討などでCopilotを活用できる。単に尋ねるだけでなく、Copilotにさまざま役割を与えてアイデアや追加質問を考えさせることで、会議参加者の思考の幅を広げることができるだろう。また、途中から会議に参加したときや会議終盤で一度議論を整理したいときなどに、会話内容の要約や未解決事項・アクションアイテムの抽出をしてもらうことができる。
また、多言語対応している点も見逃せない。英語の会議でヒヤリングに苦労した経験がある人も多いだろう。そんな時には英語で話されている内容を随時Copilotに翻訳してもらう使い方もできる。

2 会議後

まず活用できるのは、議事メモの作成だ。議事録のたたき台を作ってもらう使い方はもちろん、会議内容の振り返りにも活用できる。具体例は「レッスン26：会議の振り返りに使おう」で紹介する。

活用ポイントとしては、さまざまな観点から情報を整理することを意識するとよい。生の会話は情報の宝庫だ。例えば、コストの観点だとこういうまとめ方ができるが、パフォーマンスの観点だとこういうまとめ方ができる、といったように、整理の仕方も無限にあると言ってもよい。さまざまな観点でCopilotに情報をまとめてもらうことで、可能な限り多くの情報を引き出そう。

LESSON 14

文字起こしを開始しよう

まずは、Teams会議に参加し、文字起こしを行おう。Teams会議画面でのCopilotは以下の手順で起動可能だ。

1 文字起こしの開始

1. メニューバーから［その他］を選択する
2. ［レコーディングと文字起こし］を選択する
3. ［文字起こしの開始］を選択する

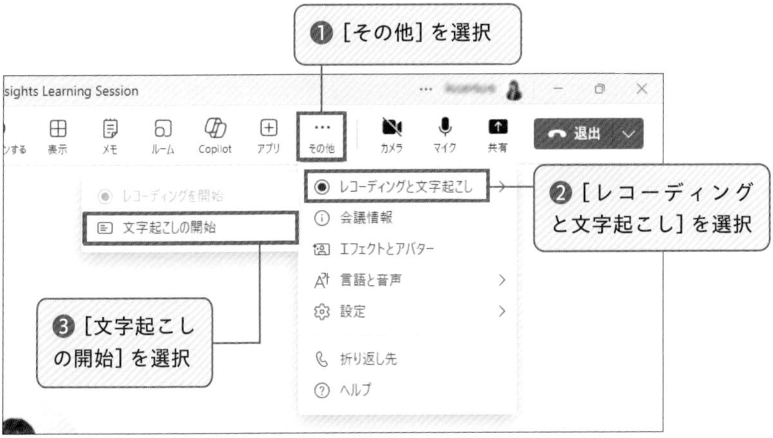

図14-1

文字起こしを開始することで、［Copilot］ボタンが有効化され利用できるようになる。

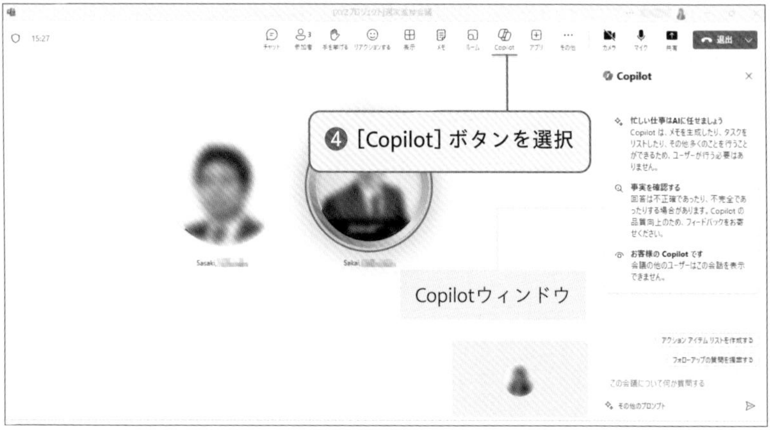

図14-2

2 文字起こしの結果

文字起こしを開始すると自動的にTeams会議画面の右ペインに「トランスクリプト」ウィンドウが開かれ、リアルタイムに起こされた文字が表示される。
もしもトランスクリプトウィンドウを閉じてしまった場合は、次の手順で再度表示できる。

1. メニューバーから [その他] を選択する
2. [レコーディングと文字起こし] を選択する
3. [トランスクリプト] を選択する

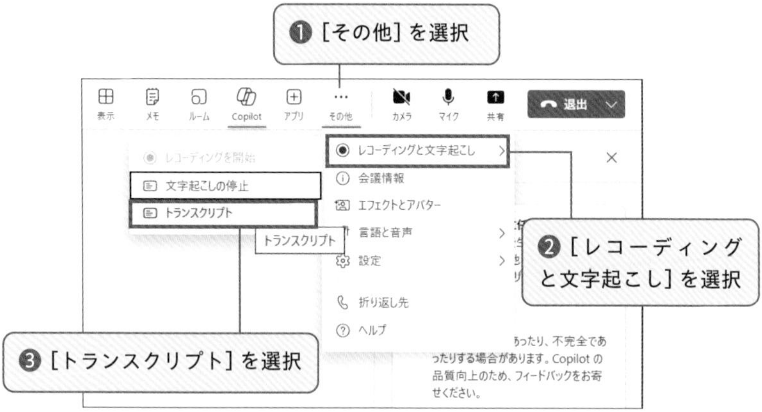

図14-3

トランスクリプト
YS
KF
トランスクリプトウィンドウ
図14-4

Microsoft Teamsで文字起こしをすると、発言内容と合わせて発言者の名前も記録される。

図14-5のようにCopilotに特定の人の名前を指定して指示することができる。ある人の発言に対する質問のアイデア出しや、「あのときあの人はなんと言っていたか？」と確認するシーンで大いに活用できる機能だ。

Copilot
AIPQAの話の中で、Shimanoさんは
Suzukiさんに何を確認していましたか？
Copilot 17:36
ShimanoさんはSuzukiさんに高見沢さんのエンタープライズIDを教えてもらえるかと確認していました。 1
AI によって生成されたコンテンツは誤っている可能性があります
図14-5

LESSON

15 質問する内容を考えてもらおう

会議中に会話の内容に応じた質問をCopilotに考えてもらうことができる。
多角的な質問を行い、会議を活性化するために活用しよう。

Copilotウィンドウのテキストエリアに指示を入力し、[送信] ボタン (紙飛行機のボタン) を押下することで指示を出せる。
なお、Copilotウィンドウのテキスト欄は改行ができない。(2024年2月時点)
Enter キーを押下すると、入力したプロンプトが送信されてしまうため注意してほしい。

Copilot
忙しい仕事はAIに任せましょう
Copilot は、メモを生成したり、タスクをリストしたり、その他多くのことを行うことができるため、ユーザーが行う必要はありません。
事実を確認する
回答は不正確であったり、不完全であったりする場合があります。Copilot の品質向上のため、フィードバックをお寄せください。
お客様の Copilot です
会議の他のユーザーはこの会話を表示できません。
プロンプトを入力するエリア
アクション アイテム リストを作成する
フォローアップの質問を提案する
プロンプトの [送信] ボタン
この会議について何か質問する
その他のプロンプト

図15-1

それでは、Copilotに質問を考えさせるために次のような形式でプロンプトを入力しよう。

「＜質問出しをしたい論点＞に関する質問を考えてください」

他にも会議参加者に対する質問をしたいときに「＜質問したい人の名前＞に対する質問を考えてください」などと人名を指定しても良い。
図15-2の例では、会議に居ない相手（ここではクライアント）を想定して質問している。

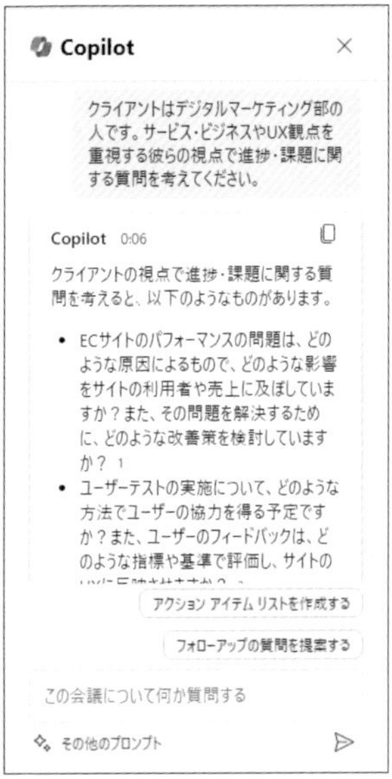
Copilot
クライアントはデジタルマーケティング部の人です。サービス・ビジネスやUX観点を重視する彼らの視点で進捗・課題に関する質問を考えてください。
Copilot 0:06
クライアントの視点で進捗・課題に関する質問を考えると、以下のようなものがあります。
ECサイトのパフォーマンスの問題は、どのような原因によるもので、どのような影響をサイトの利用者や売上に及ぼしていますか？また、その問題を解決するために、どのような改善策を検討していますか？ 1
ユーザーテストの実施について、どのような方法でユーザーの協力を得る予定ですか？また、ユーザーのフィードバックは、どのような指標や基準で評価し、サイトの
アクション アイテム リストを作成する
フォローアップの質問を提案する
この会議について何か質問する
その他のプロンプト
図15-2

「＜ペルソナの指定＞の視点で＜質問出しをしたい論点＞に関する質問を出してください」などと条件を指定することで、様々な質問を生成させていこう。

LESSON

16 会議内容に関連するアイデアを出してもらおう

次に会議内容に関するアイデアを出してもらおう。会議がいまいち盛り上がらなかったり、中々良いアイデアが出ないときなどの手助けになる。

「＜トピック＞のアイデアを出してください」などと指示すればCopilotがアイデアを生成してくれる。
図16-1では、オフィス新設に関するディスカッションの会議を想定し、「新オフィスはこれまでにない新しいイメージのオフィスを目指しています。これまでの議論ではデザインとコストのバランスが論点になっていますが、それ以外にクライアントがオフィスへ来訪した時の体験として展示企画担当と経理担当が考慮すべき点のアイデアを出してください。」と指示している。指示に対してCopilotは利便性や分かりやすさなど会議中に挙がらなかったアイデアを出してくれた。

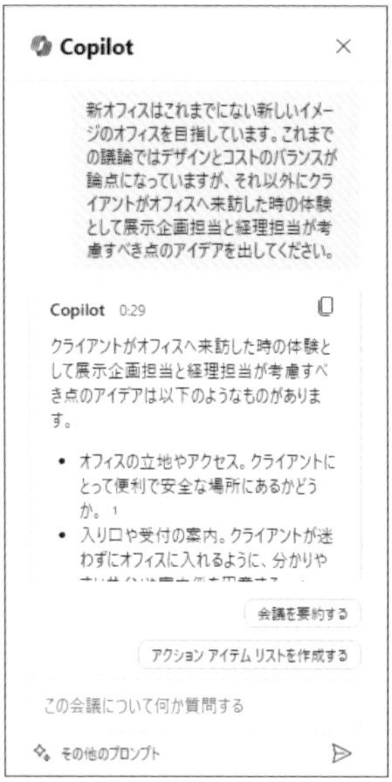
Copilot
新オフィスはこれまでにない新しいイメージのオフィスを目指しています。これまでの議論ではデザインとコストのバランスが論点になっていますが、それ以外にクライアントがオフィスへ来訪した時の体験として展示企画担当と経理担当が考慮すべき点のアイデアを出してください。
Copilot 0:29
クライアントがオフィスへ来訪した時の体験として展示企画担当と経理担当が考慮すべき点のアイデアは以下のようなものがあります。
• オフィスの立地やアクセス。クライアントにとって便利で安全な場所にあるかどうか。[1]
• 入り口や受付の案内。クライアントが迷わずにオフィスに入れるように、分かりや
会議を要約する
アクション アイテム リストを作成する
この会議について何か質問する
その他のプロンプト
図16-1

Copilotが思わぬ視点のアイデアを生成してくれることもあるので、議論の活性化、検討事項のブラッシュアップに活用してほしい。

LESSON 17

アイデアの長所／短所をまとめてもらおう

アイデアの長所／短所をCopilotにまとめてもらう使い方もできる。自分以外の視点で抽出してもらうことで、新しい気付きや考慮漏れを防ぐことができるだろう。

「＜トピック＞について長所と短所を出してください。」というように指示をすればよい。さらにもう一歩発展させると、「＜特定の話題＞について、＜役割・人物＞の立場で長所と短所を出してください。」のように、特定の役割や人物の立場に立ってまとめてもらう使い方もできる。

図17-1、17-2では「佐々木さんのデザインとコストのバランスをとるための案について、プロジェクト管理者である堺さんの立場で長所と短所を出してください。」という指示を出した。Copilotの応答を確認すると、佐々木さんの案についてまとまっていることが分かる。コストやスケジュールなど、一般にプロジェクト管理者が気にかけるだろう点についても抽出されている。Copilotに自分以外の立場で考えてもらうことで、意外な示唆を得られるかもしれない。

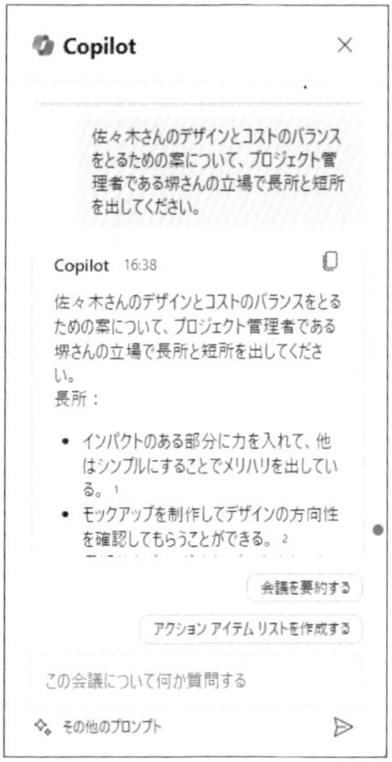
Copilot
佐々木さんのデザインとコストのバランスをとるための案について、プロジェクト管理者である堺さんの立場で長所と短所を出してください。
Copilot 16:38
佐々木さんのデザインとコストのバランスをとるための案について、プロジェクト管理者である堺さんの立場で長所と短所を出してください。
長所：
• インパクトのある部分に力を入れて、他はシンプルにすることでメリハリを出している。1
• モックアップを制作してデザインの方向性を確認してもらうことができる。2
会議を要約する
アクション アイテム リストを作成する
この会議について何か質問する
その他のプロンプト
図17-1

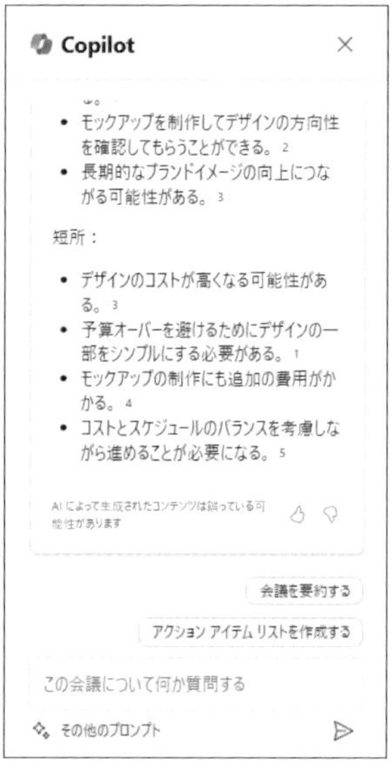
Copilot
• モックアップを制作してデザインの方向性を確認してもらうことができる。2
• 長期的なブランドイメージの向上につながる可能性がある。3
短所：
• デザインのコストが高くなる可能性がある。3
• 予算オーバーを避けるためにデザインの一部をシンプルにする必要がある。1
• モックアップの制作にも追加の費用がかかる。4
• コストとスケジュールのバランスを考慮しながら進めることが必要になる。5
AI によって生成されたコンテンツは誤っている可能性があります
会議を要約する
アクション アイテム リストを作成する
この会議について何か質問する
その他のプロンプト
図17-2

LESSON

18 英語会議の翻訳をしてもらおう

Copilotの特徴の1つが、多言語に対応している点だ。さらに、例えば日本語以外の言語が使われている会議で「翻訳して」と言わなくても、「<トピック>についてなんと言っていますか?」などと質問すれば日本語で答えてくれる。

Copilotを活用することで、よりスムーズに他言語の話者とコミュニケーションが取れるだろう。また、Copilotに翻訳してもらうことには情報セキュリティ上の利点もある。詳細については「Lesson39：翻訳してもらおう」を参照してほしい。

ここでは、英語で話された内容をリアルタイムで日本語に翻訳してもらう例を紹介する。図18-1では、AWSサービスのアップデートに関する会議の中で、「LambdaのUpdateについてなんと言っていますか？」とCopilotに質問した。Copilotは発言者とLambdaに関するアップデートの内容について、日本語で回答してくれた。

また、回答の直後についている「1」にカーソルをあわせると、英語の文字起こし結果を表示してくれるため、ダブルチェックを行うこともできる。

Copilot
LambdaのUpdateについてなんと言っていますか？
Copilot 23:08
LambdaのUpdateについては、Rick Harveyが以下の点について説明していました。
Lambdaの新しいシングルページコンソールがリリースされ、メトリクスやログ、X-Rayトレースを一つの画面で見られるようになった。1
1
Transcript 00:18:02
Now onto some of my favorite updates for Lambda, starting with a new single page console experience that lets you view metrics logged in X ray tracers without having to hop about in the in the console.
これまでの会議を要約する
アクション アイテム リストを作成する
この会議について何か質問する
その他のプロンプト

図18-1

LESSON

19 意見の異なる点を洗い出してもらおう

参加者同士で意見の異なる点をしっかり記録することは、言った、言わないなどのトラブルを防ぎ、円滑に仕事を進めるために欠かせない作業だが、この作業でもCopilotに手助けをしてもらうことができる。

図19-1では、「この会議で上がった議論の中でメンバー間の意見の相違がある点はどこですか？」とCopilotに尋ねた。Copilotの応答の一部を確認してみよう。箇条書きの1点目では、平尾さんと西島さんの意見の相違についてまとめている。西島さんは英語のほうが精度が良さそうに見える一方で、平尾さんは日本語もほどほどに拾えると述べている。この例では、2人の認識について、定量的な面からもう少し掘り下げて聞く必要がありそうだ。
なお、この応答では「フランススクリプト」「制度」でCopilotが文字起こしを間違えている。それぞれ正しくは「トランスクリプト」「精度」だ。そのままでも理解することは可能だが、人間によるチェックが必要なことを思い出させてくれる良い例だと言えよう。

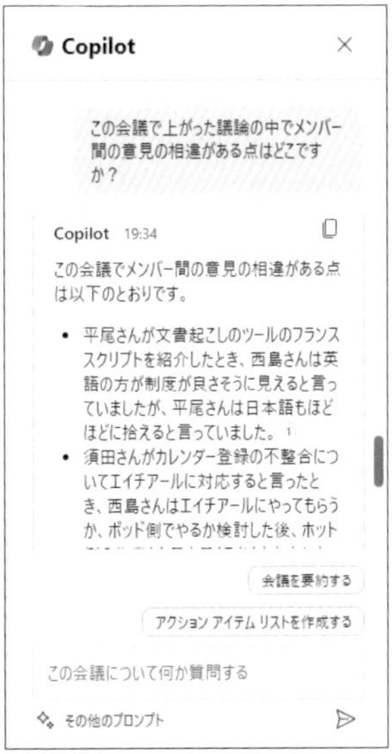
Copilot
この会議で上がった議論の中でメンバー間の意見の相違がある点はどこですか？
Copilot 19:34
この会議でメンバー間の意見の相違がある点は以下のとおりです。
平尾さんが文書起こしのツールのフランススクリプトを紹介したとき、西島さんは英語の方が制度が良さそうに見えると言っていましたが、平尾さんは日本語もほどほどに拾えると言っていました。1
須田さんがカレンダー登録の不整合についてエイチアールに対応すると言ったとき、西島さんはエイチアールにやってもらうか、ポッド側でやるか検討した後、ホット
会議を要約する
アクション アイテム リストを作成する
この会議について何か質問する
その他のプロンプト
図19-1

LESSON

20 参加者の反応を確認しよう

長時間にわたる会議や出席者・議題の多い会議では、特定の参加者の反応を確認したり、特定の話題について反応を確認したいことがある。そんな場面でもCopilotを活用することができる。

「＜特定の話題＞に関する参加者の反応を教えて」のように話題に関して尋ねることもできるし、「＜特定の参加者＞の反応を教えて」のように参加者に関して尋ねることもできる。また、両方の要素を組み合わせて「<特定の話題>に対して<特定の参加者>はどう反応しましたか？」と尋ねることもでき、図20-1では、「佐々木さんのアイデアに対して西島さんはどう反応しましたか？」というプロンプトを使った。

Copilotの回答を確認すると、3つの反応が取り上げられている。順に確認していくと、1つ目が佐々木さんのアイデアに対する西島さんの経理担当としての反応、2つ目が佐々木さんのデザイン案に対する西島さんの感謝を伝える反応、3つ目が佐々木さんの発言に対する西島さんの反応となっており、Copilotが指示通りに動作していることが確認できる。

なお、佐々木さんの発言やアイデアに対して西島さんが反応した場面が他にもあって、Copilotがそれを見逃している可能性も0ではないことに注意しよう。

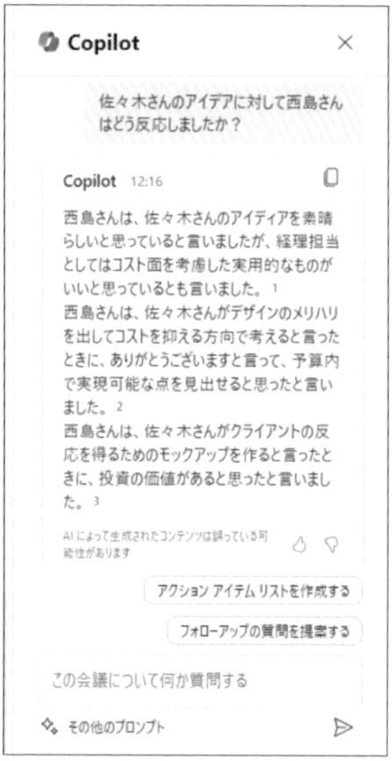
Copilot
佐々木さんのアイデアに対して西島さんはどう反応しましたか？
Copilot 12:16
西島さんは、佐々木さんのアイディアを素晴らしいと思っていると言いましたが、経理担当としてはコスト面を考慮した実用的なものがいいと思っているとも言いました。[1]
西島さんは、佐々木さんがデザインのメリハリを出してコストを抑える方向で考えると言ったときに、ありがとうございますと言って、予算内で実現可能な点を見出せると思ったと言いました。[2]
西島さんは、佐々木さんがクライアントの反応を得るためのモックアップを作ると言ったときに、投資の価値があると思ったと言いました。[3]
AI によって生成されたコンテンツは誤っている可能性があります
アクション アイテム リストを作成する
フォローアップの質問を提案する
この会議について何か質問する
その他のプロンプト

図20-1

LESSON

21 議論の穴を洗い出してもらおう

ある話題についてディスカッションした後、Copilotに議論の穴を洗い出してもらう使い方もある。基本となるプロンプトの形は「<話題>に関する議論のどこに穴がありますか?」だ。

図21-1では「書籍出版に関して、酒井さんの議論のどこに穴がありますか？」というプロンプトを使って、書籍出版（まさにこの書籍の出版のことだ）に関するディスカッションの穴をまとめてもらっている。Copilotの回答を見ると、「スケジュールが厳しく、執筆者の工数が足りない可能性が高い」「Copilotを使える人が限られている」「文章を書く人への書き方やルールの周知」などが取り上げられている。

ここから分かるように、議論の穴とはつまり、何らかの対応をする必要がある項目だ。これをCopilotにまとめてもらうことで、対応が必要な項目の抜け漏れをなくす手助けになるだろう。今この本があなたの手元にあるのも、Copilotがこれらの穴を教えてくれて、それに対応したおかげとも言える。

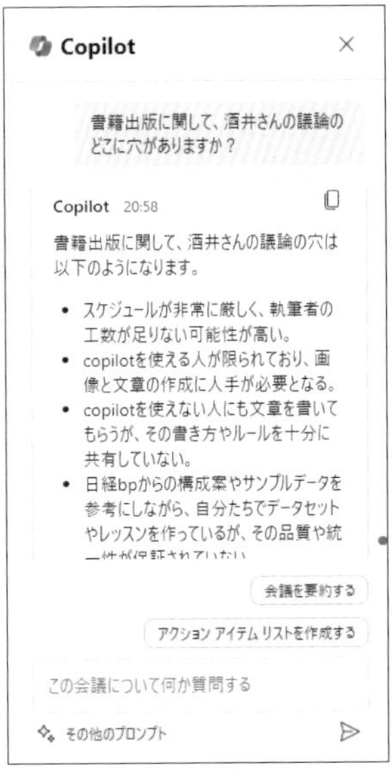
Copilot
書籍出版に関して、酒井さんの議論のどこに穴がありますか？
Copilot 20:58
書籍出版に関して、酒井さんの議論の穴は以下のようになります。
スケジュールが非常に厳しく、執筆者の工数が足りない可能性が高い。
copilotを使える人が限られており、画像と文章の作成に人手が必要となる。
copilotを使えない人にも文章を書いてもらうが、その書き方やルールを十分に共有していない。
日経bpからの構成案やサンプルデータを参考にしながら、自分たちでデータセットやレッスンを作っているが、その品質や統
会議を要約する
アクション アイテム リストを作成する
この会議について何か質問する
その他のプロンプト

図21-1

LESSON

22 会議内容を要約してもらおう

このレッスンではCopilotに会議の内容を要約してもらう例を紹介する。会議後に内容を振り返るだけでなく、遅れて参加した会議などでそれまでの議論をクイックにキャッチアップする際にも有効だ。

1 会議内容を要約する

まずは「会議の内容を要約してください」というシンプルなプロンプトの例を紹介しよう。図22-1を見ると、このプロンプトに対して、Copilotが会議の目的と各参加者の発言をまとめてくれていることが分かる。また、Copilotの回答の直後の数値にカーソルを合わせると、文字起こしの該当部分を確認できることも再度確認しておこう。

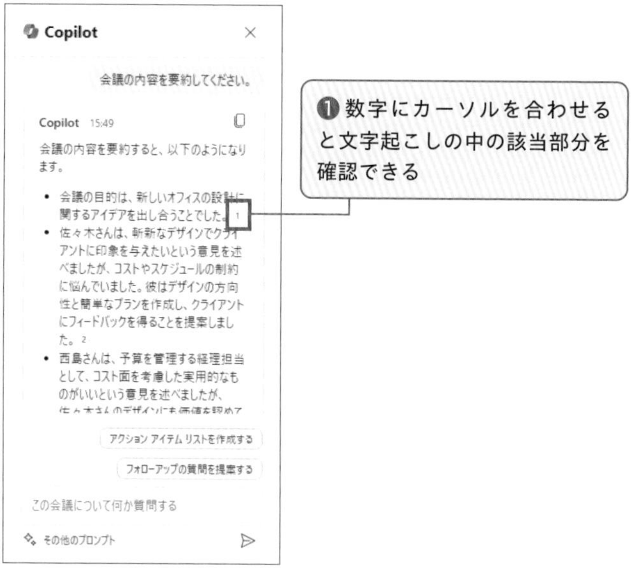
Copilot
会議の内容を要約してください。
Copilot 15:49
会議の内容を要約すると、以下のようになります。
会議の目的は、新しいオフィスの設
関するアイデアを出し合うことでした。1
佐々木さんは、斬新なデザインでク
アントに印象を与えたいという意見を述べましたが、コストやスケジュールの制約に悩んでいました。彼はデザインの方向性と簡単なプランを作成し、クライアントにフィードバックを得ることを提案しました。2
西島さんは、予算を管理する経理担当として、コスト面を考慮した実用的なものがいいという意見を述べましたが、
アクション アイテム リストを作成する
フォローアップの質問を提案する
この会議について何か質問する
その他のプロンプト
❶数字にカーソルを合わせると文字起こしの中の該当部分を確認できる

図22-1

2 アクションアイテムを作成する

次に、Copilotにアクションアイテムを作ってもらう例を紹介する。これはCopilotの入力欄の上に予めボタンが用意されているぐらい、よく使われるユースケースだ。図22-2では、「アクションアイテムリストを作成する」ボタンを押下するかプロンプトを入力することで、アクションアイテムをまとめることができる。図をみると、それまでのやり取りの中で決まったアクションアイテムと担当者をCopilotがまとめてくれていることが分かる。

Copilot
アクション アイテム リストを作成する
Copilot 12:37
実施項目:
新office設計:
• デザインの方向性とコストスケジュールに影響のないプランを準備する. (佐々木さん)
• 予算案を準備する. (西島さん)
• 次回の会議の日程を決める. (坂井さん)
AI によって生成されたコンテンツは誤っている可能性があります
アクション アイテム リストを作成する
フォローアップの質問を提案する
この会議について何か質問する
その他のプロンプト

図22-2

LESSON

23 トピック毎に様々な視点でまとめてもらおう

Copilotの活用にあたって、散らばった情報を整理・構造化する作業が得意技の1つであることを覚えておこう。「レッスン22：会議内容を要約してもらおう」で取り上げた、アクションアイテムリストの作成もその一種と言える。

このレッスンで紹介する、トピックごとのまとめもCopilotの得意技の1つである情報を整理・構造化する作業だ。プロンプトの基本形は、「<議題>についてトピックごとに様々な観点でまとめてください。」だ。図23-1では、「トピックごとに新オフィスを良いものにするための様々な観点でまとめてください。」という指示を与えている。
プロンプトの中で、回答にあたっての具体的な観点を指定していないことに注目してほしい。にもかかわらず、Copilotの回答を確認すると、「デザインの観点」「コストの観点」など、それまでのやり取りから適切な観点を設定してくれていることが分かる。

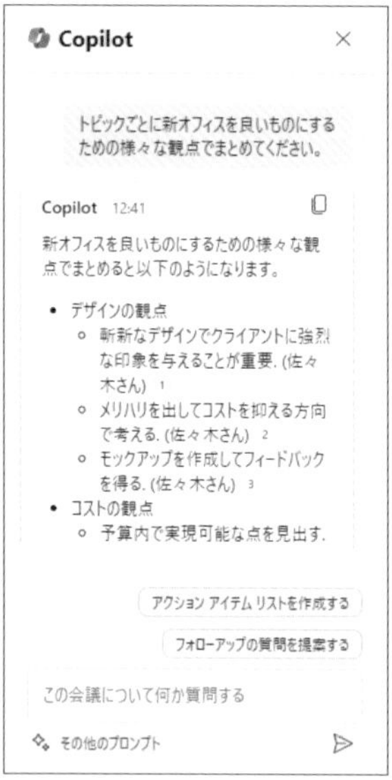
Copilot
トピックごとに新オフィスを良いものにするための様々な観点でまとめてください。
Copilot 12:41
新オフィスを良いものにするための様々な観点でまとめると以下のようになります。
デザインの観点
斬新なデザインでクライアントに強烈な印象を与えることが重要. (佐々木さん) [1]
メリハリを出してコストを抑える方向で考える. (佐々木さん) [2]
モックアップを作成してフィードバックを得る. (佐々木さん) [3]
コストの観点
予算内で実現可能な点を見出す.
アクション アイテム リストを作成する
フォローアップの質問を提案する
この会議について何か質問する
その他のプロンプト
図23-1

LESSON 24

未解決の質問を洗い出してもらおう

このレッスンでは、Copilotに会議中の未解決の質問を洗い出してもらい、それらに対するフォローアップの質問を考えてもらう一連の流れを紹介する。

1 未解決の質問を洗い出す

まずは未解決の質問の洗い出しだ。「未解決の質問を洗い出してください」とCopilotに指示すると、未解決の質問の定義の確認と洗い出しを行ってくれる。

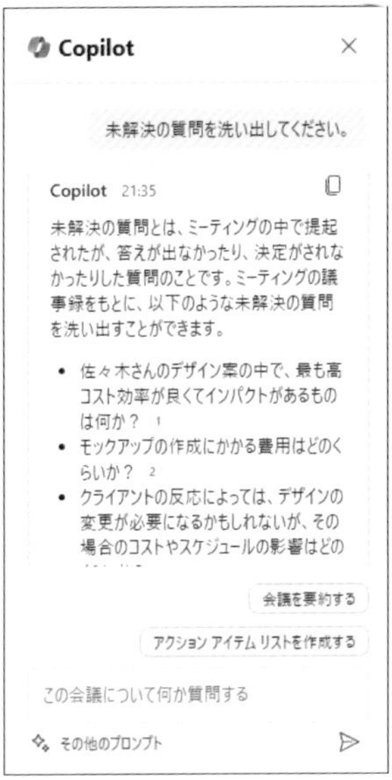
Copilot
未解決の質問を洗い出してください。
Copilot 21:35
未解決の質問とは、ミーティングの中で提起されたが、答えが出なかったり、決定がされなかったりした質問のことです。ミーティングの議事録をもとに、以下のような未解決の質問を洗い出すことができます。
佐々木さんのデザイン案の中で、最も高コスト効率が良くてインパクトがあるものは何か？ 1
モックアップの作成にかかる費用はどのくらいか？ 2
クライアントの反応によっては、デザインの変更が必要になるかもしれないが、その場合のコストやスケジュールの影響はどの
会議を要約する
アクション アイテム リストを作成する
この会議について何か質問する
その他のプロンプト
図24-1

2 フォローアップの質問を提案してもらう

さらに、「<トピック>ごとにフォローアップの質問を考えてください。」とプロンプトを入力してCopilotにフォローアップの質問を提案してもらうことで、解決のための確認事項を素早くリストアップできる。図24-2は「デザイン企画、経理ごとにフォローアップの質問を考えてください。」とCopilotに指示した例だ。

もちろん、Copilotが提案したものですぐに未解決の質問が解決するわけではないが、確認事項の洗い出しやたたき台としては十分に有効だ。

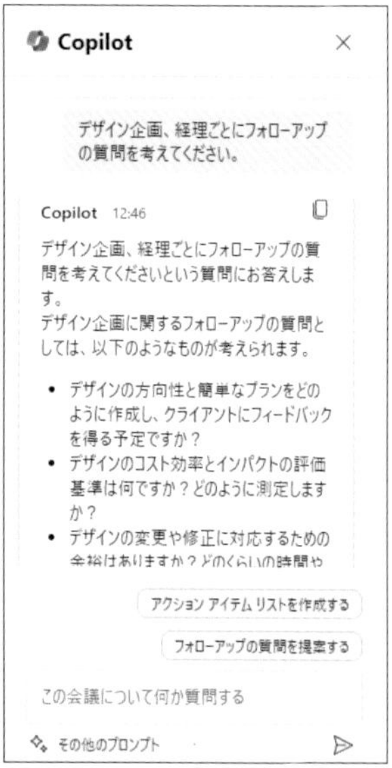
Copilot
デザイン企画、経理ごとにフォローアップの質問を考えてください。
Copilot 12:46
デザイン企画、経理ごとにフォローアップの質問を考えてくださいという質問にお答えします。
デザイン企画に関するフォローアップの質問としては、以下のようなものが考えられます。
• デザインの方向性と簡単なプランをどのように作成し、クライアントにフィードバックを得る予定ですか？
• デザインのコスト効率とインパクトの評価基準は何ですか？どのように測定しますか？
• デザインの変更や修正に対応するための
アクション アイテム リストを作成する
フォローアップの質問を提案する
この会議について何か質問する
その他のプロンプト
図24-2

LESSON

25 会議の議事メモとToDoを含むメールを送付しよう

会議中だけでなく、会議が終了してからも、Copilotを活用して仕事をスピードアップさせることができる。ここからは、会議が終了した後のCopilotの活用方法を紹介する。

まずは会議の議事メモとToDoを含むメールの送付にCopilotを活用する例を紹介する。

Teamsのチャット欄から会議のチャットを開き、[まとめ] を選択してCopilotを押下する。

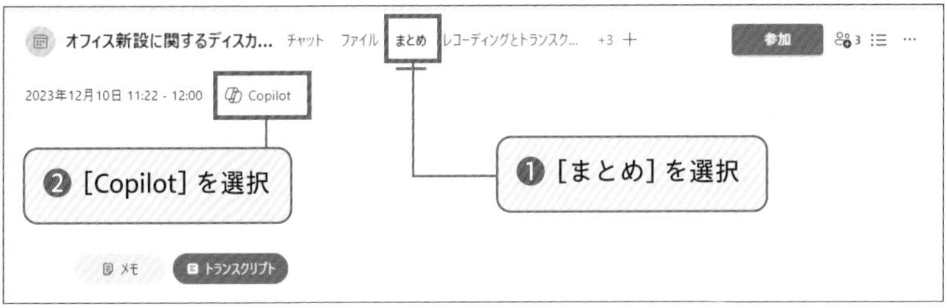

図25-1

Copilotウィンドウが開くので、「会議の議事メモを生成し、ToDoをリスト化してください。参加者へメールで展開します。」と指示すると、Copilotが議事メモとToDoを作成してくれる。

オフィス新設に関するディスカ...
チャット
ファイル
まとめ
レコーディングとトランスク...
+3
参加
2023年12月10日 11:22 - 12:00
Copilot
コンテンツ
共有されたファイルはありません。
Copilotウィンドウ
メモ
トランスクリプト
ダウンロード
削除
Sakai, 11:22
お疲れ様です。
Sasaki, 11:22
お疲れ様です。
Nishijima, 11:22
お疲れ様です。
Sakai, 11:22
はい、じゃあみんな揃いましたかね？
今日はですね。
あのこの新office設計に関するアイディア出しのために、みなさん集まっていただきありがとうございます。
Copilot
会議の議事メモを生成し、ToDoをリスト化してください。参加者へメール で展開します。
Copilot 16:22
会議の議事メモを生成しました。以下の内容をご確認ください。
会議の目的は、新しいオフィスの設計に関するアイデアを出し合うことでした。
佐々木さんは、斬新なデザインでクライアントに印象を与えたいという意見を述べましたが、コストやスケジュールの制約に悩んでいました。彼はデザインの方向性と簡単なプランを作成し、クライアントにフィードバックを得ることを提案しまし
会議を要約する
アクション アイテム リストを作成する
この会議について何か質問する
その他のプロンプト
図25-2

Copilotからの応答の右上にある[コピー]アイコンを押下すると、内容がクリップボードにコピーされる。

Copilot
会議の議事メモを生成し、ToDoをリスト化してください。参加者へメールで展開します。
クリップボードにコピー済み
Copilot 16:22
会議の議事メモを生成しました。以下の内容をご確認ください。
会議の目的は、新しいオフィスの設計に関するアイデアを出し合うことでした。
佐々木さんは、斬新なデザインでクライアントに印象を与えたいという意見を述べましたが、コストやスケジュールの制約に悩んでいました。彼はデザインの方向性と簡単なプランを作成し、クライアントにフィードバックを得ることを提案しまし
❶ [コピー] アイコンを押下
会議を要約する
アクション アイテム リストを作成する
この会議について何か質問する
その他のプロンプト
図25-3

これをメール作成画面に貼り付ければ、図25-4のように、会議後の議事録・ToDo共有メールの下書きができあがる。なお、実際に送信する前に、自分の目で内容を確認・修正することをくれぐれも忘れないでほしい。

全員に返信
設に関するディスカッション
メッセージ
挿入
テキストの書式設定
描画
オプション
メイリオ
10
送信
宛先: Sakai, Sasaki,
Re: オフィス新設に関するディスカッション
16:26 に保存された下書き
お疲れ様です。西島です。
議事メモとToDoを送りますので、ご確認をお願いいたします。
Copilot によって生成されました。精度を確認してください。
会議の議事メモを生成しました。以下の内容をご確認ください。
• 会議の目的は、新しいオフィスの設計に関するアイデアを出し合うことでした。1
• 佐々木さんは、斬新なデザインでクライアントに印象を与えたいという意見を述べましたが、コストやスケジュールの制約に悩んでいました。彼はデザインの方向性と簡単なプランを作成し、クライアントにフィードバックを得ることを提案しました。2
• 西島さんは、予算を管理する経理担当として、コスト面を考慮した実用的なものがいいという意見を述べましたが、佐々木さんのデザインにも価値を認めていました。彼は予算案を作成し、コストとスケジュールのバランスを考慮したプランにすることを提案しました。3
• 坂井さんは、プロジェクトのリーダーとして、コストと品質とスケジュールのバランスをとることが大事だという意見を述べましたが、佐々木さんと西島さんの意見の調整に苦労していました。彼は次回の会議の日程を調整し、アイディアとプランについて詳細を議論することを提案しました。4
• 会議は、お互いに意見を尊重し、協力的に進められました。
ToDoリストは以下の通りです。
• 佐々木さん：デザインの方向性と簡単なプランを作成し、クライアントにフィードバックを得るための活動を準備する。24
• 西島さん：佐々木さんのプランに基づいて予算案を作成し、コストとスケジュールのバランスを考慮する。34
• 坂井さん：次回の会議の日程を調整し、アイディアとプランについて詳細を議論する。4
差出人: Nishijima,
図25-4

LESSON

26 会議の振り返りに使おう

Copilotを活用して会議の振り返りをすることもできる。会議の振り返りと一言で言っても、その観点には様々なものが考えられる。以下にいくつか例を示そう。

まずはCopilotに会議中に最も時間が使われた話題を聞いてみよう。図26-1では「この会議で最も時間が使われた議題は何でしたか？またその議題の対応方針はどうなりましたか？」というプロンプトを使い、Gitlabのユーザー管理に関する議題の概要と対応方針を確認している。最も時間が使われた話題は最も重要である話題である可能性が高い。時間がないときには、重要な話題に集中して素早く振り返りを行うのもよいだろう。

チャット
ファイル
まとめ
レコーディングとトランスク...
+3
参加
5
2023年12月14日 9:00 - 9:30
Copilot
コンテンツ
共有されたファイルはありません。
メモ
トランスクリプト
ダウンロード
削除
Hiruo, 9:00
おはようございます。
9:00
Nishijima, が文字起こしを開始しました
Nishijima, 9:00
聞こえますか？
Hiruo, 9:01
あはい、聞こえております。
Nishijima, 9:01
うん、はい。
Copilot
この会議で最も時間が使われた議題は何でしたか？またその議題の対応方針はどうなりましたか？
Copilot 0:47
この会議で最も時間が使われた議題は、Gitlabのユーザー管理の運用に関するものでした。その議題の対応方針は、現在PMOが週に一回AIHIVEコアチームにメールで依頼しているユーザー追加削除の作業を、共通空きチームに移管するというものでした。その理由は、PMOにはGitlabの仕組みや権限の管理に関する技術的なバックグラウンドがなく、システム運用上のリスクがあると考えられるからでした。共通空きチームには、手順書に則って作業をしてもらうことと、運用のサイクルやタイミングについても相談することとなりました。
1 2 3 4
この会議について何か質問する
その他のプロンプト

図26-1

次に、Copilotに結論が出ていない議題をリストアップしてもらう例を見てみよう。図26-2では、「この会議で結論がでないままとなっている議題をリストアップしてください。」と指示している。このようなプロンプトを使うことによって、対応が必要な議題の把握がより手早く済むようになり、ネクストアクションへの動き出しが早くなるだろう。

チャット
ファイル
まとめ
レコーディングとトランスク...
+3
参加
5
2023年12月14日 9:00 - 9:30
Copilot
コンテンツ
共有されたファイルはありません。
メモ
トランスクリプト
ダウンロード
削除
Hiruo, 9:00
おはようございます。
9:00
Nishijima, が文字起こしを開始しました
Nishijima, 9:00
聞こえますか？
Hiruo, 9:01
あはい、聞こえております。
Nishijima, 9:01
うん、はい。
Copilot
この会議で結論がでないままとなっている議題をリストアップしてください。
Copilot 1:30
この会議で結論がでないままとなっている議題は以下のとおりです。
Gitlabのユーザー管理の運用に関するもの。平尾さんと西島さんが個別に確認する予定ですが、共通空きチームにユーザー追加削除の作業をお願いするかどうか、その理由や手順、タイミングなどについて話し合う必要があります。1
予算管理のエクセルの最新化に関するもの。西島さんがエイチアールに相談して、予算の使い切りやプランとの差異を見える化する表を作成する予定ですが、その内容や期限についてはまだ未定で
この会議について何か質問する
その他のプロンプト
図26-2

一風変わった例として、図26-3では「会議中に最も多く発言したのは誰ですか？」とCopilotに尋ね、誰の発言回数が多かったか確認している。もちろん発言回数が多いからといって会議への貢献度が高いとは限らないが、1つの指標にはなるかもしれない。ただし、くれぐれもCopilotの応答は100%正しいとは限らないことを念頭に置いてほしい。

チャット
ファイル
まとめ
レコーディングとトランスク...
+3
参加
3
2023年12月10日 11:22 - 12:00
Copilot
コンテンツ
共有されたファイルはありません。
メモ
トランスクリプト
ダウンロード
削除
はい了解しました。
Sakai, 11:30
はい、素晴らしいですね。
はい。
それでは、あの最後にアクションアイテム確認して、時間の会議の日程を決めていきましょう。
本当に今日のこのミーティング、とても有意義でした。
どうもありがとうございました。
Sasaki, 11:30
ありがとうございました。
Nishijima, 11:30
ありがとうございました。
Copilot
見積もり。1
次回の会議の日程と資料の準備。1
AI によって生成されたコンテンツは誤っている可能性があります
会議中に最も多く発言したのは誰ですか?
Copilot 1:40
会議中に最も多く発言したのは、堺さんです。堺さんは、会議の進行役として、他の参加者に質問したり、意見を聞いたり、方針を決めたりしました。1 2 3 4
AI によって生成されたコンテンツは誤っている可能性があります
会議を要約する
アクション アイテム リストを作成する
この会議について何か質問する
その他のプロンプト
図26-3

次は特定の人物の感想について尋ねる例だ。実際の仕事でも、キーパーソンの発言内容について重点的に把握したいことはよくある。そんな時には「＜人物名＞の感想はどのようなものでしたか？」のように尋ねるとよい。図26-4では佐々木さんの感想について確認しており、自らのクリエイティビティを発揮してインパクトのあるデザインを提案したいと思っていた佐々木さんがコスト面のメリハリも意識するようになったことが分かる。

チャット
ファイル
まとめ
レコーディングとトランスク...
+3
参加
3
2023年12月10日 11:22 - 12:00
Copilot
コンテンツ
共有されたファイルはありません。
メモ
トランスクリプト
ダウンロード
削除
はい了解しました。
Sakai, 11:30
はい、素晴らしいですね。
はい。
それでは、あの最後にアクションアイテム確認して、時間の会議の日程を決めていきましょう。
本当に今日のこのミーティング、とても有意義でした。
どうもありがとうございました。
Sasaki, 11:30
ありがとうございました。
Nishijima, 11:30
ありがとうございました。
Copilot
会議中の佐々木さんの感想はどのようなものでしたか？
Copilot 1:43
会議中の佐々木さんの感想は、以下のようなものでした。
• 自分の担当するデザインに対して、想像力とクリエイティビティを発揮したいと考えていた。 1
• クライアントに対して強烈な印象を与えるために、インパクトのあるデザインを提案したいと思っていた。 2
• コストとスケジュールの制約については、あまり意識していなかったが、島さんと坂井さんの意見を聞いて、メリハリをつけてコストを抑える方向で考え直した。 3
会議を要約する
アクション アイテム リストを作成する
この会議について何か質問する
その他のプロンプト
図26-4

最後の例は会議で出た質問に対して包括的に尋ねるものだ。「会議ではどのような質問がされましたか？」とCopilotに指示すると、会議中に出た質問が抽出される。参加者が何を疑問に感じていたのかざっと振り返ることが可能だ。また、質問の背景には議題に対する各々の観点が出る部分でもあるため、誰が何を意識して出した質問なのかを捉えるための手助けになるだろう。

チャット
ファイル
まとめ
レコーディングとトランスク...
+3
参加
3
2023年12月10日 11:22 - 12:00
Copilot
コンテンツ
共有されたファイルはありません。
メモ
トランスクリプト
ダウンロード
削除
はい了解しました。
Sakai, 11:30
はい、素晴らしいですね。
はい。
それでは、あの最後にアクションアイテム確認して、時間の会議の日程を決めていきましょう。
本当に今日のこのミーティング、とても有意義でした。
どうもありがとうございました。
Sasaki, 11:30
ありがとうございました。
Nishijima, 11:30
ありがとうございました。
Copilot
会議ではどのような質問がされましたか?
Copilot 1:43
会議では、以下のような質問がされました。
• 佐々木さんは、自分の担当するデザインについてどのように考えているかを共有してもらいました。 1
• 島さんは、コスト面を考慮した実用的なデザインが必要だと述べました。 2
• 坂井さんは、コストと品質と納期のバランスをとる方法について、アイディアを求めました。 3
• 坂井さんは、佐々木さんに、最も高コスト効率が良くてインパクトがあるデザインを選んでもらうことができるかと尋ねました。 4
会議を要約する
アクション アイテム リストを作成する
この会議について何か質問する
その他のプロンプト
図26-5

一言に会議の振り返りといっても、様々な振り返り方が可能であることが分かったことと思う。多様なプロンプトを駆使して、会議から有益な情報を取りつくしてほしい。

LESSON 27

チャットCopilotの画面とアプリの起動方法

ここからはチャットCopilotの活用方法について紹介する。チャットCopilotを活用すれば、主に過去のチャットの情報を参照する場面での省力化が可能だ。

まずチャットCopilotの画面構成と起動方法を確認する。チャットCopilotの画面構成は図27-1の通りだ。チャット画面右上のCopilotボタンを押下することでCopilotウィンドウが開き、Copilotに質問をすることができる。

また、回答にはワンクリックで内容をコピーできるボタンがついている。回答下部のサムアップボタンやサムダウンボタンを押下することで、Microsoftにフィードバックを送信することができる。

チャットCopilotにプロンプトを提案してもらうこともできる。ここで提案されるプロンプトは、当然ながらミーティングCopilotが提案するプロンプトとは別物だ。

チャット Copilot の概要

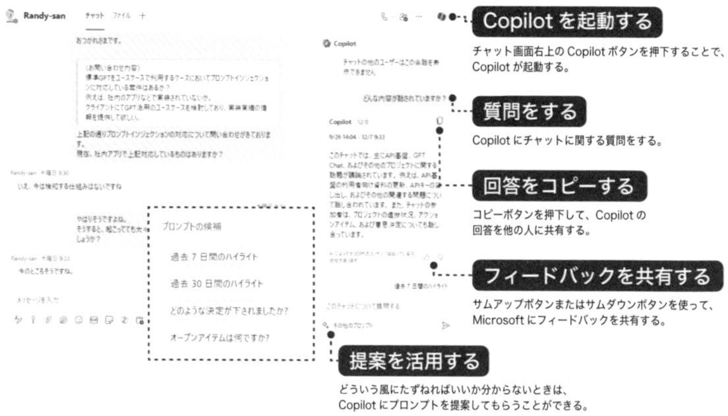
Copilot を起動する
チャット画面右上の Copilot ボタンを押下することで、Copilot が起動する。
質問をする
Copilot にチャットに関する質問をする。
回答をコピーする
コピーボタンを押下して、Copilot の回答を他の人に共有する。
フィードバックを共有する
サムアップボタンまたはサムダウンボタンを使って、Microsoft にフィードバックを共有する。
提案を活用する
どういう風にたずねればいいか分からないときは、Copilot にプロンプトを提案してもらうことができる。
プロンプトの候補
過去 7 日間のハイライト
過去 30 日間のハイライト
どのような決定が下されましたか?
オープンアイテムは何ですか?

図27-1

LESSON 28

チャットCopilotの活用シーンと活用ポイント

Teamsのチャットは、多くの企業で標準チャットツールとして使われている。チャットツールの常として、過去の発言や添付ファイルを探す場面が発生することは避けられない。チャットCopilotを使えば、そのような場面で素早く求める情報に辿り着くことができる。

1 過去の発言を振り返る

「あの人、あの時なんて言ってたっけ？」と確認したくなることはないだろうか。あるいは、休暇明けにたまったチャットを見てげんなりしたことはないだろうか。そんな時にはチャットCopilotを活用しよう。チャットCopilotに過去の特定の話題に関する発言を確認してもらったり、たまったチャットを要約してもらうことができる。

2 過去に共有されたファイルを探してもらう

過去に共有されたファイルを探すことになって面倒な思いをしたことが、きっとあなたにもあるだろう。そんな作業を、100%の精度ではないにせよ、Copilotに任せることができる。ぜひ、あなた自身で試してもらいたい。

チャットCopilotは、当たり前のことながらチャットの内容しか参照できないことを忘れないでほしい。
例えば、「先ほどお話しした件ですが、先輩の見立て通りでした。」のように、口頭での会話の続きをチャットでやり取りしたことはないだろうか。この場合、チャットCopilotは「先ほどお話しした件」が何なのかも、「見立て通り」がどういう状態なのかも分からない。
チャットCopilotを最大限活用することを念頭に置くのであれば、「先ほどお話ししたXYZプロジェクトの進捗ですが、先輩の見立て通り大幅な遅れが発生していました。」のように、全ての情報を含む形でチャットするべきだ。
これからはあらゆるデータが生成AIとの協働を念頭に置いた形で整理し直されていくと思われるが、チャットCopilotはある意味でその先駆けと言えるだろう。

LESSON

29 チャットの内容について質問してみよう

チャットが乱立し、このチャットで何を話していたか？が分からなくなる、といったことはないだろうか。そういう時こそ、チャットCopilotに「どんな内容が話されていますか？」と質問して、振り返りに役立てよう。

まずはチャットCopilotを開こう。チャットを開いて、右上にある［Copilot］アイコンを押下しよう。

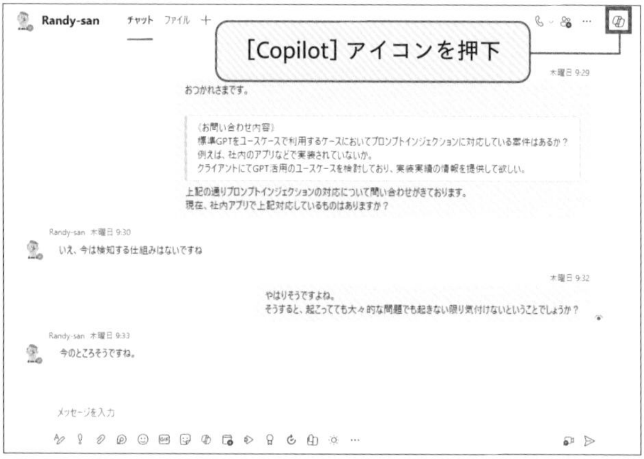
Randy-san
チャット ファイル +
[Copilot] アイコンを押下
木曜日 9:29
おつかれさまです。
(お問い合わせ内容)
標準GPTをユースケースで利用するケースにおいてプロンプトインジェクションに対応している案件はあるか？
例えば、社内のアプリなどで実装されていないか。
クライアントにてGPT活用のユースケースを検討しており、実装実績の情報を提供して欲しい。
上記の通りプロンプトインジェクションの対応について問い合わせがきております。
現在、社内アプリで上記対応しているものはありますか？
Randy-san 木曜日 9:30
いえ、今は検知する仕組みはないですね
木曜日 9:32
やはりそうですよね。
そうすると、起こってても大々的な問題でも起きない限り気付けないということでしょうか？
Randy-san 木曜日 9:33
今のところそうですね。
メッセージを入力
図29-1

すると、Copilotウィンドウが画面右側に現れる。

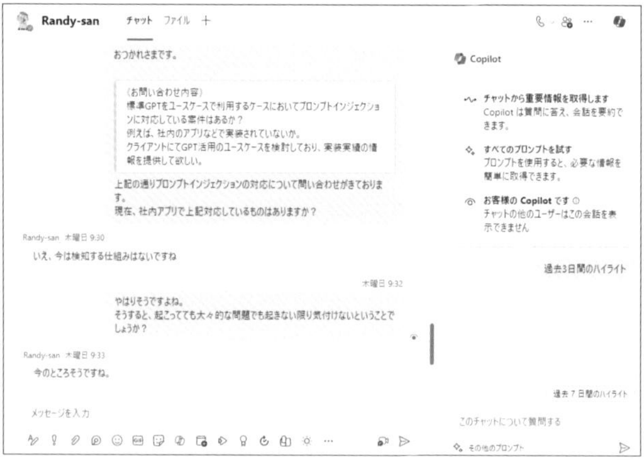
Randy-san
チャット ファイル +
おつかれさまです。
(お問い合わせ内容)
標準GPTをユースケースで利用するケースにおいてプロンプトインジェクションに対応している案件はあるか？
例えば、社内のアプリなどで実装されていないか。
クライアントにてGPT活用のユースケースを検討しており、実装実績の情報を提供して欲しい。
上記の通りプロンプトインジェクションの対応について問い合わせがきております。
現在、社内アプリで上記対応しているものはありますか？
Randy-san 木曜日 9:30
いえ、今は検知する仕組みはないですね
木曜日 9:32
やはりそうですよね。
そうすると、起こってても大々的な問題でも起きない限り気付けないということでしょうか？
Randy-san 木曜日 9:33
今のところそうですね。
メッセージを入力
Copilot
チャットから重要情報を取得します
Copilot は質問に答え、会話を要約できます。
すべてのプロンプトを試す
プロンプトを使用すると、必要な情報を簡単に取得できます。
お客様の Copilot です
チャットの他のユーザーはこの会話を表示できません
過去3日間のハイライト
過去 7 日間のハイライト
このチャットについて質問する
その他のプロンプト
図29-2

このチャットでどんな会話がされているかをCopilotに尋ねてみよう。「どんな内容が話されていますか？」とCopilotに尋ねると、過去のチャットの内容について教えてくれる。

Randy-san
チャット
ファイル
おつかれさまです。
（お問い合わせ内容）
標準GPTをユースケースで利用するケースにおいてプロンプトインジェクションに対応している案件はあるか？
例えば、社内のアプリなどで実装されていないか。
クライアントにてGPT活用のユースケースを検討しており、実装実績の情報を提供して欲しい。
上記の通りプロンプトインジェクションの対応について問い合わせがきております。
現在、社内アプリで上記対応しているものはありますか？
Randy-san 木曜日 9:30
いえ、今は検知する仕組みはないですね
木曜日 9:32
やはりそうですよね。
そうすると、起こってても大々的な問題でも起きない限り気付けないということでしょうか？
Randy-san 木曜日 9:33
今のところそうですね。
メッセージを入力
Copilot
チャットの他のユーザーはこの会話を表示できません
どんな内容が話されていますか？
Copilot 12/8
9/26 14:04 - 12/7 9:33
このチャットでは、主にAPI基盤、GPT Chat、およびその他のプロジェクトに関する話題が議論されています。例えば、API基盤の利用者向け資料の更新、APIキーの貸し出し、およびその他の関連する問題について話し合われています。また、チャットの参加者は、プロジェクトの進捗状況、アクションアイテム、および意思決定についても話し合っています。
過去 7 日間のハイライト
このチャットについて質問する
その他のプロンプト

図29-3

LESSON

30 過去〇日間のハイライトを教えてもらおう

過去〇日間のハイライトをCopilotにまとめてもらうこともできる。典型的な活用シーンとしては、休暇明けなどにたまったチャットを確認するシーンが考えられる。

プロンプトの基本形は「過去<日数>日間のハイライトを教えて」だ。図30-1では、よりシンプルに「過去3日間のハイライト」というプロンプトを使って、過去3日間のチャットの中から重要な点をまとめてもらった。過去3日間にAPI基盤の利用者向け資料の更新、APIキーの貸し出し、API基盤の運用開始などのイベントがあったことが分かる。

なお、ここでもCopilotは重要なポイントを見逃す可能性もあることには留意しておいてほしい。まずはCopilotの文章の直後にある数値にカーソルを合わせ、Copilotのまとめの根拠となった部分を確認しながら、見落としがないかチェックしていくとよいだろう。

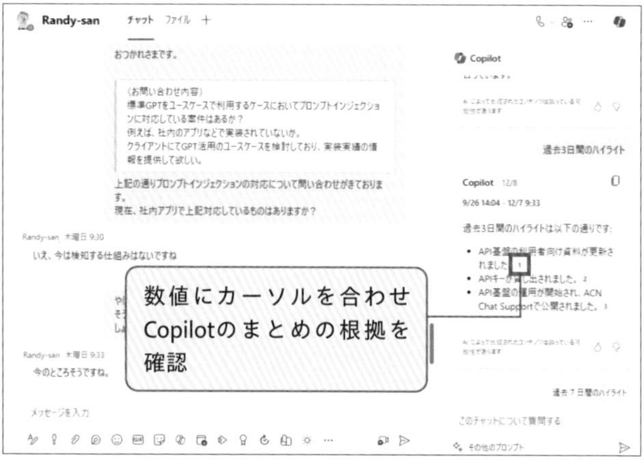

Randy-san
チャット ファイル +
おつかれさまです。
Copilot
(お問い合わせ内容)
標準GPTをユースケースで利用するケースにおいてプロンプトインジェクションに対応している案件はあるか？
例えば、社内のアプリなどで実装されていないか。
クライアントにてGPT活用のユースケースを検討しており、実装実績の情報を提供して欲しい。
上記の通りプロンプトインジェクションの対応について問い合わせがきております。
現在、社内アプリで上記対応しているものはありますか？
過去3日間のハイライト
Copilot 12/8
9/26 14:04 - 12/7 9:33
過去3日間のハイライトは以下の通りです:
Randy-san 木曜日 9:30
いえ、今は検知する仕組みはないですね
数値にカーソルを合わせ
Copilotのまとめの根拠を
確認
Randy-san 木曜日 9:33
今のところそうですね。
メッセージを入力
このチャットについて質問する
その他のプロンプト

図30-1

LESSON

31 どのような決定が行われたか、聞いてみよう

過去の決定事項についてCopilotに尋ねる使い方もできる。プロンプトの基本形は「＜話題＞に関する決定事項を教えて」だ。

図31-1では、「API基盤に関する決定事項について教えてください」というプロンプトを使用している。Copilotの応答を確認すると、API基盤の利用者向け資料が更新される予定であること、APIキーの貸し出しがAPI管理基盤を介して行われる予定であること、API基盤の利用料が、利用量に応じて変動することがあることなどが分かる。

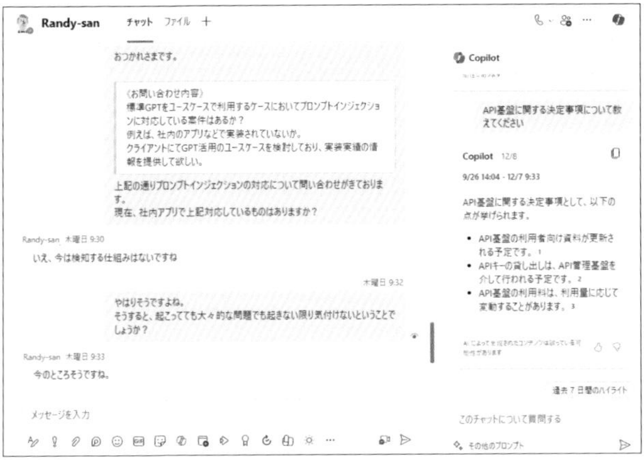
Randy-san
チャット
ファイル
おつかれさまです。
《お問い合わせ内容》
標準GPTをユースケースで利用するケースにおいてプロンプトインジェクションに対応している案件はあるか？
例えば、社内のアプリなどで実装されていないか。
クライアントにてGPT活用のユースケースを検討しており、実装実績の情報を提供して欲しい。
上記の通りプロンプトインジェクションの対応について問い合わせがきております。
現在、社内アプリで上記対応しているものはありますか？
Randy-san 木曜日 9:30
いえ、今は検知する仕組みはないですね
木曜日 9:32
やはりそうですよね。
そうすると、起こってても大々的な問題でも起きない限り気付けないということでしょうか？
Randy-san 木曜日 9:33
今のところそうですね。
メッセージを入力
Copilot
API基盤に関する決定事項について教えてください
Copilot 12/8
9/26 14:04 - 12/7 9:33
API基盤に関する決定事項として、以下の点が挙げられます。
API基盤の利用者向け資料が更新される予定です。1
APIキーの貸し出しは、API管理基盤を介して行われる予定です。2
API基盤の利用料は、利用量に応じて変動することがあります。3
過去 7 日間のハイライト
このチャットについて質問する
その他のプロンプト
図31-1

LESSON

32 特定のメンバーのコメントを抽出してもらおう

複数人でのチャットを追いきれなくなって困った経験はないだろうか。そんな時には特定のメンバーのコメントをCopilotに抽出してもらうことができる。例えばキーパーソンのコメントを重点的に確認するような使い方が可能だ。

プロンプトの基本形は「＜人名＞の発言を抽出して」だ。図32-1では、「Caoさんの発言を抽出してください。」というプロンプトを使用している。

Copilotの応答を確認すると、CaoさんがGPT-4Vの機能調査やデモ対応に関連する発言をしたことが分かる。

なお、複数人のチャットであれば、Copilotの誤りや見逃しを防ぐための1つの方法として、他のメンバーにCopilotが抽出した内容を確認してもらうこともできる。もちろん、他のメンバーにチェックしてもらったとしても、最終的なアウトプットに責任を負うのはあなた自身だ。

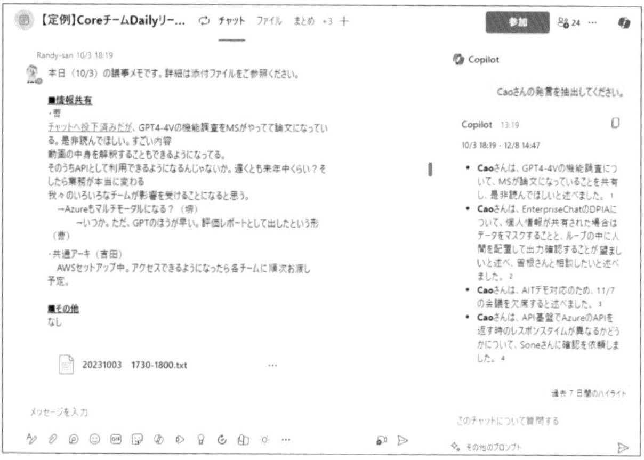
【定例】CoreチームDailyリー…
チャット
ファイル
まとめ
+3
参加
24
Randy-san 10/3 18:19
本日（10/3）の議事メモです。詳細は添付ファイルをご参照ください。
■情報共有
・曹
チャットへ投下済みだが、GPT4-4Vの機能調査をMSがやってて論文になっている。是非読んでほしい。すごい内容
動画の中身を解釈することもできるようになってる。
そのうちAPIとして利用できるようになるんじゃないか。遅くとも来年中くらい？そしたら業務が本当に変わる
我々のいろいろなチームが影響を受けることになると思う。
→Azureもマルチモーダルになる？（堺）
→いつか。ただ、GPTのほうが早い。評価レポートとして出したという形（曹）
・共通アーキ（吉田）
AWSセットアップ中。アクセスできるようになったら各チームに順次お渡し予定。
■その他
なし
20231003 1730-1800.txt
メッセージを入力
Copilot
Caoさんの発言を抽出してください。
Copilot 13:19
10/3 18:19 - 12/8 14:47
Caoさんは、GPT4-4Vの機能調査について、MSが論文になっていることを共有し、是非読んでほしいと述べました。1
Caoさんは、EnterpriseChatのDPIAについて、個人情報が共有された場合はデータをマスクすることと、ループの中に人間を配置して出力確認することが望ましいと述べ、曽根さんと相談したいと述べました。2
Caoさんは、AITデモ対応のため、11/7の会議を欠席すると述べました。3
Caoさんは、API基盤でAzureのAPIを返す時のレスポンスタイムが異なるかどうかについて、Soneさんに確認を依頼しました。4
過去 7 日間のハイライト
このチャットについて質問する
その他のプロンプト

図32-1

LESSON 33

過去に共有された資料を探してもらおう

Copilotの活躍はチャットの要約・抽出のみにとどまらない。「<探したいファイル>を探してください。」とプロンプトを入力することで、過去に共有されたファイルをCopilotに探してもらうことも可能だ。

図33-1ではCopilotにインタビューリストを探してもらっている。図33-2が、Copilotが見つけてくれたインタビューリストだ。
ただし、これをするためには、予めこのチャットでファイルが共有されたことを覚えておかなければならない。どこのチャットでファイルが共有されたか覚えておらず、複数のチャットを横断して検索する必要がある場合には後述するM365チャットを使うとよい。
また、ファイル名を覚えておらず、ファイルの内容で検索したいときにも、原稿執筆時点においてはM365チャットで検索した方が精度が高い。

図33-1

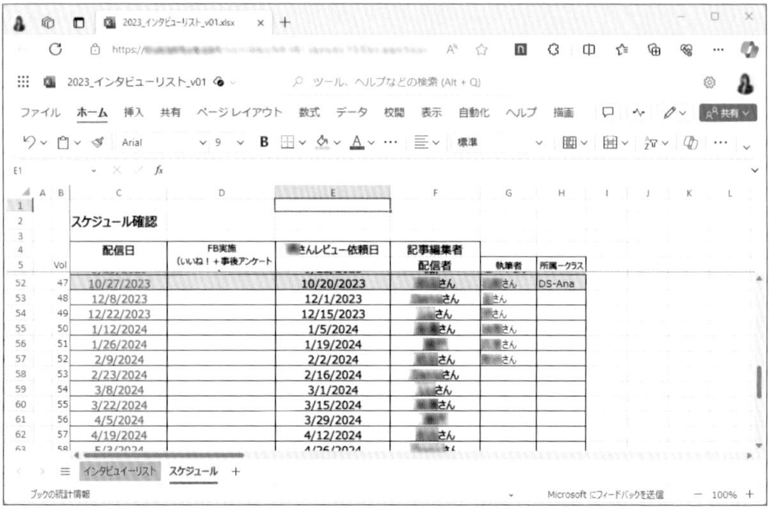
2023_インタビューリスト_v01.xlsx
2023_インタビューリスト_v01
ツール、ヘルプなどの検索 (Alt + Q)
ファイル ホーム 挿入 共有 ページ レイアウト 数式 データ 校閲 表示 自動化 ヘルプ 描画
共有
Arial 9 標準
スケジュール確認
配信日
FB実施 (いいね！＋事後アンケート
さんレビュー依頼日
記事編集者 配信者
執筆者
所属ークラス
Vol
47 10/27/2023 10/20/2023 さん さん DS-Ana
48 12/8/2023 12/1/2023 さん さん
49 12/22/2023 12/15/2023 さん さん
50 1/12/2024 1/5/2024 さん さん
51 1/26/2024 1/19/2024 さん
52 2/9/2024 2/2/2024 さん さん
53 2/23/2024 2/16/2024 さん
54 3/8/2024 3/1/2024 さん
55 3/22/2024 3/15/2024 さん
56 4/5/2024 3/29/2024
57 4/19/2024 4/12/2024 さん
インタビューリスト スケジュール
ブックの統計情報
Microsoft にフィードバックを送信
100%

図33-2

LESSON

34 M365チャットを追加しよう

TeamsのCopilotとして最後に紹介するのは、M365チャットだ。M365チャットは、メール、Teamsチャット、ドキュメントのデータを用いて、あなたの仕事を手助けしてくれるCopilotだ。

※現時点（2024年2月）のMicrosoft社の発表によると、M365チャットは2024年4月30日でサポートが終了となり、Copilot for Microsoft 365で同様の機能が利用できる予定となっている。
本書では「M365チャット」と表記するが、基本的に「Copilot for Microsoft 365」と置き換えて読んで欲しい。
M365チャットを使うためには、まずTeams上でアプリを追加する必要がある。左側のメニューでアプリを押下すると、Teams上で動作するアプリ一覧が現れる。

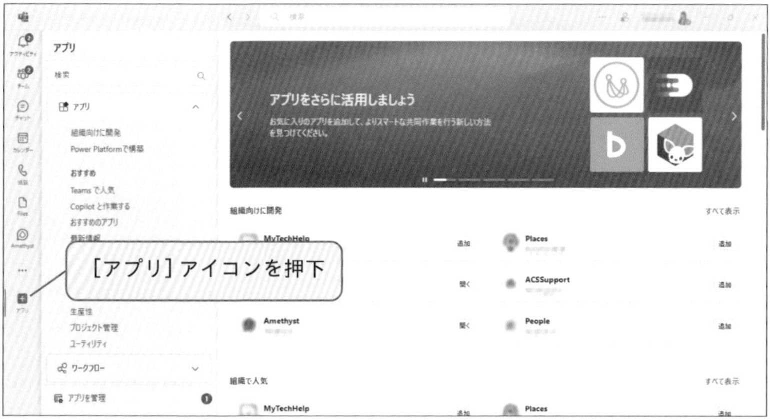

図34-1

画面左側の検索窓でM365と検索すると、M365チャットが右側の検索結果に表示される。

図34-2

M365チャットを押下すると、概要を確認することができる。概要およびその最後に載っているリンクには有益な情報がまとまっているので、読んでおこう。[追加] を押下すればM365チャットが使用可能になる。

図34-3

アプリを追加したら、さっそくM365チャットとのチャット画面を開いてみよう。図34-4のような画面が現れるはずだ。早速、次のレッスンからM365チャットの具体的な活用方法を確認していこう。

M365 チャット
チャット
M365 チャット 1:50
さあ、やり直しましょう。今すぐ何かお手伝いできますか?
いくつかのアイデアについては、以下のいずれかの提案をお試しください...
新機能
ユーザー さんからの最新情報について、メール、チャット、ファイルで整理して教えてください。
重要情報を取得する
ファイル からキー ポイントを一覧表示します
FAQ を下書きする
ファイル に基づいて FAQ を作成します
概要を書き込む
ファイル の新しい概要を提案します
操作方法
提案の要求を書く方法。
アイデアを生成する
チーム ビルディングに役立つ、楽しいオンライン イベントのアイデアをリストアップする
仕事上の質問をするか、/ を使用して連絡先、ファイルなどを参照します
図34-4

LESSON

35 M365チャットの画面とアプリの起動方法

M365チャットの画面構成と起動方法について確認しよう。とはいえ、「レッスン34：M365チャットを追加しよう」の手順を完了していれば、起動方法についてはチャット欄を開くだけだ。

画面構成については図35-1の通りだ。チャット欄を開くとまず目に飛びこんでくるのは、M365チャットがあらかじめ用意してくれたプロンプトだ。ファイルを参照するプロンプトが多いことが分かる。アプリケーションやファイルを横断した検索が可能というM365チャットの特徴を反映していると言える。

また、画面左下にはプラグインを追加するためのボタンがある。プラグインを活用することでよりM365チャットが便利になるが、注意も必要なので以降のレッスンで確認してほしい。

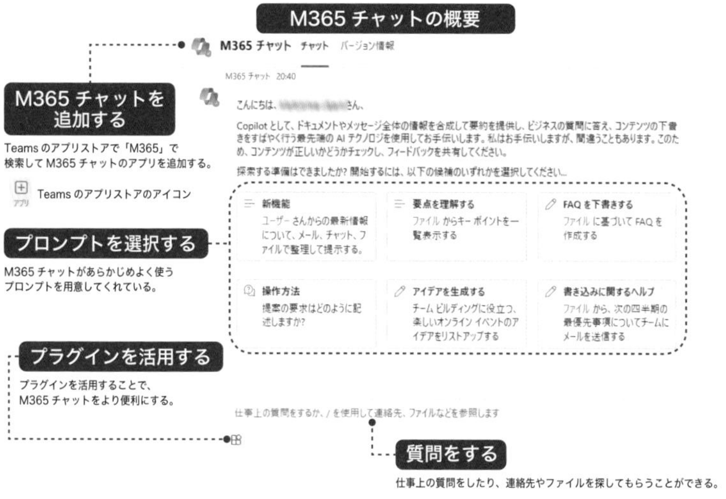
M365 チャットの概要
M365 チャット　チャット　バージョン情報
M365 チャット　20:40
こんにちは、 さん、
Copilot として、ドキュメントやメッセージ全体の情報を合成して要約を提供し、ビジネスの質問に答え、コンテンツの下書きをすばやく行う最先端の AI テクノロジを使用してお手伝いします。私はお手伝いしますが、間違うこともあります。このため、コンテンツが正しいかどうかチェックし、フィードバックを共有してください。
探索する準備はできましたか? 開始するには、以下の候補のいずれかを選択してください...
新機能
ユーザー さんからの最新情報について、メール、チャット、ファイルで整理して提示する。
要点を理解する
ファイル からキー ポイントを一覧表示する
FAQ を下書きする
ファイル に基づいて FAQ を作成する
操作方法
提案の要求はどのように記述しますか?
アイデアを生成する
チーム ビルディングに役立つ、楽しいオンライン イベントのアイデアをリストアップする
書き込みに関するヘルプ
ファイル から、次の四半期の最優先事項についてチームにメールを送信する
仕事上の質問をするか、/ を使用して連絡先、ファイルなどを参照します
M365 チャットを追加する
Teams のアプリストアで「M365」で検索して M365 チャットのアプリを追加する。
アプリ
Teams のアプリストアのアイコン
プロンプトを選択する
M365 チャットがあらかじめよく使うプロンプトを用意してくれている。
プラグインを活用する
プラグインを活用することで、M365 チャットをより便利にする。
質問をする
仕事上の質問をしたり、連絡先やファイルを探してもらうことができる。

図35-1

LESSON 36

M365チャットの活用シーンと活用ポイント

M365チャットはアプリやファイルを横断したタスクをこなせることが最大の特徴だ。

活用シーンとしてはまず、必要な情報がどこにあるか分からないシーンや、複数のアプリやメール、ファイルの情報を幅広く確認・収集しなければいけないシーンが挙げられる。
また、他言語への翻訳もM365チャットの活用シーンだ。M365チャット以外のCopilotでも翻訳は可能だが、M365チャットはアプリやファイルを横断した検索ができるため、よりコンテキストにあった回答をしてくれる可能性が高いと言えるだろう。

M365チャットを活用するポイントは、適切な権限設定だ。M365チャットは、Microsoftグラフを経由して、社内のファイルを検索・参照する。参照するのはユーザーに表示権限または編集権限があるファイルのみなので、適切な権限設定がなされていれば何の問題もないのだが、社内の一部の人間しか見てはいけないファイルに無防備な権限を付与すると、意図しないユーザーからの問い合わせで参照されてしまうかもしれない。

LESSON 37

ドキュメント／メール／チャットの横断検索をしよう

まずは「＜キーワード＞についてメール、ドキュメント、チャットから検索し要約してください。」というパターンのプロンプトについて紹介しよう。

これはキーワードに関する情報がどこかにあることは分かっているが、その場所は分からない（あるいは確認するのが面倒な）時に効果を発揮する。M365チャットがメール、ドキュメント、チャットを横断的に検索して、キーワードについて要約してくれる。

図37-1では、Gen.AIのCredentialについてM365チャットに検索・要約してもらった。回答下部の参照ファイルをみると、メール、PowerPoint資料、Excel資料の内容をもとに回答が作られていることが分かる。

ただし、見落としがあったり、誤った情報源を参照する可能性があることは心に留めておいてほしい。あなた自身がM365チャットの回答の真偽を判断することが必要だ。

M365 チャット
チャット
コピー
15:53
Gen.AIのCredentialについてメール、ドキュメント、チャットから情報を検索し要約してください。
M365 チャット 15:53
こちらがGen.AIのCredentialに関するメール、ドキュメント、チャットの情報の要約です:
他に何かお手伝いできることはありますか？
コピー
3 件の参照
RE:【依頼】【Due：10/20(金)】Gen.AI関連Credential整備ご協力のお願い
《ご紹介》化学業界におけるユースケース例
Credential一覧

図37-1

LESSON

38 社内の知りたい情報を調べてもらおう

前レッスンでも見たように、M365チャットは社内の様々情報を横断的に検索し、質問に答えることができる。このレッスンでは、M365チャットのこの特徴を使いこなすための例を3つ紹介する。

1 社内用語を教えてもらおう

まずは、社内用語の意味をCopilotに教えてもらう例を紹介する。「＜社内用語＞とは何ですか？」「＜社内用語＞について教えてください。」といったプロンプトで十分だ。

「M＋C」という単語について、Copilotに調べてもらうと、社内のドキュメントをもとにその意味を教えてくれた。どうやら「マーケティングとコミュニケーション」という意味だそうだ。

M365チャットの回答中にある「1」という数値にマウスオーバー、もしくは回答左下の「1件の参照」を押下すると、回答の根拠となった情報源を確認できる。

M365 チャット チャット
2:20
M+Cとは何ですか？
M365 チャット 2:20
M+Cは、略語であり、その意味は文脈によって異なります。企業内の文書によっては、Marketing and Communications（マーケティングとコミュニケーション）の略として使用されることがあります。 1
あなたが参照している文脈によって、M+Cの意味は異なる場合があります。
コピー
1 件の参照
4 件の回答 (合計 30 件) AI によって生成されたコンテンツは誤っている可能性があります
2:21
仕事上の質問をするか、/ を使用して連絡先、ファイルなどを参照します

図38-1

また、M365チャットにはプラグイン機能がある。プラグイン機能によって、M365チャットに新たな能力を与えることが可能になる。ここではWeb検索プラグインをオンにした例を紹介する。

M365 チャット チャット
2:20
M+Cとは何ですか？
M365 チャット 2:20
M+Cは、略語であり、その意味は文脈によって異なります。企業内の文書によっては、Marketing
プラグイン プレビュー
プラグインを使用すると、Copilot がユーザーに代わってアプリを参照できるようになります。Copilot は、Microsoft 365 Enterprise データの一部を、有効にしたプラグインと共有する場合があります。
Web content
その他のプラグイン
AI によって生成されたコンテンツは誤っている可能性があります
2:21
プラグインアイコンからWeb検索プラグインをオンにする
図38-2

図38-3を見てほしい。Web検索プラグインをオンにした状態で先ほどと同じ質問をすると、今度は回答が2つになった。1つは、先ほどと同じ社内ドキュメントをもとにした回答だ。もう1つは、Web検索プラグインを用いてWebで「M＋C」という単語について調べた結果をもとにした回答だ。

このように、プラグインを使うことでM365チャットをますます便利にすることができる。ただし、プラグインの使用にはリスクもある。プラグインを使うということは、プロンプトなどがプラグインに渡されることを意味するからだ。開発元や規約、仕様をしっかり確認し、信頼できるプラグインのみを使用することが重要だ。

M365 チャット チャット
2:21
M+Cとは何ですか？
M365 チャット 2:21
From your company
M+Cは、あなたの会社において、Marketing and Communications（マーケティングとコミュニケーション）の略として使用されることがあります。1 あなたの会社には、Malaysia M+C、Singapore M+C、Southeast Asia M+Cなど、M+Cに関連するコンタクトがいくつか存在します。2 3 4 また、M+C IAというプロジェクトがあり、M+Cのコンテンツ、資産、ツールを集約し、Accentureのブランドと成長優先事項に関するプロモーションとメッセージングをサポートしています。5
From the Web
M+Cは、略語であり、その意味は文脈によって異なります。一般的には、Management / Confidential（管理/機密）の略として使用されることがあります。1 あなたが参照している文脈によって、M+Cの意味は異なる場合があります。
コピー
5 件の参照
5 件の回答 (合計 30 件) AI によって生成されたコンテンツは誤っている可能性があります
M+C IAについて教えてください
M+Cの具体的な活動は何ですか？
新しいチャット
仕事上の質問をするか、/ を使用して連絡先、ファイルなどを参照します

図38-3

2 特定の領域を知っていそうな人を教えてもらおう

次に、社内の有識者をCopilotに探してもらう例を紹介する。図38-4では「＜特定の分野＞に詳しい社内の人を教えてください。」というパターンのプロンプトを使用している。M365チャットが、社内ドキュメントを検索して、特定の話題に関するファイルの作成者を確認し、質問に答えていることが分かる。

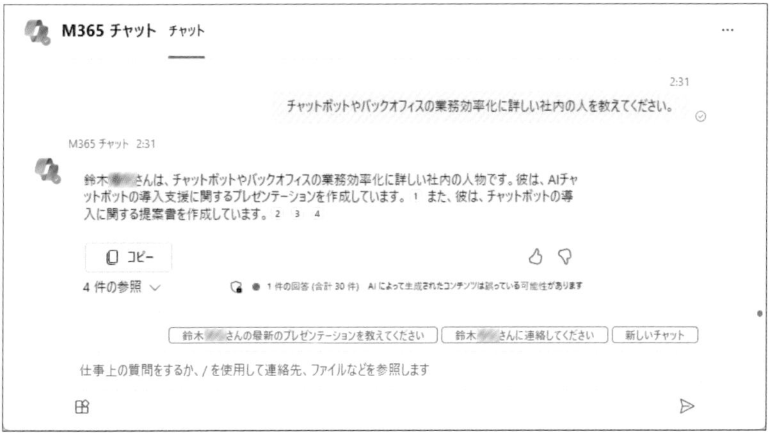
M365 チャット チャット
2:31
チャットボットやバックオフィスの業務効率化に詳しい社内の人を教えてください。
M365 チャット 2:31
鈴木さんは、チャットボットやバックオフィスの業務効率化に詳しい社内の人物です。彼は、AIチャットボットの導入支援に関するプレゼンテーションを作成しています。1 また、彼は、チャットボットの導入に関する提案書を作成しています。2 3 4
コピー
4 件の参照
1 件の回答 (合計 30 件) AI によって生成されたコンテンツは誤っている可能性があります
鈴木さんの最新のプレゼンテーションを教えてください
鈴木さんに連絡してください
新しいチャット
仕事上の質問をするか、/ を使用して連絡先、ファイルなどを参照します

図38-4

また、図38-5と38-6では、前述のやり取りの後に続けて有識者の連絡先を入手し、タッチポイントの有無を確認する作業においても、以下のようなプロンプトでM365チャットが手助けをしてくれる様子を確認できる。

- 「＜人名＞のメールを教えてください。」
- 「<検索したい期間>に＜人名＞との会議予定はありますか？あればリスト化してください。」
- 「今日の予定で会議のない時間、会議が重複している時間はありますか？」

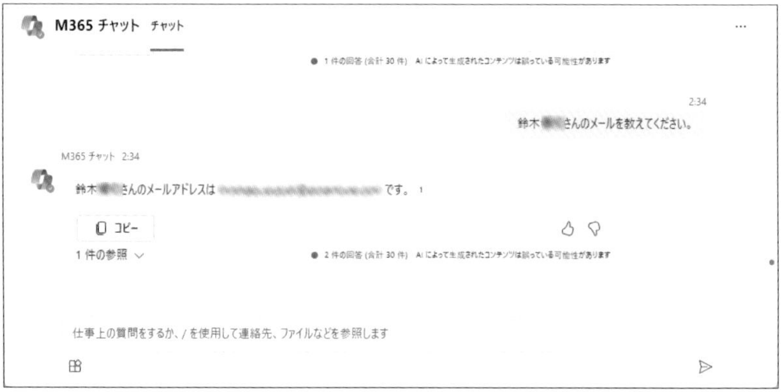
M365 チャット チャット
1 件の回答 (合計 30 件) AI によって生成されたコンテンツは誤っている可能性があります
2:34
鈴木 さんのメールを教えてください。
M365 チャット 2:34
鈴木 さんのメールアドレスは です。 1
コピー
1 件の参照
2 件の回答 (合計 30 件) AI によって生成されたコンテンツは誤っている可能性があります
仕事上の質問をするか、/ を使用して連絡先、ファイルなどを参照します

図38-5

M365 チャット チャット
2:50
今日から来週の火曜日の間にSuzuki, さんとの会議予定はありますか？あればリスト化してください。
M365 チャット 2:50
はい、今日から来週の火曜日の間に、Suzuki, さんとの会議予定が8件あります。以下が詳細です。
1:30 PM - 2 PM 1
2 PM - 2:30 PM 2
Next Monday 10 AM - 10:30 AM 3
Next Monday 5:30 PM - 6:30 PM 4
Next Monday 6:30 PM - 7:30 PM 5
Next Tuesday 9 AM - 9:30 AM 6
Next Tuesday 3 PM - 4:30 PM 7
Next Tuesday 5:30 PM - 6 PM 8
他に何かお手伝いできることはありますか？
コピー
8 件の参照
2 件の回答 (合計 30 件) AI によって生成されたコンテンツは誤っている可能性があります
他の人との会議予定も教えてください
Suzuki, さんとの会議の詳細を教えてください
新しいチャット
仕事上の質問をするか、/ を使用して連絡先、ファイルなどを参照します

図38-6

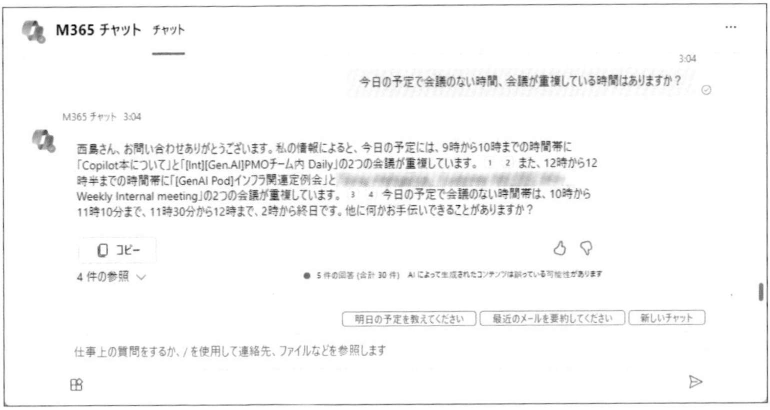
M365 チャット
チャット
3:04
今日の予定で会議のない時間、会議が重複している時間はありますか？
M365 チャット 3:04
西島さん、お問い合わせありがとうございます。私の情報によると、今日の予定には、9時から10時までの時間帯に
「Copilot本について」と「[Int][Gen.AI]PMOチーム内 Daily」の2つの会議が重複しています。 1 2 また、12時から12
時半までの時間帯に「[GenAI Pod]インフラ関連定例会」と
Weekly Internal meeting」の2つの会議が重複しています。 3 4 今日の予定で会議のない時間帯は、10時から
11時10分まで、11時30分から12時まで、2時から終日です。他に何かお手伝いできることがありますか？
コピー
4 件の参照
5 件の回答 (合計 30 件) AI によって生成されたコンテンツは誤っている可能性があります
明日の予定を教えてください
最近のメールを要約してください
新しいチャット
仕事上の質問をするか、/ を使用して連絡先、ファイルなどを参照します

図38-7

3 プロジェクトの活動状況を教えてもらおう

最後に紹介するのは、プロジェクトの活動状況をM365チャットに確認してもらう例だ。「<プロジェクト>の進捗状況を教えて。」というプロンプトを使うことで、最近更新されたプロジェクト関連のファイルの情報をM365チャットに確認してもらっている。優先して確認すべきファイルの絞り込みがより簡単になることが期待されるが、M365チャットが重要なファイルを見落とす可能性がある点には留意が必要だ。

M365 チャット
チャット
14:31
Gen.AI Podについての進捗状況を教えて。
M365 チャット 14:32
企業内の情報
Gen.AI Podについての進捗状況は、先週、いくつかのファイルで文書化されました。先週更新されたファイルのいくつかに
は、"Gen.AI Pod_共通アーキ_インフラ管理・構成ガイド(AWS).pptx" （ と による）、"Gen.AI Pod
WBS" （ による）、"Gen.AI Pod_共通アーキ_環境利用ガイド_20231130.pptx" （ と によ
る）、"Gen.AI_Pod_Communication_Method.pptx" （Ranjani Rajagopalによる）があります。 1 2 3 4
コピー
4 件の参照
26 件の回答 (合計 30 件) AI によって生成されたコンテンツは誤っている可能性があります
1 .pptx
2 pptx
3
仕事上の質問をするか、/ を使用して連絡先、ファイルなどを参照します

図38-8

LESSON

39 翻訳してもらおう

Copilotをはじめとした最新のサービス・機能は、往々にしてリリース初期は多言語対応していない。原稿執筆時点(2023年12月)において、ExcelやPowerAutomateのCopilotはまだ日本語に対応していなかった。

英語が不得手な人はM365チャットを利用して、日本語のプロンプトを英語に翻訳してもらおう。

「次の文章を<英/和>訳してください。
<英/和訳したい文章>」

といった形式で指示を出せば良い。

M365 チャット
チャット
15:49
次の文章を英訳してください。
予算と収益を比較するカラムを追加せよ
M365 チャット 15:49
Please translate the following sentence into English:
Add a column to compare the budget and revenue.
コピー
Translate '予算' into English
How can I add a column in Excel?
新しいチャット
仕事上の質問をするか、/ を使用して連絡先、ファイルなどを参照します
図39-1

図39-1で生成された文章をもとにExcel作業に活用してみよう。

図39-2

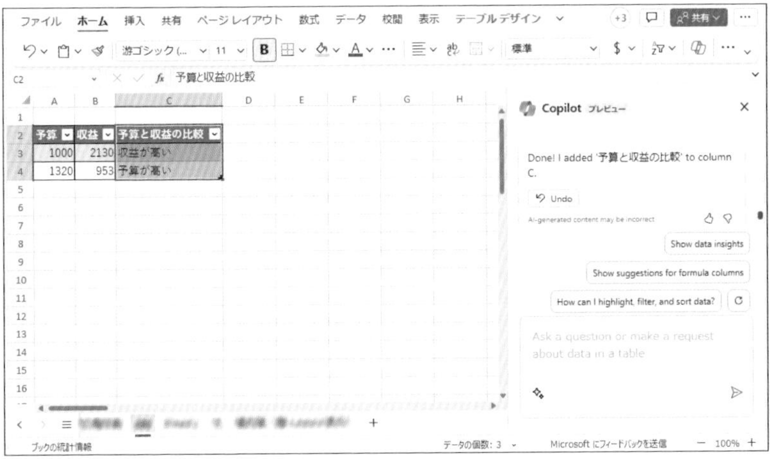

図39-3

M365チャットで生成した英文で無事にCopilotへ指示出しすることができた。もちろん、日本語から英語だけではなくその逆やその他の言語の翻訳も可能なため、活用していこう。

M365 チャット チャット
15:10
次の文章を和訳してください。
Accenture Launches Specialized Services to Help Companies Customize and Manage Foundation Models
Proprietary "switchboard" can flex to the right model based on cost, accuracy or business context
Services to customize large-language models (LLMs) for specific use cases and proprietary data sources for greater impact
Training and skills to help clients effectively use and manage LLMs across the value chain
M365 チャット 15:10
アクセンチュアは、企業がファウンデーションモデルをカスタマイズして管理するための専門サービスを開始しました。
独自の「スイッチボード」は、コスト、精度、ビジネスコンテキストに応じて適切なモデルに切り替えることができます。特定のユースケースや独自のデータソースに対して大型言語モデル（LLM）をカスタマイズするサービスで、より大きなインパクトを実現します。クライアントがLLMを効果的に使用し、バリューチェーン全体で管理するためのトレーニングとスキルが提供されます。
以上が、翻訳した文章です。他にお手伝いできることがありましたら、お知らせください。どうぞよろしくお願いします。
コピー
仕事上の質問をするか、/ を使用して連絡先、ファイルなどを参照します
図39-4

M365 チャット チャット
16:26
Translate the following message to Chinese
Accenture Launches Specialized Services to Help Companies Customize and Manage Foundation Models
Proprietary "switchboard" can flex to the right model based on cost, accuracy or business context
Services to customize large-language models (LLMs) for specific use cases and proprietary data sources for greater impact
Training and skills to help clients effectively use and manage LLMs across the value chain
M365 チャット 16:26
请将以下信息翻译成中文：
埃森哲推出专门服务，帮助公司定制和管理基础模型
专有的"交换机"可以根据成本、准确性或业务背景灵活选择合适的模型
为特定用例和专有数据源定制大型语言模型（LLM），以产生更大的影响
培训和技能，帮助客户在整个价值链中有效地使用和管理LLM。
コピー
Translate the message to Japanese
What are some other services offered by Accenture?
新しいチャット
仕事上の質問をするか、/ を使用して連絡先、ファイルなどを参照します
図39-5

M365チャットを翻訳に利用することには大きな利点がある。それはセキュリティリスクの軽減だ。巷には無料の翻訳サービスがあふれているが、中にはセキュリティリスクを伴うものもある。例えば、原稿執筆時点（2023年12月）のDeepL無料版の利用規約では、ユーザーの入力をAIの訓練に用いる権利があると明記されている。[23]
一方、「レッスン5：Copilotのセキュリティ」でも言及したが、M365チャットにおいてはユーザーの入力がAIの訓練に使われることはなく、その機密性は保護されている。機密情報の流出を避けるためにも、無料の翻訳サービスではなくM365チャット（あるいは他のCopilot）を使って翻訳するのが望ましいだろう。もちろん、あなたの会社がエンタープライズ向け翻訳サービスを使用している場合にはこの指摘は当てはまらない。

第 4 章

OutlookでのCopilotの活用テクニック

次は、Outlook での Copilot の活用テクニックだ。Outlook のアプリケーションにおいては、①メールと②予定表の 2 つの機能で Copilot を使用することができる。
メールにおいては、複数人で展開される長いメールスレッドの要約や返信メールの下書き作成を手軽に行うことができる。また、メール作成時にトーンや長さの調整をしてもらうこともできる。
予定表に関しては、現時点（2024 年 2 月）ではリリースされていないが、会議のメンバー選びやスケジュール調整などの事前準備をサポートしてくれる。また、参加できなかった会議について、Copilot と会話しながらキャッチアップすることもできる。

Outlook の Copilot の概要

Outlook の Copilot でできること	• 複数人でやりとりされる長いメールスレッドの要約 • 簡単なプロンプトで返信の下書きを作成 • メールのトーンや長さの調整
プロンプトの例	• 1 つ目と 2 つ目の話題について、より詳細をたずねるための返信を作って • 木曜日のランチセッションに参加予定かどうか、みんなに確認して
Tips	• 返信メールを作成するときに、「/」を入力して簡単に Copilot を開くことができる
注意事項	• 2024 年時点では、次の制約がある。 - 予定表の Copilot は未対応。 - メールの下書きは新しい Outlook（Outlook(new)）でのみ利用可能。

LESSON

40 画面とアプリの起動方法

ここではOutlookでのCopilotの画面構成とアプリの起動方法について、実際の画面を見ながら確認していく。

OutlookでのCopilotの主要な画面は以下の通りだ。メール作成画面でCopilotボタンを押下するとCopilotモーダルが現れて、Copilotへの指示を記述することができる。Copilotモーダルではトーンや長さを設定して下書きを生成することが可能だ。生成された下書きに対しては「保持する」「破棄する」「再生成」の3つのアクションがある。また、受信メールの上部には「Copilotによる要約」ボタンが表示され、ワンクリックでメールやスレッドの要約を作成してもらうことができる。

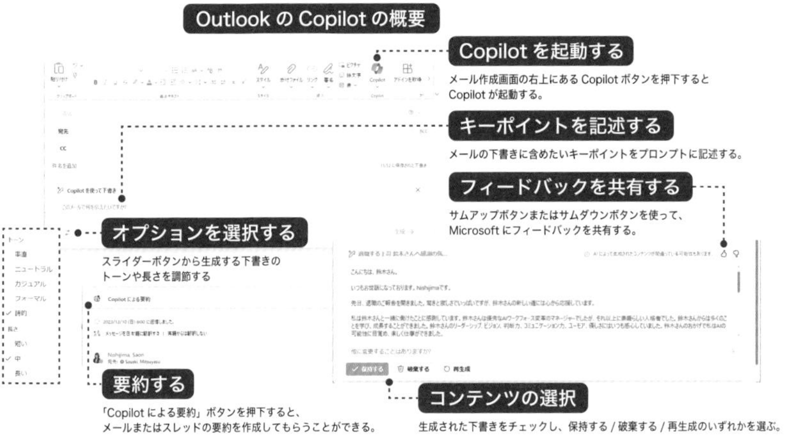
Outlook の Copilot の概要
Copilot を起動する
メール作成画面の右上にある Copilot ボタンを押下すると
Copilot が起動する。
キーポイントを記述する
メールの下書きに含めたいキーポイントをプロンプトに記述する。
フィードバックを共有する
サムアップボタンまたはサムダウンボタンを使って、
Microsoft にフィードバックを共有する。
オプションを選択する
スライダーボタンから生成する下書きの
トーンや長さを調節する
要約する
「Copilot による要約」ボタンを押下すると、
メールまたはスレッドの要約を作成してもらうことができる。
コンテンツの選択
生成された下書きをチェックし、保持する / 破棄する / 再生成のいずれかを選ぶ。

図40-1

OutlookでのCopilotの起動の仕方は、［メッセージ］タブを選び、リボンの［Copilot］を押下する。

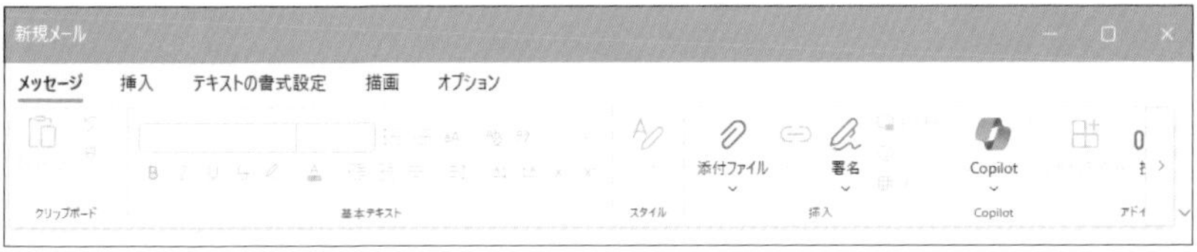
新規メール
メッセージ
挿入
テキストの書式設定
描画
オプション
添付ファイル
署名
Copilot
クリップボード
基本テキスト
スタイル
挿入
Copilot

図40-2

すると、「Copilotを使って下書き」「Copilotによるコーチング」の2つの選択肢が出てくるので、使いたいほうを押下しよう。

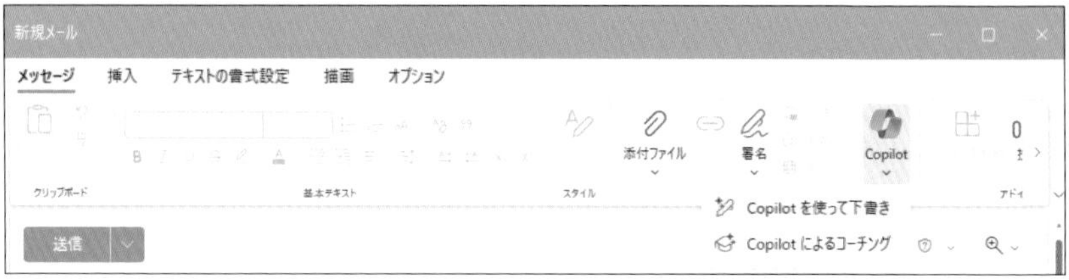

図40-3

LESSON 41

OutlookでのCopilotの活用シーンと活用ポイント

Outlookは言わずと知れたメールアプリだ。自然言語でのやりとりが多く、Copilotとの相性が非常に良い。Outlookの主要な使用シーンのほぼ全てでCopilotを活用できる。

1 メールの下書きの作成

Copilotに新規メールの下書きを作成してもらうことができる。短い指示から、内容を膨らませて作成してくれる点が便利だ。

2 受信メールの要約

Copilotに受信したメールを要約してもらうことができる。複数のメールにわたるやり取りもまとめて要約してもらえる。また、他言語対応のため、翻訳ツールいらずな点も便利だ。

3 返信メールの下書きの作成

Copilotに返信メールの下書きを作成してもらうことができる。新規メールとの違いは、受信メールの内容を踏まえて作成してくれる点だ。受信メールの内容から、返信としてありそうな選択肢をCopilotが提案してくれるのも嬉しいポイントだ。

4 メール本文のコーチング

Copilotにメールのコーチングをしてもらうことができる。トーンや明瞭さ、受け手の気持ちといった観点から、より良いメールを作るための提案をしてくれる。

メールは自然言語ベースのツールのため、活用ポイントとしては一般的なLLM活用のポイントに近い。つまり、「Lesson7：プロンプトテクニック」で紹介したように、背景・詳細を含める、例を含める、構造化する、取るべき行動を指示することが大切だ。もちろん、やり取りの中で磨き上げることが重要なのは言うまでもない。

LESSON

42 メールの下書きを作ってもらおう

このレッスンでは、新規メールの下書きをCopilotに作ってもらおう。トーンやメッセージの長さなどを指定できるため、様々なシーンでメールを作成する際の時間を短縮できる。

ここでは例として、退職する上司にメッセージを送る場面を取り上げる。まずはCopilotを起動させたいところだが、現時点（2024年2月）でOutlookのリボンに［Copilot］のアイコンは常駐していない。

図42-1

新規メールウィンドウを表示することで、［Copilot］アイコンが表示されるようになる。

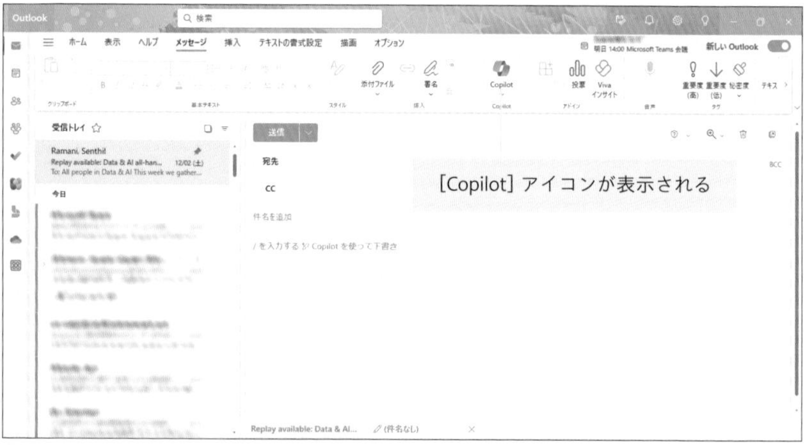

図42-2

［Copilot］アイコンを選択し、［Copilotを使って下書き］を押下しよう。

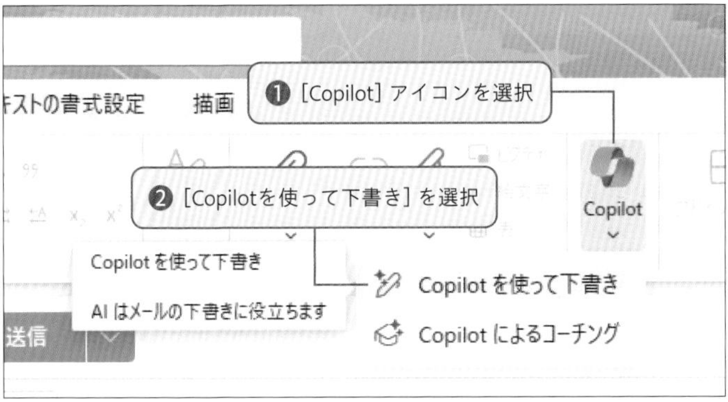

図42-3

［Copilotを使って下書き］モーダルが表示されるので、以下のプロンプトを入力しよう。

「退職する上司 <人名>へ感謝の気持ちを伝えたい。」

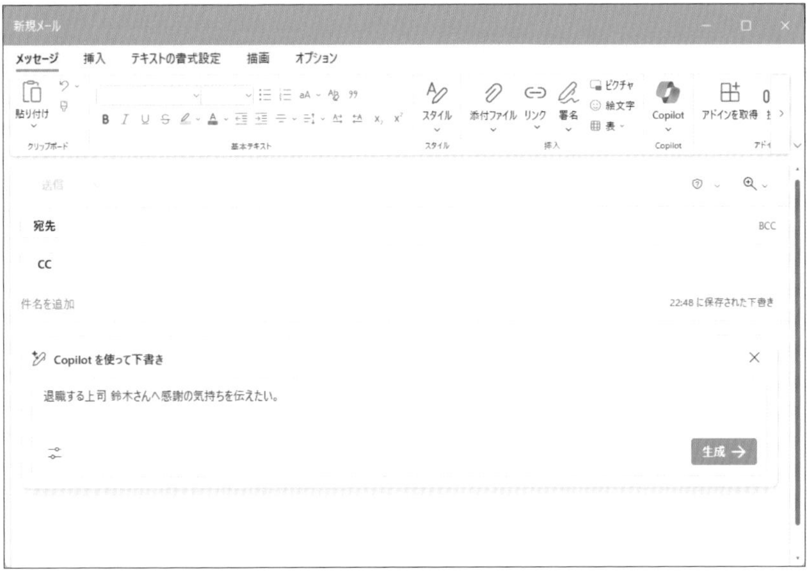

図42-4

1 メール本文のトーンを変えよう

Copilot左下のスライダーアイコンを押下してみよう。トーンと長さの選択肢が表示される。下書きをどんなトーンで生成するかを「率直」「ニュートラル」「カジュアル」「フォーマル」「詩的」から選ぶことができる。また、下書きの長さも3段階（短い／中／長い）から選ぶことができる。

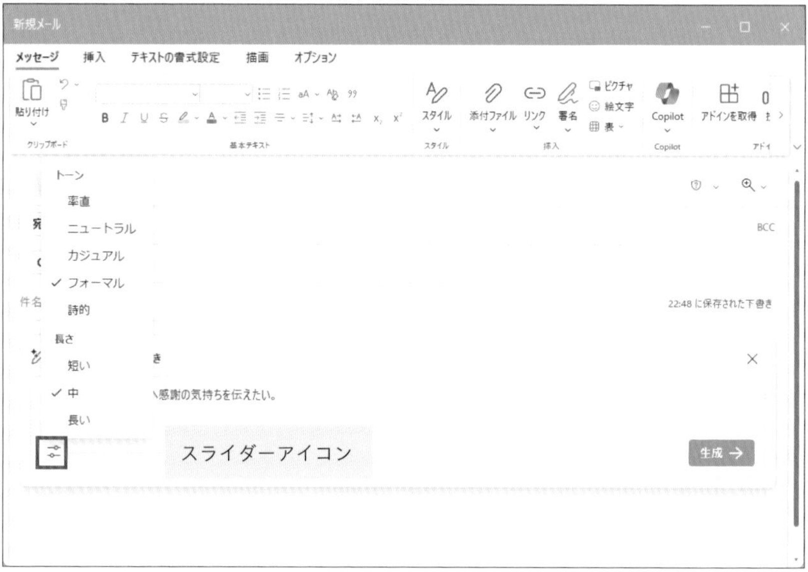

図42-5

2 下書きを作り直してもらおう

さて、実際にフォーマルなトーンで中ぐらいの長さの下書きを生成してもらった。余談だが、この下書きの中ではCopilotが自動で筆者の所属組織に関する情報を取得し、記入している。これもMicrosoft 365と連携しているCopilotならではだ。

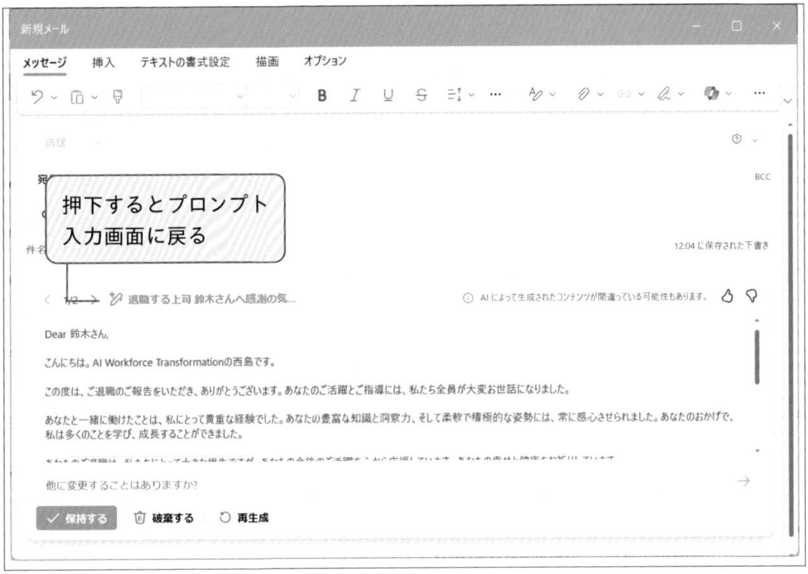
新規メール
メッセージ
挿入
テキストの書式設定
描画
オプション
送信
BCC
押下するとプロンプト入力画面に戻る
件名
12:04 に保存された下書き
1/2
退職する上司 鈴木さんへ感謝の気...
AI によって生成されたコンテンツが間違っている可能性もあります。
Dear 鈴木さん,
こんにちは。AI Workforce Transformationの西島です。
この度は、ご退職のご報告をいただき、ありがとうございます。あなたのご活躍とご指導には、私たち全員が大変お世話になりました。
あなたと一緒に働けたことは、私にとって貴重な経験でした。あなたの豊富な知識と洞察力、そして柔軟で積極的な姿勢には、常に感心させられました。あなたのおかげで、私は多くのことを学び、成長することができました。
他に変更することはありますか?
保持する
破棄する
再生成
図42-6

下書きを作成してもらった後は、「保持する」を押下するとCopilotで作成したメッセージがメール本文に挿入される。
だがここで、メッセージに盛り込みたいエピソードがあることを思い出した。
以前一緒に働いたあるプロジェクトの話だ。
生成結果上部の「退職する上司 鈴木さんへ感謝の気...」を押下してプロンプト入力画面に戻り、以下のプロンプトのようにエピソードを加えよう。

「退職する上司 <人名>へ感謝の気持ちを伝えたい。
<追加したいエピソード>」

ちなみに、再生成ボタンを押下するといきなり下書きの作り直しが行われる。

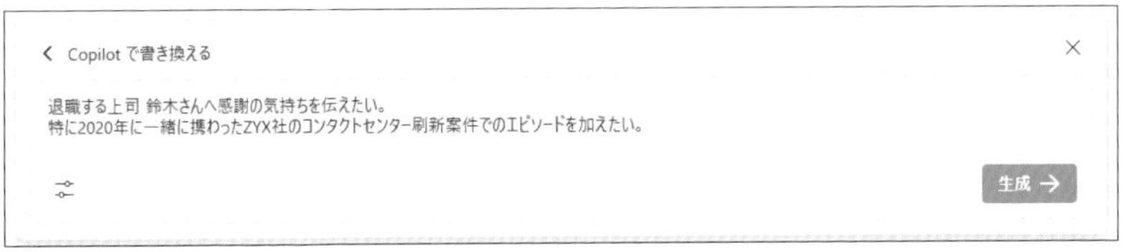
Copilot で書き換える
退職する上司 鈴木さんへ感謝の気持ちを伝えたい。
特に2020年に一緒に携わったZYX社のコンタクトセンター刷新案件でのエピソードを加えたい。
生成
図42-7

また、図42-6の「他に変更することはありますか?」エリアに追加のプロンプトを入力することも可能だ。

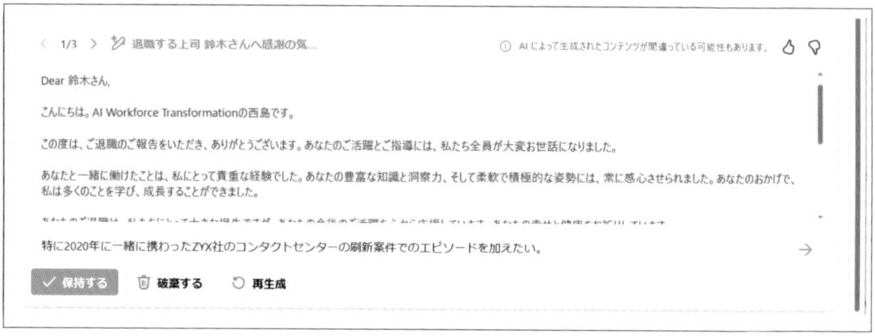
1/3
退職する上司 鈴木さんへ感謝の気...
AI によって生成されたコンテンツが間違っている可能性もあります。
Dear 鈴木さん,
こんにちは。AI Workforce Transformationの西島です。
この度は、ご退職のご報告をいただき、ありがとうございます。あなたのご活躍とご指導には、私たち全員が大変お世話になりました。
あなたと一緒に働けたことは、私にとって貴重な経験でした。あなたの豊富な知識と洞察力、そして柔軟で積極的な姿勢には、常に感心させられました。あなたのおかげで、私は多くのことを学び、成長することができました。
特に2020年に一緒に携わったZYX社のコンタクトセンターの刷新案件でのエピソードを加えたい。
保持する
破棄する
再生成
図42-8

ただし、現時点(2024年2月)では生成結果が図42-9のように英語になってしまうこともある点に注意してほしい。

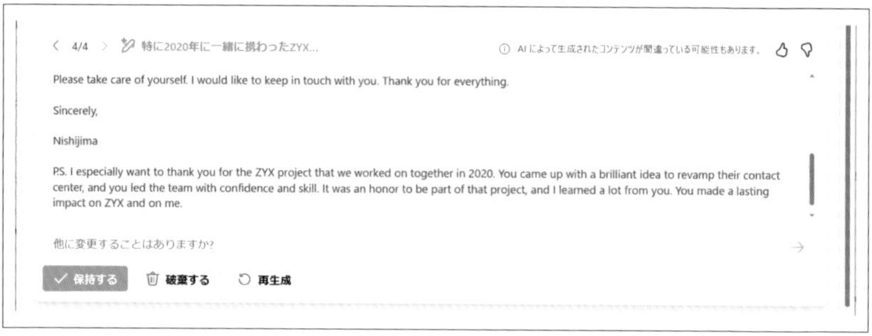
4/4
特に2020年に一緒に携わったZYX...
AI によって生成されたコンテンツが間違っている可能性もあります。
Please take care of yourself. I would like to keep in touch with you. Thank you for everything.
Sincerely,
Nishijima
P.S. I especially want to thank you for the ZYX project that we worked on together in 2020. You came up with a brilliant idea to revamp their contact center, and you led the team with confidence and skill. It was an honor to be part of that project, and I learned a lot from you. You made a lasting impact on ZYX and on me.
他に変更することはありますか?
保持する
破棄する
再生成
図42-9

改めて、図42-7の画面で「生成」→「保持する」と順に押下し、改行を整えるなど微調整を行えば、図42-10のとおりエピソードを盛り込んだメールの準備完了だ。
…と言いたいところなのだが、Copilotが書いてくれた下書きには1つ間違った情報が含まれている。あなたはお気づきになっただろうか？　プロンプトの「2020年」がCopilotの下書きでは「昨年」になっている。

これは現時点(2024年2月)では2021年までのデータしかLLMの学習に使われていないからだと思われるが、このように、Copilotが間違った情報を書くこともある。実際に送信する前には人間がチェックする必要があることを改めて肝に銘じてほしい。

新規メール
メッセージ
挿入
テキストの書式設定
描画
オプション
送信
宛先
BCC
CC
件名を追加
13:01 に保存された下書き
鈴木さん
いつもお世話になっております。西島です。
このたびは、退職されるとのことで、驚きとともに寂しさを感じています。
鈴木さんは私にとって、素晴らしい上司であり、尊敬する先輩でした。
私がAI Workforce Transformationの分野に関心を持つきっかけとなったのも、鈴木さんのおかげです。
特に、昨年一緒に携わったZYX社のコンタクトセンターの刷新案件では、鈴木さんの卓越したプロジェクトマネジメントとAIの専門知識に感嘆しました。
鈴木さんは、クライアントのニーズを的確に把握し、AIの最新の技術やソリューションを提案し、チームメンバーのモチベーションを高めることができました。
私は、鈴木さんから多くのことを学びましたし、鈴木さんと一緒に仕事をすることがとても楽しかったです。
鈴木さんのおかげで、プロジェクトは大成功に終わり、クライアントからも高い評価をいただきました。本当にありがとうございました。
鈴木さんの今後のご活躍を心からお祈りしています。
鈴木さんとのご縁に感謝し、これからもお付き合いを続けていただければ幸いです。どうぞお体に気をつけてお過ごしください。

図42-10

3 書いたメール本文をレビューしてもらおう

［ホーム］タブのリボンから［Copilot］→［Copilotによるコーチング］と順に押下し、Copilotによるコーチングを受けてみよう。

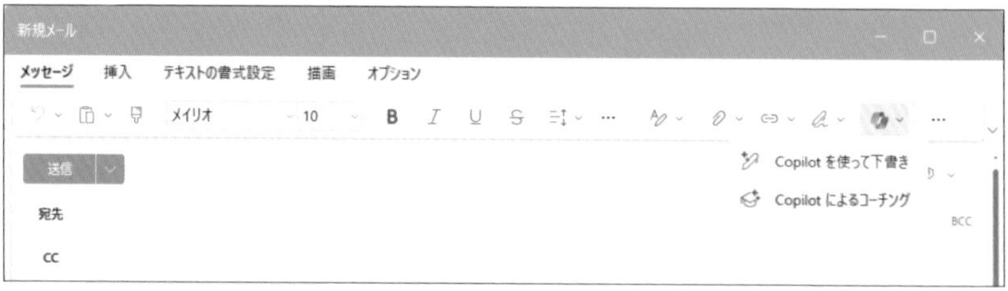
新規メール
メッセージ
挿入
テキストの書式設定
描画
オプション
メイリオ
10
送信
宛先
CC
Copilot を使って下書き
Copilot によるコーチング
BCC

図42-11

すると図42-12のように、Copilotが文章のトーンや明瞭さ、受け手の感情などの観点でメールを改善するための提案をしてくれる。

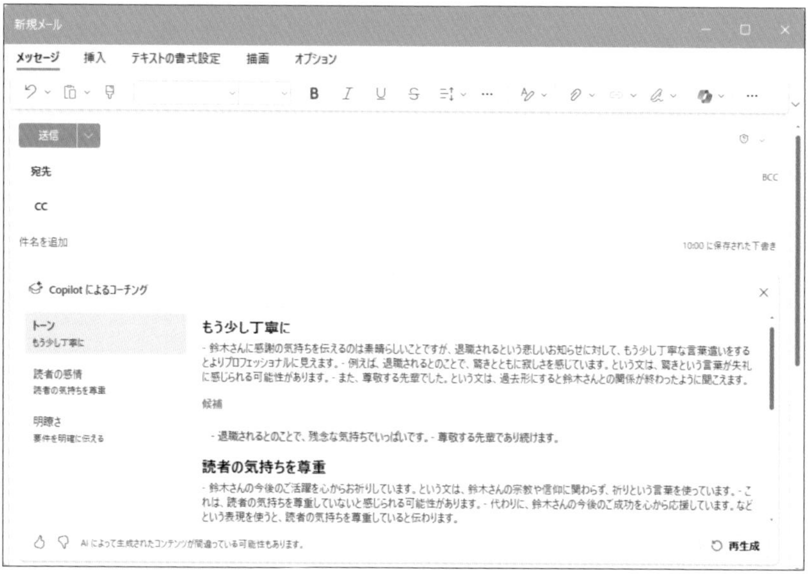
新規メール
メッセージ
挿入
テキストの書式設定
描画
オプション
送信
宛先
BCC
CC
件名を追加
10:00 に保存された下書き
Copilot によるコーチング
トーン
もう少し丁寧に
読者の感情
読者の気持ちを尊重
明瞭さ
要件を明確に伝える
もう少し丁寧に
- 鈴木さんに感謝の気持ちを伝えるのは素晴らしいことですが、退職されるという悲しいお知らせに対して、もう少し丁寧な言葉遣いをするとよりプロフェッショナルに見えます。- 例えば、退職されるとのことで、驚きとともに寂しさを感じています。という文は、驚きという言葉が失礼に感じられる可能性があります。- また、尊敬する先輩でした。という文は、過去形にすると鈴木さんとの関係が終わったように聞こえます。
候補
- 退職されるとのことで、残念な気持ちでいっぱいです。- 尊敬する先輩であり続けます。
読者の気持ちを尊重
- 鈴木さんの今後のご活躍を心からお祈りしています。という文は、鈴木さんの宗教や信仰に関わらず、祈りという言葉を使っています。- これは、読者の気持ちを尊重していないと感じられる可能性があります。- 代わりに、鈴木さんの今後のご成功を心から応援しています。などという表現を使うと、読者の気持ちを尊重していると伝わります。
AI によって生成されたコンテンツが間違っている可能性もあります。
再生成

図42-12

今回はCopilotからの提案に従って、上司から教わったことを具体的に書いてみることにしよう。これでメッセージの作成は完了だ。

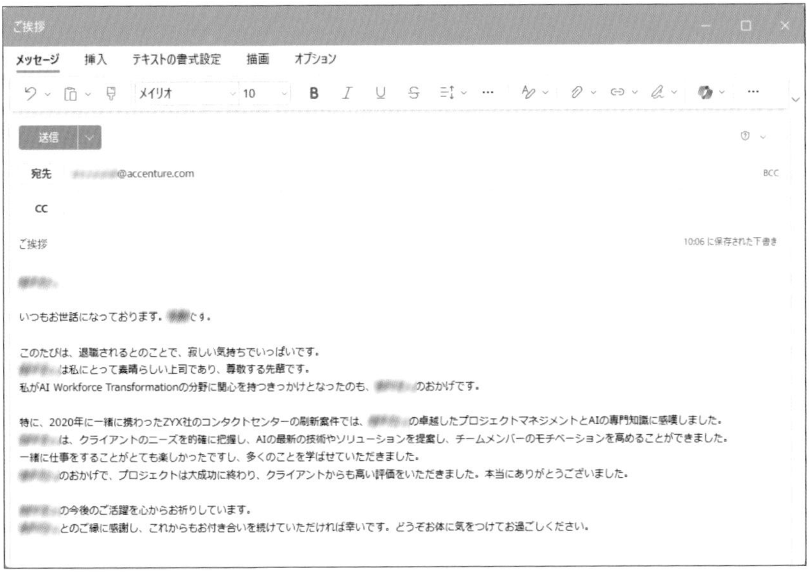
ご挨拶
メッセージ
挿入
テキストの書式設定
描画
オプション
メイリオ
10
送信
宛先
@accenture.com
BCC
CC
ご挨拶
10:06 に保存された下書き
いつもお世話になっております。です。
このたびは、退職されるとのことで、寂しい気持ちでいっぱいです。
は私にとって素晴らしい上司であり、尊敬する先輩です。
私がAI Workforce Transformationの分野に関心を持つきっかけとなったのも、のおかげです。
特に、2020年に一緒に携わったZYX社のコンタクトセンターの刷新案件では、の卓越したプロジェクトマネジメントとAIの専門知識に感嘆しました。
は、クライアントのニーズを的確に把握し、AIの最新の技術やソリューションを提案し、チームメンバーのモチベーションを高めることができました。
一緒に仕事をすることがとても楽しかったですし、多くのことを学ばせていただきました。
のおかげで、プロジェクトは大成功に終わり、クライアントからも高い評価をいただきました。本当にありがとうございました。
の今後のご活躍を心からお祈りしています。
とのご縁に感謝し、これからもお付き合いを続けていただければ幸いです。どうぞお体に気をつけてお過ごしください。
図42-13

LESSON

43 メールを要約してもらおう

このレッスンでは、Copilotにメールを要約してもらう。メールのやり取りが長くなり、内容を追えなくなってしまった経験はあなたにもあるだろう。そんな時にはCopilotにこれまでのやり取りを要約してもらおう。

受信メールの上にある「Copilotによる要約」ボタン（図43-1赤枠参照）を押下するだけで、要約を作ってもらうことができる。

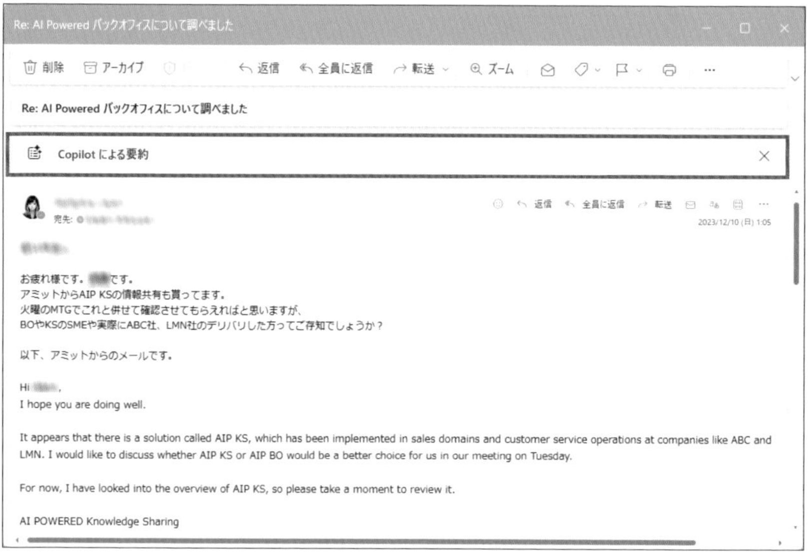
Re: AI Powered バックオフィスについて調べました
削除
アーカイブ
返信
全員に返信
転送
ズーム
Re: AI Powered バックオフィスについて調べました
Copilot による要約
宛先:
返信
全員に返信
転送
2023/12/10 (日) 1:05
お疲れ様です。 です。
アミットからAIP KSの情報共有も貰ってます。
火曜のMTGでこれと併せて確認させてもらえればと思いますが、
BOやKSのSMEや実際にABC社、LMN社のデリバリした方ってご存知でしょうか？
以下、アミットからのメールです。
Hi ,
I hope you are doing well.
It appears that there is a solution called AIP KS, which has been implemented in sales domains and customer service operations at companies like ABC and LMN. I would like to discuss whether AIP KS or AIP BO would be a better choice for us in our meeting on Tuesday.
For now, I have looked into the overview of AIP KS, so please take a moment to review it.
AI POWERED Knowledge Sharing
図43-1

さらに、英語や中国語など多言語に対応しているのも嬉しいポイントだ。いちいち翻訳ツールを使うことなく、ワンクリックで日本語で要点を把握することができる。

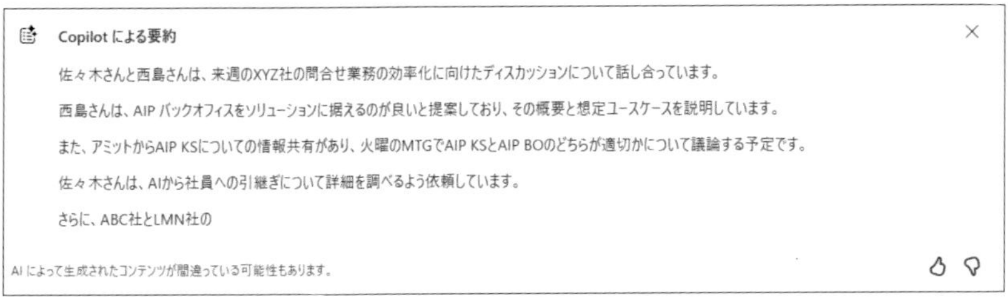
Copilot による要約
佐々木さんと西島さんは、来週のXYZ社の問合せ業務の効率化に向けたディスカッションについて話し合っています。
西島さんは、AIP バックオフィスをソリューションに据えるのが良いと提案しており、その概要と想定ユースケースを説明しています。
また、アミットからAIP KSについての情報共有があり、火曜のMTGでAIP KSとAIP BOのどちらが適切かについて議論する予定です。
佐々木さんは、AIから社員への引継ぎについて詳細を調べるよう依頼しています。
さらに、ABC社とLMN社の
AI によって生成されたコンテンツが間違っている可能性もあります。
図43-2

LESSON

44 返信メールの下書きを作ってもらおう

このレッスンでは、Copilotに返信メールの下書きを作ってもらう。Copilotが受信したメールの文面の内容を汲み取って、返信文面のアイデアを提案してくれるほか、自分でニュアンスを指定することなどができる。

返信作成画面の下部に「Copilotを使って下書き」ボタンがある。返信の概要について3つの選択肢があり、選択することでその概要に沿った返信を作成してくれる。

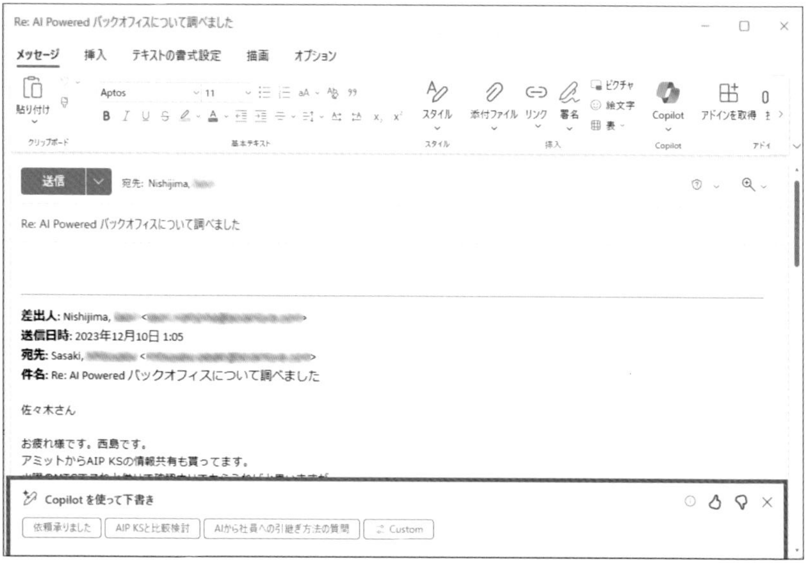

図44-1

選択肢の中にあなたが作りたい返信がなかった場合には、Customボタンを選択し、自ら概要を入力することもできる。図44-2では、以下のプロンプトを入力して、プロジェクトをデリバリーした人を紹介した例である。

「<プロジェクト>を実際デリバリーした人を紹介したい。」

図44-2

返信メールの場合も、新規メールの際と同様に、左下のスライダーアイコンからトーンや長さを設定できる。

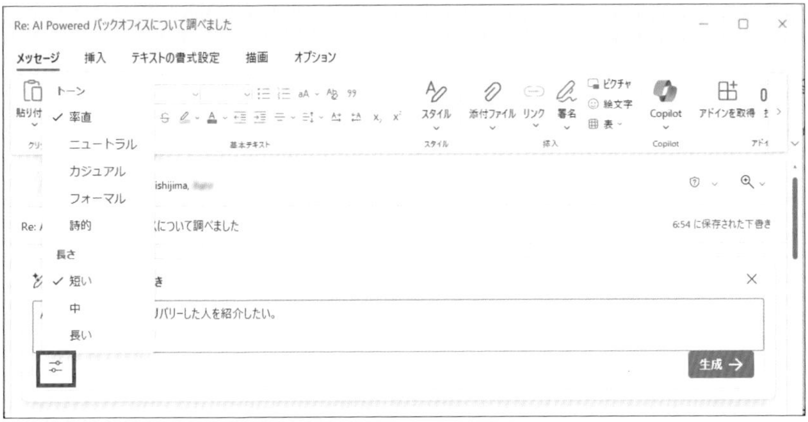

図44-3

ここではフォーマルなトーンで中ぐらいの長さの返信を作成してもらおう。

Re: AI Powered バックオフィスについて調べました
メッセージ
挿入
テキストの書式設定
描画
オプション
貼り付け
トーン
率直
ニュートラル
カジュアル
フォーマル
詩的
長さ
短い
中
長い
基本テキスト
スタイル
添付ファイル
リンク
署名
ピクチャ
絵文字
表
Copilot
アドインを取得
ishijima,
について調べました
6:54 に保存された下書き
バリーした人を紹介したい。
生成

図44-4

すると、これまでのメールのやり取りを踏まえつつ、プロンプトで指示した内容も盛り込まれた返信メールが作成された。少し手直しすれば返信できそうだ。

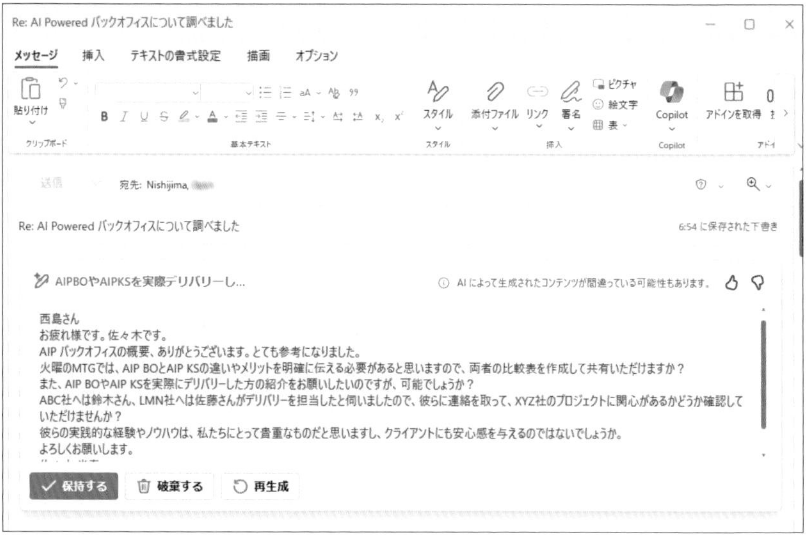
Re: AI Powered バックオフィスについて調べました
メッセージ
挿入
テキストの書式設定
描画
オプション
貼り付け
クリップボード
基本テキスト
スタイル
添付ファイル
リンク
署名
ピクチャ
絵文字
表
Copilot
アドインを取得
送信
宛先: Nishijima,
Re: AI Powered バックオフィスについて調べました
6:54 に保存された下書き
AIPBOやAIPKSを実際デリバリーし...
AI によって生成されたコンテンツが間違っている可能性もあります。
西島さん
お疲れ様です。佐々木です。
AIP バックオフィスの概要、ありがとうございます。とても参考になりました。
火曜のMTGでは、AIP BOとAIP KSの違いやメリットを明確に伝える必要があると思いますので、両者の比較表を作成して共有いただけますか？
また、AIP BOやAIP KSを実際にデリバリーした方の紹介をお願いしたいのですが、可能でしょうか？
ABC社へは鈴木さん、LMN社へは佐藤さんがデリバリーを担当したと伺いましたので、彼らに連絡を取って、XYZ社のプロジェクトに関心があるかどうか確認していただけませんか？
彼らの実践的な経験やノウハウは、私たちにとって貴重なものだと思いますし、クライアントにも安心感を与えるのではないでしょうか。
よろしくお願いします。
保持する
破棄する
再生成

図44-5

1 返信メールの下書きを英語で作ってもらおう

さて、次は返信メールの下書きを英語で作っていく。前述の日本語で返信メールの下書きを作った際とほとんど同じステップだ。まず、返信したいメールで[返信]または[全員へ返信]ボタンを押下し、メール編集画面を開こう。
すると何もせずとも図44-6のとおり画面下部に[Copilotを使って下書き]ボタンが表示される。そこに返信したい内容と一致するメッセージの候補があれば、そのボタンを押下しよう。

今回は「申し訳ありません。グループを延長します。」を選択する。

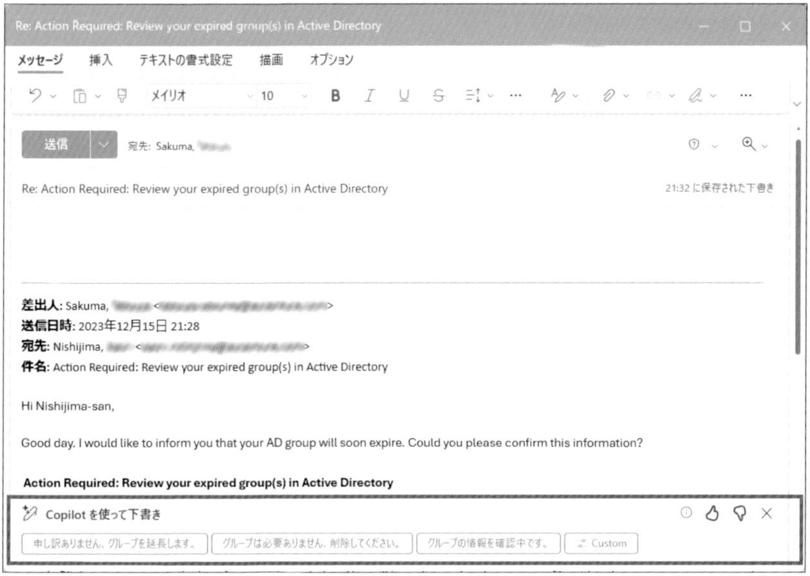

図44-6

すると[Copilotを使って下書き]モーダルに返信用のメッセージ案が生成された。メールのメッセージが英語であることから、Copilotが日本語(図44-7)と英語(図44-8)の文章を併記してくれるのだ。

図44-7

図44-8

また、先ほどの図44-6の［Copilotを使って下書き］ボタンの中に、意図するニュアンスのメッセージが無い場合はCustomボタンを押下して自分で概要を入力しよう。このとき「＜返信したい内容の概略＞を英語で書いてください。」と記載すると（本文が日本語のメッセージだった場合でも）先ほどと同様に日本語と英語を併記して返信文をドラフトしてくれる。

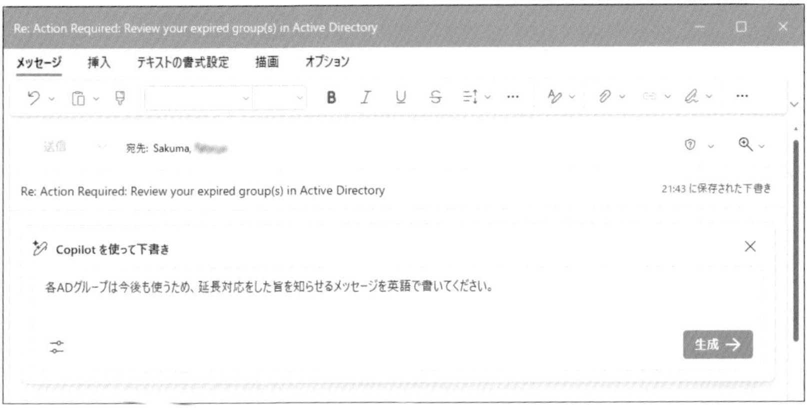
Re: Action Required: Review your expired group(s) in Active Directory
メッセージ
挿入
テキストの書式設定
描画
オプション
送信
宛先: Sakuma,
Re: Action Required: Review your expired group(s) in Active Directory
21:43 に保存された下書き
Copilot を使って下書き
各ADグループは今後も使うため、延長対応をした旨を知らせるメッセージを英語で書いてください。
生成

図44-9

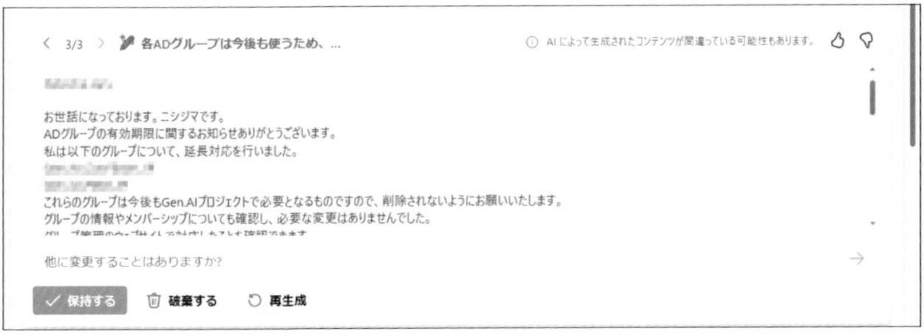
3/3
各ADグループは今後も使うため、...
AI によって生成されたコンテンツが間違っている可能性もあります。
お世話になっております。ニシジマです。
ADグループの有効期限に関するお知らせありがとうございます。
私は以下のグループについて、延長対応を行いました。
これらのグループは今後もGen.AIプロジェクトで必要となるものですので、削除されないようにお願いいたします。
グループの情報やメンバーシップについても確認し、必要な変更はありませんでした。
他に変更することはありますか?
保持する
破棄する
再生成

図44-10

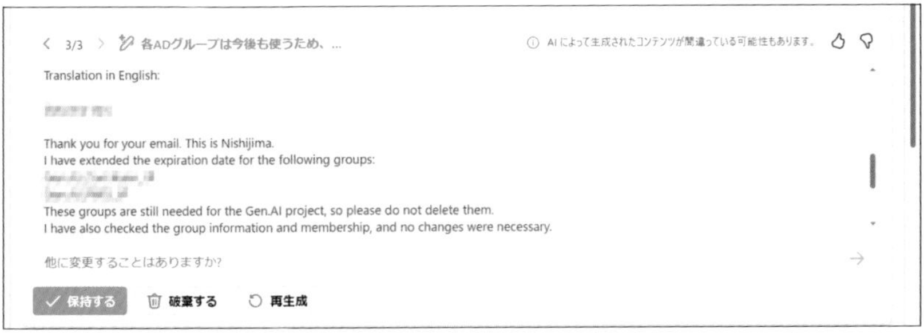
3/3
各ADグループは今後も使うため、...
AI によって生成されたコンテンツが間違っている可能性もあります。
Translation in English:
Thank you for your email. This is Nishijima.
I have extended the expiration date for the following groups:
These groups are still needed for the Gen.AI project, so please do not delete them.
I have also checked the group information and membership, and no changes were necessary.
他に変更することはありますか?
保持する
破棄する
再生成

図44-11

英語でメッセージを書くよう指定していても、日本語でメッセージが生成されることがある。
その場合は、図44-13のとおり「他に変更することはありますか?」のエリアに「英語で」と一言入力し、[Enter]キーを押下しよう。

Re: Action Required: Review your expired group(s) in Active Directory
メッセージ
挿入
テキストの書式設定
描画
オプション
貼り付け
クリップボード
メイリオ
10
基本テキスト
スタイル
添付ファイル
リンク
署名
ピクチャ
絵文字
表
挿入
Copilot
アドインを
宛先:
Re: Action Required: Review your expired group(s) in Active Directory
14:59 に保存された下書き
各ADグループは今後も使うため、...
AI によって生成されたコンテンツが間違っている可能性もあります。
グループ管理ウェブサイトで[EXTEND EXPIRATION]ボタンをクリックして、グループの有効期限を延長しました。
これでグループがActive Directory内に残ることになります。
ご案内いただいた手順に従って対応できたと思いますが、もし何か問題がありましたらお知らせください。
よろしくお願いします。
他に変更することはありますか?
保持する
破棄する
再生成
差出人:
送信日時: 2023年12月15日 21:28
宛先:

図44-12

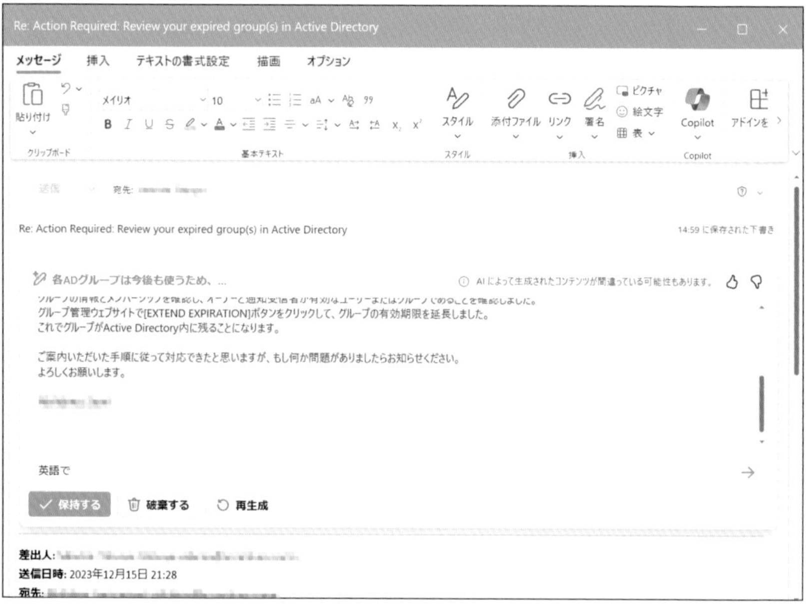
Re: Action Required: Review your expired group(s) in Active Directory
メッセージ
挿入
テキストの書式設定
描画
オプション
貼り付け
クリップボード
メイリオ
10
基本テキスト
スタイル
添付ファイル
リンク
署名
ピクチャ
絵文字
表
挿入
Copilot
アドインを
宛先:
Re: Action Required: Review your expired group(s) in Active Directory
14:59 に保存された下書き
各ADグループは今後も使うため、...
AI によって生成されたコンテンツが間違っている可能性もあります。
グループ管理ウェブサイトで[EXTEND EXPIRATION]ボタンをクリックして、グループの有効期限を延長しました。
これでグループがActive Directory内に残ることになります。
ご案内いただいた手順に従って対応できたと思いますが、もし何か問題がありましたらお知らせください。
よろしくお願いします。
英語で
保持する
破棄する
再生成
差出人:
送信日時: 2023年12月15日 21:28
宛先:

図44-13

追加のプロンプトに応じて、Copilotが英語でメッセージを生成してくれた。

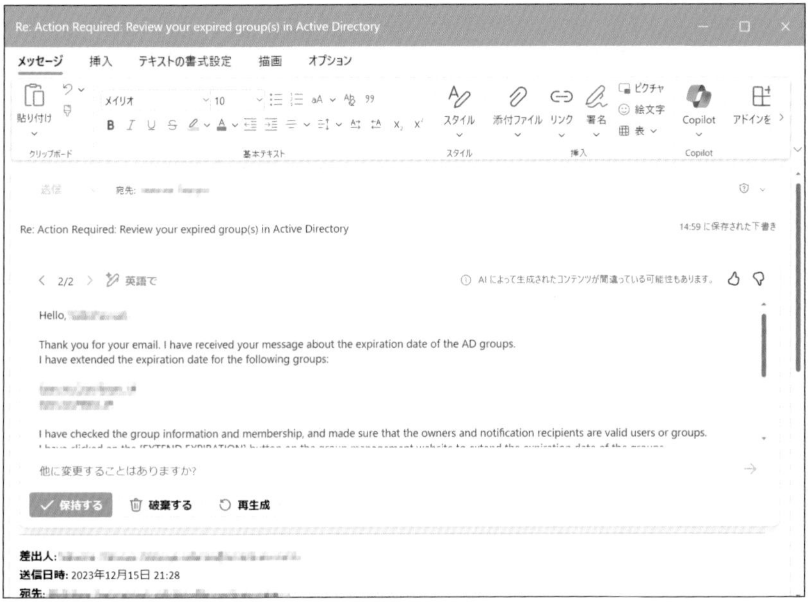
Re: Action Required: Review your expired group(s) in Active Directory
メッセージ
挿入
テキストの書式設定
描画
オプション
貼り付け
メイリオ
10
スタイル
添付ファイル
リンク
署名
ピクチャ
絵文字
表
Copilot
アドインを
クリップボード
基本テキスト
スタイル
挿入
Copilot
送信
宛先:
Re: Action Required: Review your expired group(s) in Active Directory
14:59 に保存された下書き
2/2
英語で
AI によって生成されたコンテンツが間違っている可能性もあります。
Hello,
Thank you for your email. I have received your message about the expiration date of the AD groups.
I have extended the expiration date for the following groups:
I have checked the group information and membership, and made sure that the owners and notification recipients are valid users or groups.
他に変更することはありますか?
保持する
破棄する
再生成
差出人:
送信日時: 2023年12月15日 21:28
宛先:
図44-14

［保存する］ボタンを押下すると、メール編集画面の本文にCopilotが生成したメッセージがペーストされる。

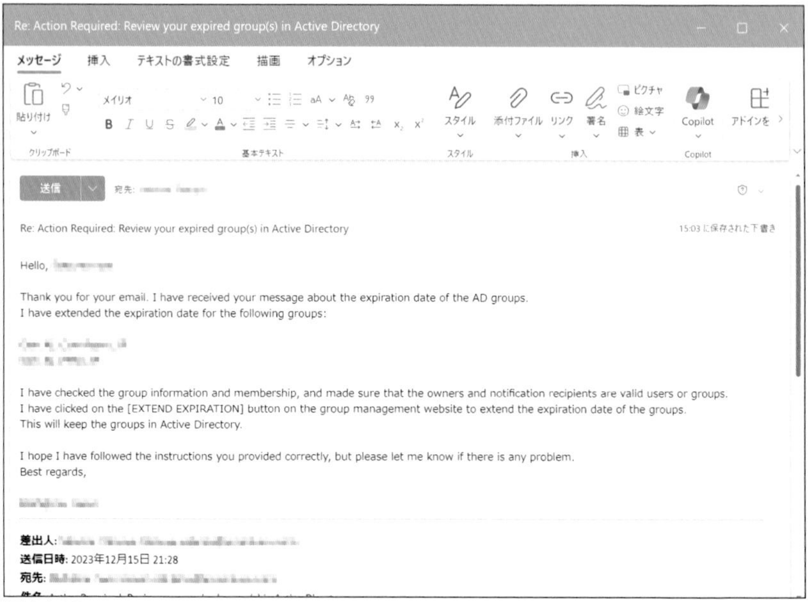
Re: Action Required: Review your expired group(s) in Active Directory
メッセージ
挿入
テキストの書式設定
描画
オプション
貼り付け
メイリオ
10
スタイル
添付ファイル
リンク
署名
ピクチャ
絵文字
表
Copilot
アドインを
クリップボード
基本テキスト
スタイル
挿入
Copilot
送信
宛先:
Re: Action Required: Review your expired group(s) in Active Directory
15:03 に保存された下書き
Hello,
Thank you for your email. I have received your message about the expiration date of the AD groups.
I have extended the expiration date for the following groups:
I have checked the group information and membership, and made sure that the owners and notification recipients are valid users or groups.
I have clicked on the [EXTEND EXPIRATION] button on the group management website to extend the expiration date of the groups.
This will keep the groups in Active Directory.
I hope I have followed the instructions you provided correctly, but please let me know if there is any problem.
Best regards,
差出人:
送信日時: 2023年12月15日 21:28
宛先:
図44-15

日本語部分の削除や少し変えたい部分に修正を加えれば完成だ。

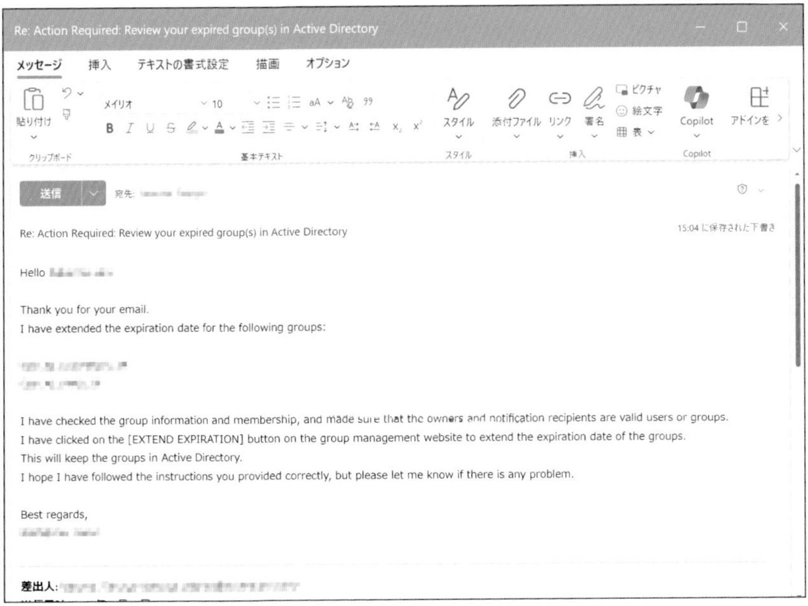
Re: Action Required: Review your expired group(s) in Active Directory
メッセージ
挿入
テキストの書式設定
描画
オプション
貼り付け
メイリオ
10
スタイル
添付ファイル
リンク
署名
ピクチャ
絵文字
表
Copilot
アドインを
クリップボード
基本テキスト
スタイル
挿入
Copilot
送信
宛先:
Re: Action Required: Review your expired group(s) in Active Directory
15:04 に保存された下書き
Hello
Thank you for your email.
I have extended the expiration date for the following groups:
I have checked the group information and membership, and made sure that the owners and notification recipients are valid users or groups.
I have clicked on the [EXTEND EXPIRATION] button on the group management website to extend the expiration date of the groups.
This will keep the groups in Active Directory.
I hope I have followed the instructions you provided correctly, but please let me know if there is any problem.
Best regards,
差出人:
図44-16

読者の中で英語があまり得意でない方の場合は、英語でメールを返信する際に①日本語で返信文を考える、②翻訳ツール・サイトなどで機械翻訳をする（もしかしたら英語の得意な同僚・友人に翻訳を依頼するかもしれない）、③翻訳結果を改めて確認し（特に機械翻訳の場合は）妙な表現になっているところを修正する、④英語の返信メールを日本語に翻訳して自分の意図とあっているか再確認する、⑤恐る恐るメールを返信する、といったステップで大いに時間をかけて準備しているのではないだろうか。筆者もそうであった。

CopilotはLLMをベースとした仕組みであるだけあり、自然な英文が生成されるため、英文返信の工数をかなり削減することができるだろう。ただし、Copilotを過信せずに生成されたメッセージは日本語、英語ともに目を通そう。

LESSON 45

書いたメール本文をレビューしてもらおう

メールをドラフトした後、送信前に客観的に文面をチェックしておくとより良いメールコミュニケーションが実現できる。メールのレビュー機能を使って、Copilotに文面の最終化を手伝ってもらおう。

［ホーム］タブのリボンから［Copilot］→［Copilotによるコーチング］と順に押下し、Copilotによるコーチングを受けてみよう。

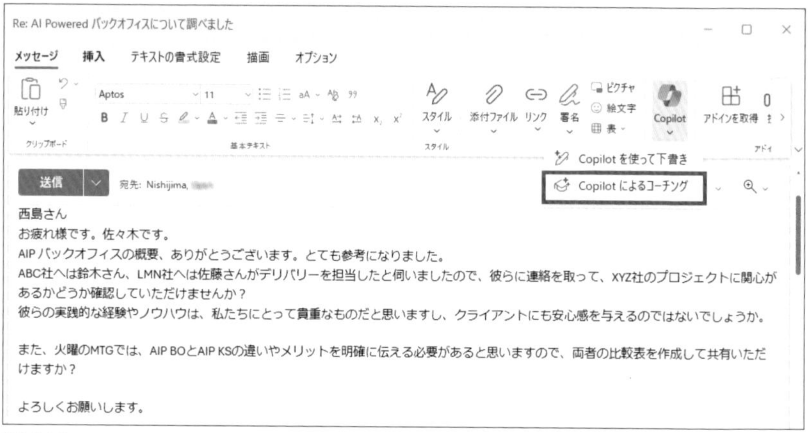
Re: AI Powered バックオフィスについて調べました
メッセージ
挿入
テキストの書式設定
描画
オプション
貼り付け
Aptos
11
クリップボード
基本テキスト
スタイル
添付ファイル
リンク
署名
ピクチャ
絵文字
表
Copilot
アドインを取得
Copilot を使って下書き
Copilot によるコーチング
送信
宛先: Nishijima,
西島さん
お疲れ様です。佐々木です。
AIP バックオフィスの概要、ありがとうございます。とても参考になりました。
ABC社へは鈴木さん、LMN社へは佐藤さんがデリバリーを担当したと伺いましたので、彼らに連絡を取って、XYZ社のプロジェクトに関心があるかどうか確認していただけませんか？
彼らの実践的な経験やノウハウは、私たちにとって貴重なものだと思いますし、クライアントにも安心感を与えるのではないでしょうか。
また、火曜のMTGでは、AIP BOとAIP KSの違いやメリットを明確に伝える必要があると思いますので、両者の比較表を作成して共有いただけますか？
よろしくお願いします。

図45-1

すると、Copilotが文章のトーンや明瞭さ、受け手の感情などの観点でメールを改善するための提案をしてくれる。もちろん、Copilotの提案を無批判に受け入れるのではなく、しっかり自分で内容の正誤や妥当性を判断した上で取り入れよう。

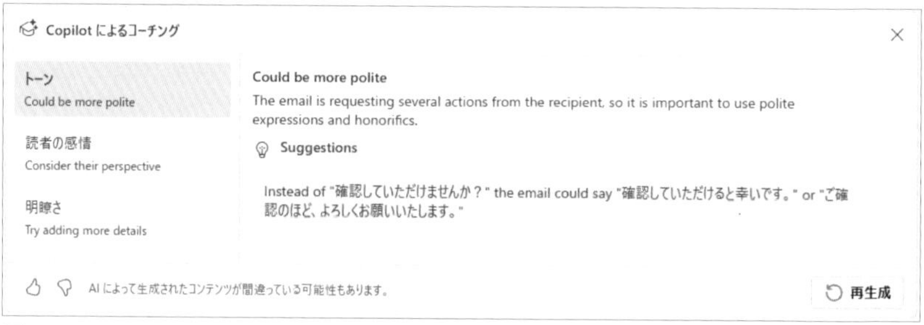
Copilot によるコーチング
トーン
Could be more polite
読者の感情
Consider their perspective
明瞭さ
Try adding more details
Could be more polite
The email is requesting several actions from the recipient, so it is important to use polite expressions and honorifics.
Suggestions
Instead of "確認していただけませんか？" the email could say "確認していただけると幸いです。" or "ご確認のほど、よろしくお願いいたします。"
AI によって生成されたコンテンツが間違っている可能性もあります。
再生成

図45-2

LESSON

46 /キーを活用しよう

ここまではリボンの[Copilot]ボタンを押下してCopilotを起動する方法を紹介してきたが、Outlookの場合にはもっと素早く起動することもできる。それが/キーを使ったショートカットによる起動だ。

メールの作成画面で「/」を入力するとメニューが開き、その一番上にCopilotが表示される。つまり、/キー→Enterキーで Copilotが起動できるのだ。

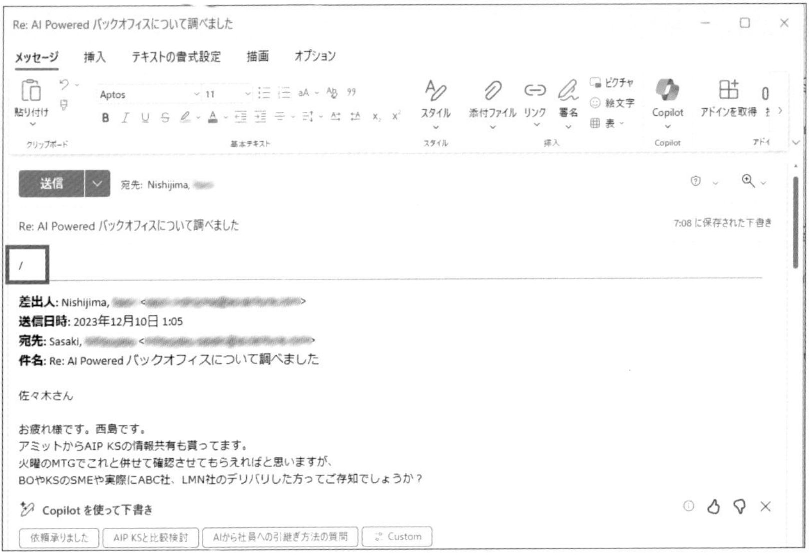

図46-1

図46-2

いちいちマウスを使うことなく、さっとCopilotを起動することができる便利なショートカットなので、ぜひ覚えてほしい。

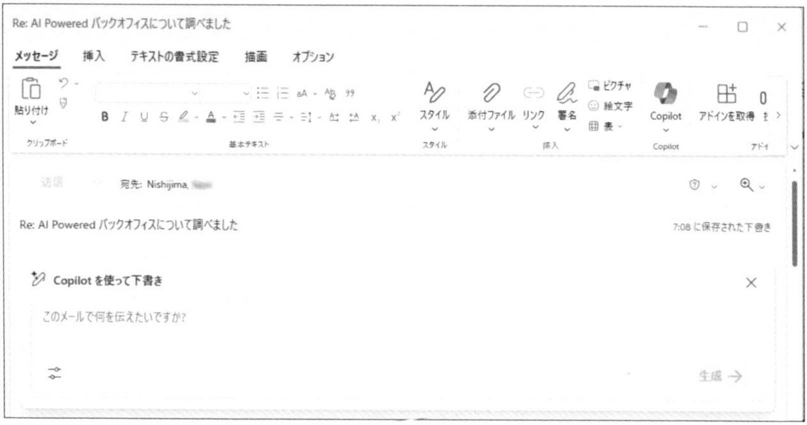

図46-3

LESSON

47 会議をセットしよう

現時点(2024年2月)ではまだリリースされていないが、予定表でのCopilotについても紹介しておこう。会議をセットする際に参加者や開催日時をCopilotが提案してくれるというものだ。

Microsoftの公式コミュニティで発表された情報[24]によれば、予定表の上部にある [Copilot] を押下することで、予定表のCopilotが起動する。

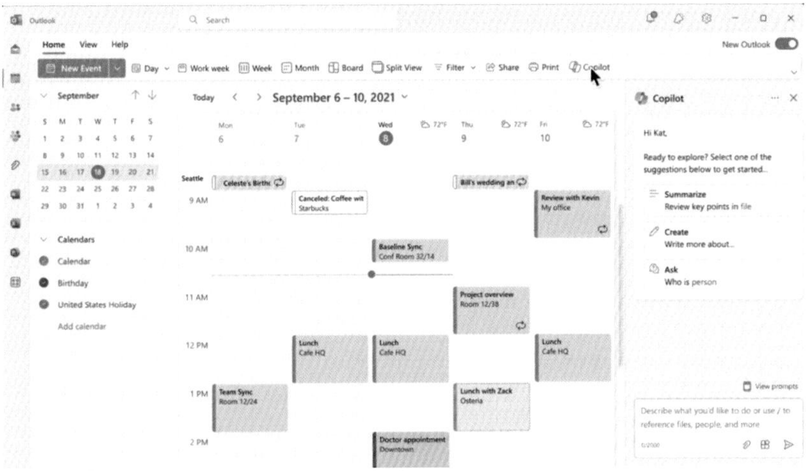

図47-1[24]

Copilotに会議のスケジュールを指示する。

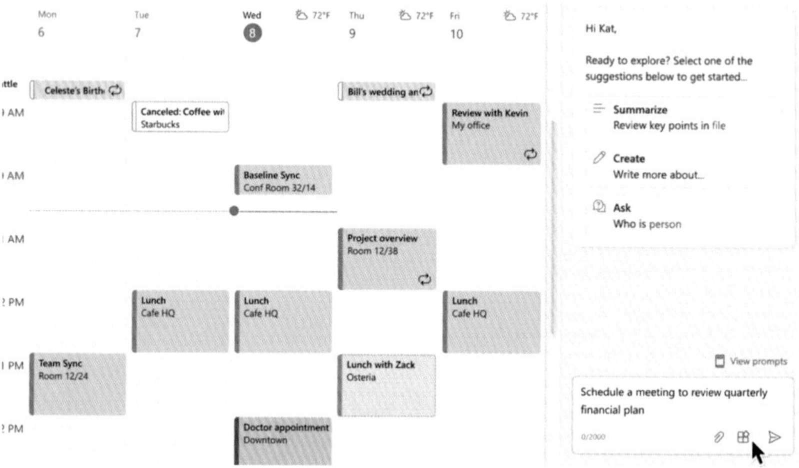

図47-2[24]

すると会議設定の画面が現れる。「Add attendees」を押下すると、会議のタイトルから必要な出席者を予測し、提案してくれる。

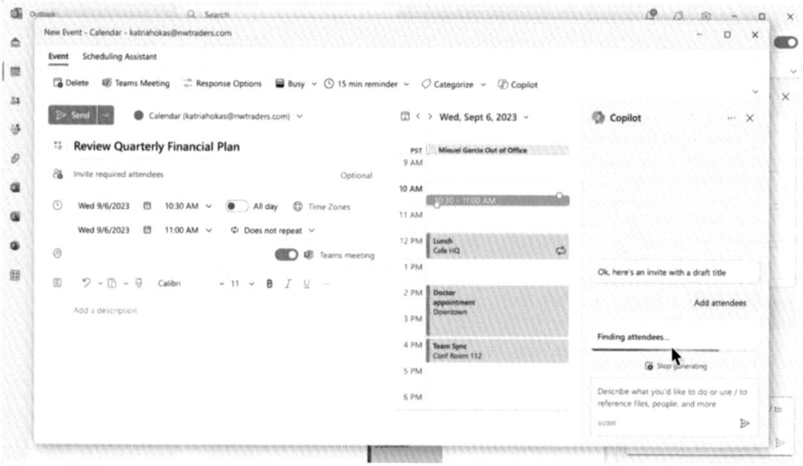

図47-3[24]

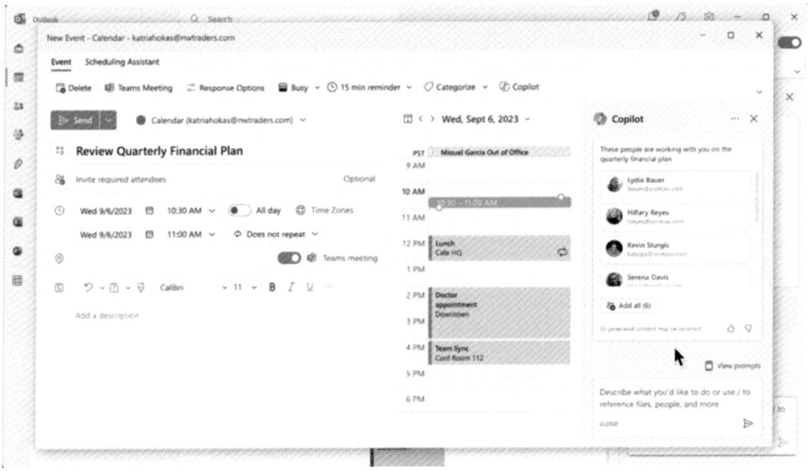

図47-4[24]

また、同様に「Find time to meet」を押下すると、出席者のスケジュールを取得し、全員が参加できる時間帯を提案してくれる。

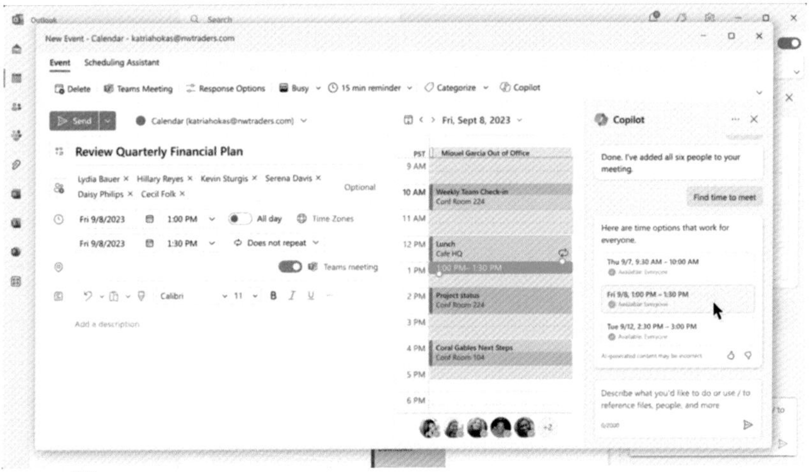

図47-5[24]

LESSON

48 参加できない会議のキャッチアップをしよう

会議予定がコンフリクトしてしまうことはないだろうか？優先度の高い会議に出席するが、もう一つの会議の内容も気になるといったときに便利な「フォロー」機能を紹介しよう。

「フォロー」を事前に押下しておくと、Copilotが会議の内容を記録しておいてくれる。

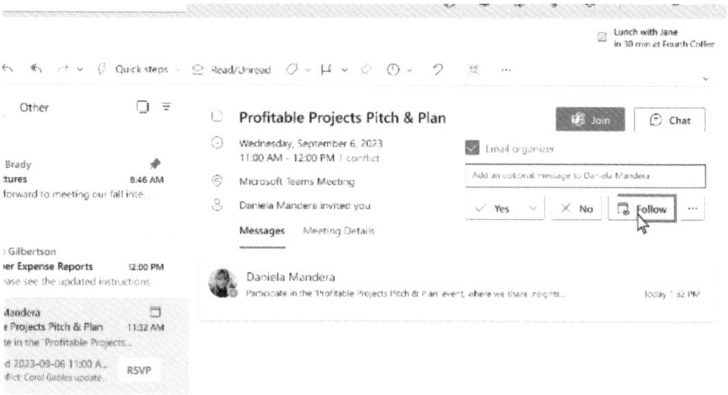

図48-1[24]

フォローアップの準備ができるとCopilotからの通知が届く。フォローアップ画面では、Copilotとやり取りをしながら会議の内容について確認することができる。

図48-2[24]

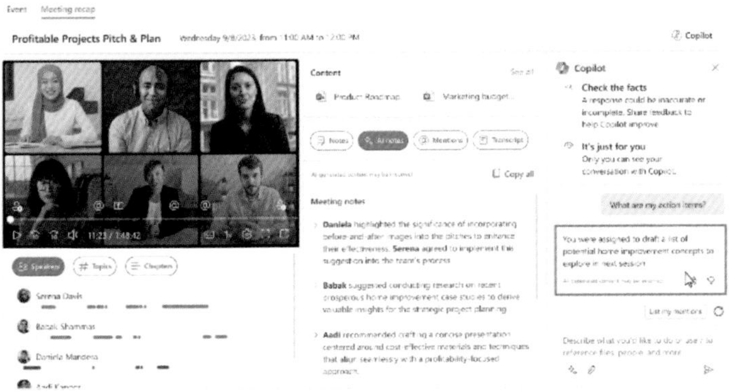
Event
Meeting recap
Profitable Projects Pitch & Plan
Copilot
Content
Notes
Mentions
Transcript
Copy all
Meeting notes
Daniela highlighted the significance of incorporating before-and-after images into the pitches to enhance their effectiveness. Serena agreed to implement this suggestion into the team's process
Babak suggested conducting research on recent prosperous home improvement case studies to derive valuable insights for the strategic project planning
Aadi recommended crafting a concise presentation centered around cost-effective materials and techniques that align seamlessly with a profitability-focused approach.
Copilot
Check the facts
A response could be inaccurate or incomplete. Share feedback to help Copilot improve
It's just for you
Only you can see your conversation with Copilot.
What are my action items?
You were assigned to draft a list of potential home improvement concepts to explore in next session
Serena Davis
Babak Shammas
Daniela Mandera

図48-3[24]

第 5 章

PowerPointでのCopilotの活用テクニック

次は、PowerPoint での Copilot の活用テクニックだ。この章の前半のレッスンでは、スライド作成で Copilot を活用する。新規プレゼンテーションでのスライド作成はもちろん、Word ファイルをもとにしてスライドを作成してもらうこともできる。
また単にテキストを作成するだけでなく、プレゼンテーションに合わせた画像も挿入してくれる。Copilot に指示することで画像を変更・修正することも可能だ。
後半のレッスンでは、プレゼンテーションを理解するために Copilot を活用する。例えば、長いプレゼンテーションの内容を要約してもらったり、チャットを通してインタラクティブに理解を深めていくことが可能だ。
それでは、レッスンに入ろう。

PowerPoint の Copilot の概要

PowerPoint の Copilot でできること	• Word ファイルから PowerPoint ファイルへの変換 • 要約を作成したり、スライドの枚数を圧縮 • 詳細なスピーカーノートの作成
プロンプトの例	• [Word ファイル名] をもとに、3 スライドのプレゼンを作って • このスライドを 1 ページで要約して • プレゼンテーション全体のタイトルを太字にして
Tips	• Word ファイルをスライド作成のベースとして活用できる • [デザイン] タブからデザイナーを開いて、新しいデザインのアイデアを提案してもらうことができる
注意事項	• なし

LESSON

49 画面とアプリの起動方法

ここではPowerPointでのCopilotの画面構成とアプリの起動方法について、実際の画面を見ながら確認していく。

PowerPointでのCopilotの主要な画面は図49-1の通りだ。

PowerPointでのCopilotでは、画面右側のCopilotウィンドウを通してCopilotへ指示ができる。シンプルな指示から新規プレゼンテーションを作成してもらうことはもちろん、指定したWordファイルを元に作成してもらうこともできる。

また、Copilotからの回答にはデザイナーのリンクが含まれていることがある。デザイナーを開くと、追加のスライドレイアウト案や画像を確認することができる。

また、「作成する」「編集する」「質問する」の3項目に分けて、Copilotがあらかじめ用意しているプロンプトを使って指示することもできる。

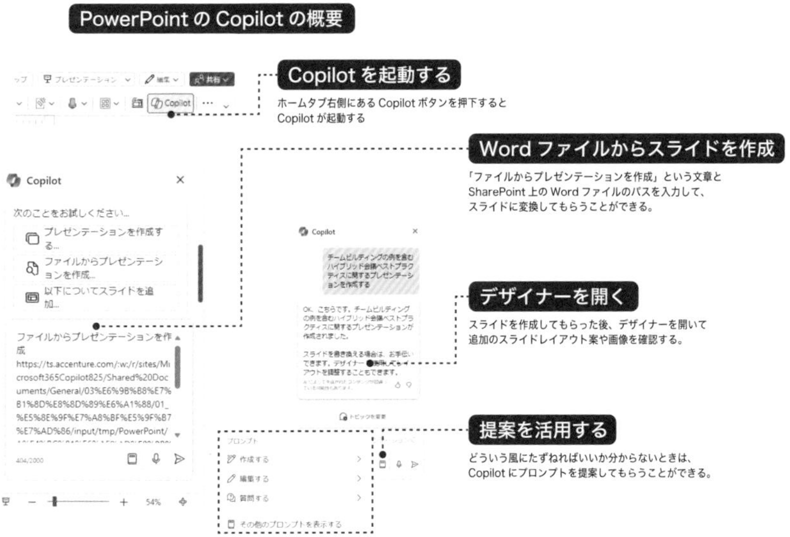
PowerPoint の Copilot の概要
Copilot を起動する
ホームタブ右側にある Copilot ボタンを押下すると
Copilot が起動する
Word ファイルからスライドを作成
「ファイルからプレゼンテーションを作成」という文章と
SharePoint 上の Word ファイルのパスを入力して、
スライドに変換してもらうことができる。
デザイナーを開く
スライドを作成してもらった後、デザイナーを開いて
追加のスライドレイアウト案や画像を確認する。
提案を活用する
どういう風にたずねればいいか分からないときは、
Copilot にプロンプトを提案してもらうことができる。
Copilot
次のことをお試しください...
プレゼンテーションを作成する...
ファイルからプレゼンテーションを作成...
以下についてスライドを追加...
ファイルからプレゼンテーションを作成
https://ts.accenture.com/:w:/r/sites/Microsoft365Copilot825/Shared%20Documents/General/03%E6%9B%B8%E7%81%8D%E8%8D%89%E6%A1%88/01_%E5%8E%9F%E7%A8%BF%E5%9F%B7%E7%AD%86/input/tmp/PowerPoint/
404/2000
54%
チームビルディングの例を含むハイブリッド会議ベストプラクティスに関するプレゼンテーションを作成する
OK、こちらです。チームビルディングの例を含むハイブリッド会議ベストプラクティスに関するプレゼンテーションが作成されました。
プロンプト
作成する
編集する
質問する
その他のプロンプトを表示する

図49-1

PowerPointでのCopilotの起動の仕方は、[ホーム] タブを選択し、リボンの [Copilot] を押下する。

図49-2

PowerPointでのCopilotは現時点 (2024年2月) では以下の制限がある。

- Microsoft365の組織資産の参照はサポートされていない。[25]
- PowerPointでのCopilotはMicrosoft Copilot for Microsoft 365 ライセンスまたは Copilot Pro ライセンスを持つ顧客のみが利用可能である。[25]
- 以下の機能はMicrosoft Copilot for Microsoft 365 ライセンスを持つ顧客のみが利用可能である。[25]
  ・Wordファイルを元に新規プレゼンテーションを作成

また、現時点 (2024年2月) ではデスクトップ版では実行できないプロンプトがあり、Web版の使用を前提としている。

LESSON 50

PowerPointでのCopilotの活用シーンと活用ポイント

PowerPointは言わずと知れたプレゼンテーションのための強力なツールである。その用途は提案書や報告書など多岐にわたる。PowerPointのCopilotではこれらの資料の作成、編集、理解といったシーンで活用できる。

1 プレゼンテーションの下書きを作成する

プレゼンテーションの新たなスライドを作成する際に、Copilotは下書きを作成してくれる。ゼロからスライドを作ってもらう事もできるが、具体的な指示やWordファイルを元に実際に使えるスライドの下書きを作ってもらおう。

2 既にある資料を編集する

Copilotは既存のプレゼンテーション資料の編集を手伝う。例えば、ページ数が多いプレゼンテーションの文字のスタイルやフォントサイズを一括で変えられる点や、スライドをセクションで分けて構造化することができる点が便利だ。

3 プレゼンテーションを理解する

ページ数の多いプレゼンテーションから、主要なポイントや要約を抽出する際にCopilotを活用できる。この機能を活用してプレゼンテーションを素早く理解しよう。

CopilotをPowerPointで活用する際のポイントは、プレゼンテーションの「構造」と「メッセージ」をCopilotに説明する事である。「構造」については、例えばアウトラインやWord文書などをCopilotに与えることで、作りたいプレゼンテーションの構造を理解し良いスライドを生成しやすくなる。「メッセージ」については、何を伝えたいかという方針を与えることでCopilotも方針を理解し、良いスライドを生成しやすくなる。この2点を意識してあなたの希望に合ったプレゼンテーションの作成をCopilotに手伝ってもらおう。

LESSON 51

新規プレゼンテーションを作ってもらおう

Copilotを使用すると、ユーザーの指示に従ってプレゼンテーションを作成できる。簡単なプレゼンテーション作成の手順を学ぼう。

1 新規プレゼンテーションを作成する

Copilotウィンドウで、「プレゼンテーションを作成する」を選択するとそのままメッセージが入力されるため、作成したい資料の内容を加筆するか、以下のように直接プロンプトを入力すると、新規プレゼンテーションが作成される。

「<作成したい資料を入力>に関するプレゼンテーションを作成する」

例として図51-1のように「チームビルディングの例を含むハイブリッド会議のベストプラクティスに関するプレゼンテーションを作成する」と指示してみよう。[26]

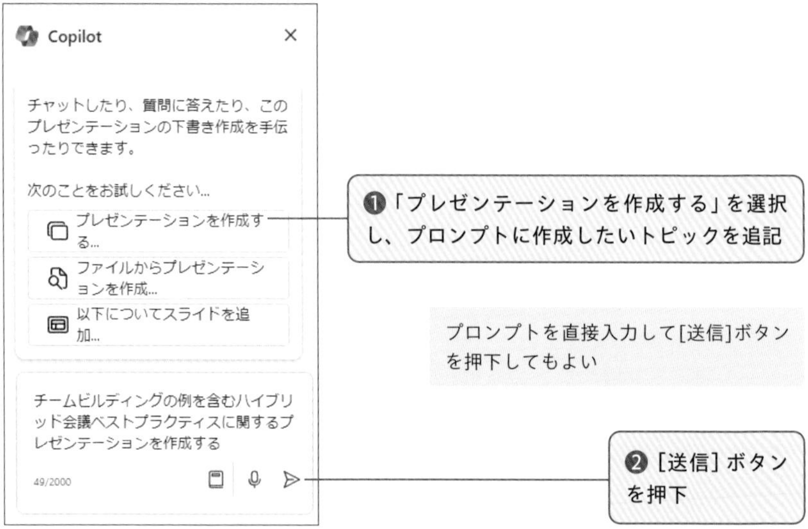

Copilot
チャットしたり、質問に答えたり、このプレゼンテーションの下書き作成を手伝ったりできます。
次のことをお試しください...
プレゼンテーションを作成する...
ファイルからプレゼンテーションを作成...
以下についてスライドを追加...
チームビルディングの例を含むハイブリッド会議ベストプラクティスに関するプレゼンテーションを作成する
49/2000
❶「プレゼンテーションを作成する」を選択し、プロンプトに作成したいトピックを追記
プロンプトを直接入力して[送信]ボタンを押下してもよい
❷[送信]ボタンを押下

図51-1

すると図51-2のように指示を元にプレゼンテーションの下書きが作成された。

図51-2

2 テンプレートに沿ってプレゼンテーションを作成する

組織標準などのテンプレートがある場合のCopilotによるプレゼンテーション生成の方法を紹介する。
現時点（2024年2月）ではWeb版のPowerPointがユーザー設定のテンプレートをサポートしていない。[27] そのため、Web版でCopilotを使う場合、デスクトップ版で組織標準のテンプレートを.pptx形式で保存した後にWeb版で開く必要がある。
以下がその手順である。
※デスクトップ版は手順4、5は不要

1. [ファイル] タブから [新規] を選択する。
2. [ユーザー設定] を選択する。
3. 使用するテンプレートを選択する。

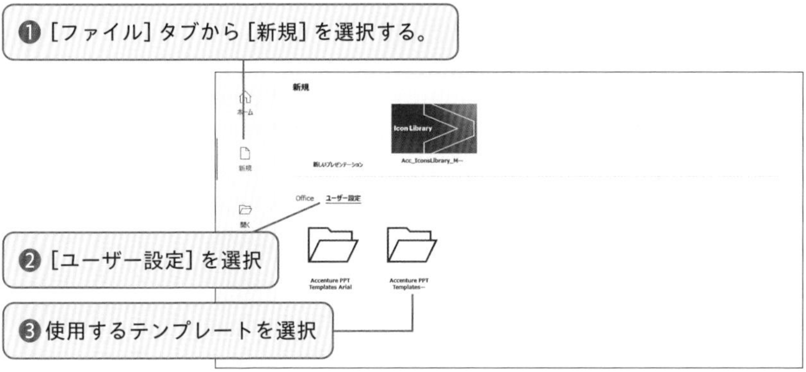

図51-3

4. [ファイル]タブから[名前を付けて保存]を押下し任意のファイル名で.pptx形式で保存する。

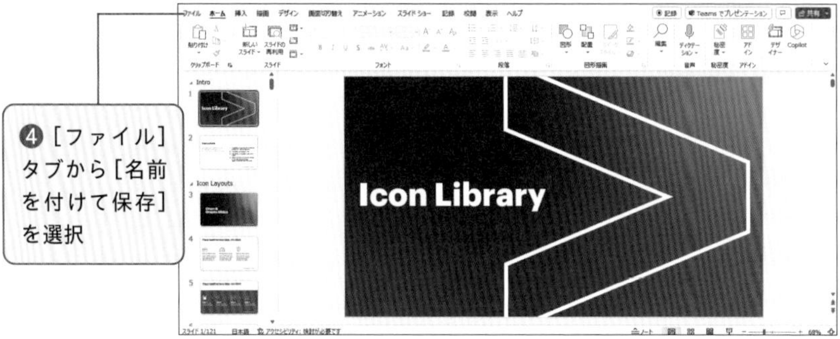
❹［ファイル］タブから［名前を付けて保存］を選択
Icon Library
図51-4

5. 保存したファイルをWeb版で開く。
6. 以下のプロンプトを入力する。

「<作成したい資料を入力>に関するプレゼンテーションを作成する」

7. ［送信］ボタンを押下する。

❺保存したファイルをWeb版で開く
❻プロンプトを入力
❼［送信］ボタンを押下
Icon Library
Copilot
図51-5

8. 既存のスライドと置き換えてよいか聞かれたら［新しい下書きの作成］を選択すると、プレゼンテーションが生成される。

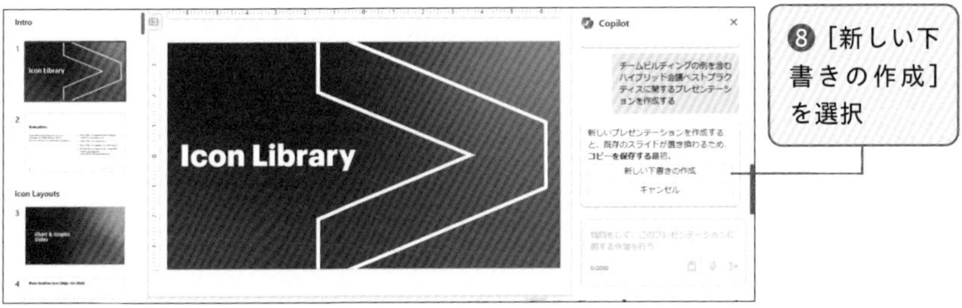
Intro
Icon Library
Icon Layouts
Icon Library
Copilot
チームビルディングの例を含むハイブリッド会議ベストプラクティスに関するプレゼンテーションを作成する
新しいプレゼンテーションを作成すると、既存のスライドが置き換わるため、コピーを保存する最初。
新しい下書きの作成
キャンセル
❽［新しい下書きの作成］を選択

図51-6

組織のテンプレートに従ってプレゼンテーションを作成した結果が図51-7である。

ハイブリッド会議のための最適な方法
Copilot
OK、こちらです。チームビルディングの例を含むハイブリッド会議ベストプラクティスに関するプレゼンテーションが作成されました。
スライドを書き換える場合は、お手伝いできます。デザイナー を使用してレイアウトを調整することもできます。
トピックを変更
スライド 1/6 日本語
テンプレートに沿ったプレゼンテーションが生成された

図51-7

なお、Copilotを使う際のテンプレートは最低要件として図51-8のスライドが必要であり、より良い結果を得るためには図51-9の種類のレイアウトを作成することが推奨されている。[28] 更に良いテンプレートを作る際は公式サイトを参照しよう。

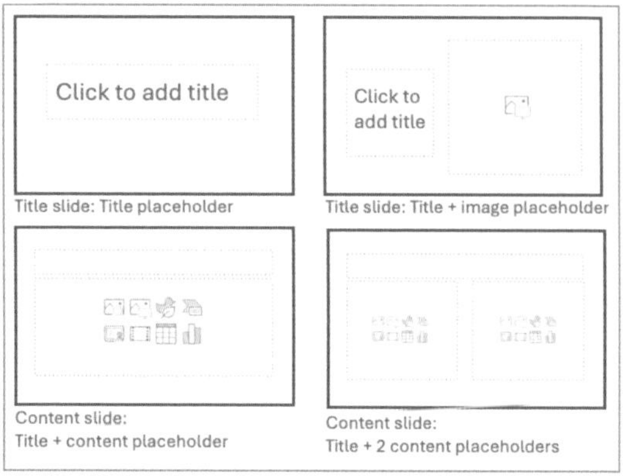

図51-8 [28]

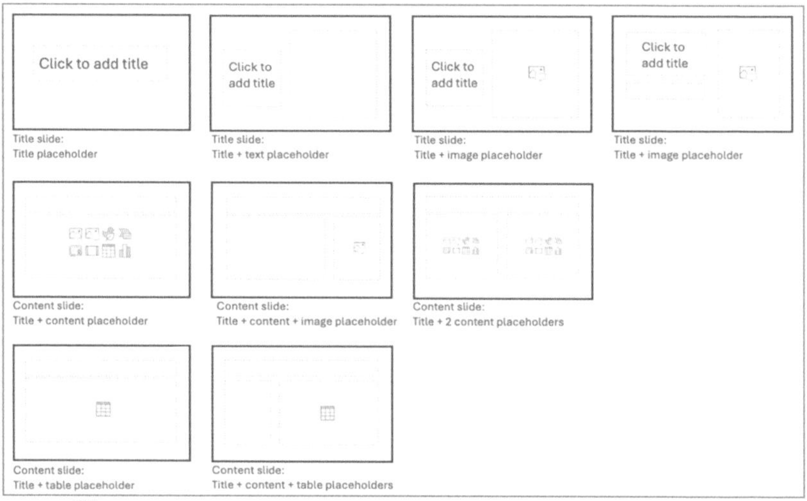

図51-9 [28]

LESSON

教材ファイル ▶ PowerPoint_EnglishTrainingManual.docx

52 Word文書を元にプレゼンテーションを作ってもらおう

Copilotでは、Word文書を基にプレゼンテーションを自動生成することができる。この機能により、スライド作成に必要な情報を与えるだけでなく、Copilotが文書の構造を理解して効果的なプレゼンテーションを作成できる。

1 Word文書を元にプレゼンテーションを作成する

Copilotウィンドウで、ファイルから「プレゼンテーションを作成」を選択するとプロンプト入力エリアに入力されるプロンプトの下書きにファイル名かリンクを入力するか、以下のプロンプトを直接入力することでWord文書からプレゼンテーションが作成される。

「ファイルからプレゼンテーションを作成
</ の後に ファイル名 or ファイルのリンク >

例として、図52-1のWord文書を元にプレゼンテーションを作成する例を紹介する。PowerPoint_EnglishTrainingManual.docxのファイル名又はリンクを図52-2のようにプロンプトに貼り付け、Copilotに送信してみよう。

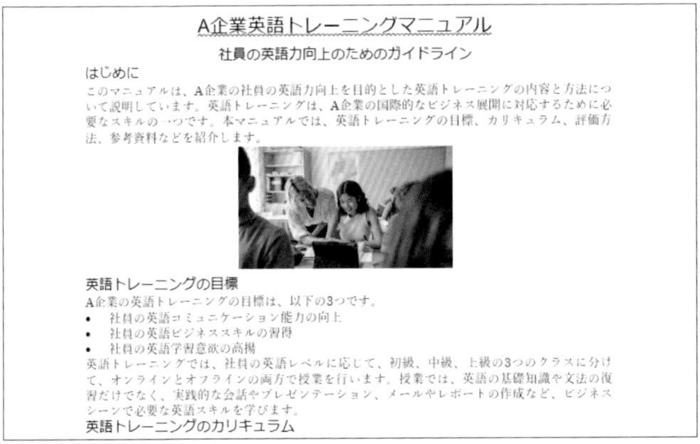

A企業英語トレーニングマニュアル

社員の英語力向上のためのガイドライン

はじめに

このマニュアルは、A企業の社員の英語力向上を目的とした英語トレーニングの内容と方法について説明しています。英語トレーニングは、A企業の国際的なビジネス展開に対応するために必要なスキルの一つです。本マニュアルでは、英語トレーニングの目標、カリキュラム、評価方法、参考資料などを紹介します。

英語トレーニングの目標

A企業の英語トレーニングの目標は、以下の3つです。

- 社員の英語コミュニケーション能力の向上
- 社員の英語ビジネススキルの習得
- 社員の英語学習意欲の高揚

英語トレーニングでは、社員の英語レベルに応じて、初級、中級、上級の3つのクラスに分けて、オンラインとオフラインの両方で授業を行います。授業では、英語の基礎知識や文法の復習だけでなく、実践的な会話やプレゼンテーション、メールやレポートの作成など、ビジネスシーンで必要な英語スキルを学びます。

英語トレーニングのカリキュラム

図52-1

プロンプトとリンクを直接入力し、[送信]ボタンを押下してもよい
❶ [ファイルからプレゼンテーションを作成] を選択する
❷ ファイルのリンクを貼付
❸ [送信] ボタンを押下
Copilot
Click to add title
Click to add subtitle
図52-2

すると、図52-3のプレゼンテーションが作成された。
作成されたプレゼンテーションは、Word文書を元に以下の2点をプレゼンテーションに反映していることがわかる。

- Word文書の構造：文書のタイトルやヘッダーから文書の構造を把握する
- Word文書内の画像：文書内に含めた画像をプレゼンテーションに含める

文書のタイトルやヘッダーを元にプレゼンテーションの構成が決定される
Word文書内の画像が挿入されている
Copilot
はじめに
図52-3

添付するファイルは、現時点（2024年2月）では以下の制約がある。

- ファイルは1つのみ指定可能。
- SharePoint又はOneDriveに配置されており、ユーザーにアクセス権が付与されている必要がある。
- Wordのファイルのみ使用可能である。
- アドレスバーから取得したURLでは使用できない場合があり、共有トレイからリンクをコピーする方法が推奨されている。
- 24 MB 未満の Word ドキュメントで最もうまく動作する。[26]

また、この機能はMicrosoft Copilot for Microsoft 365 ライセンスを持つ顧客のみが利用可能である。[25]

LESSON 53

スライドの内容に合う画像を入れよう

プレゼンテーションを作成する際、そのスライドに合う画像を探すのに時間がかかることも多々あるだろう。Copilotではスライドの内容に合った画像を挿入することができる。

1 スライドに合う画像を入れる

Copilotウィンドウに以下のプロンプトを入力すると、スライドのイメージに合った画像がスライド内に生成される。

「このスライドに合う画像を追加する」

図53-1のように上記のプロンプトをCopilotに送信してみよう。

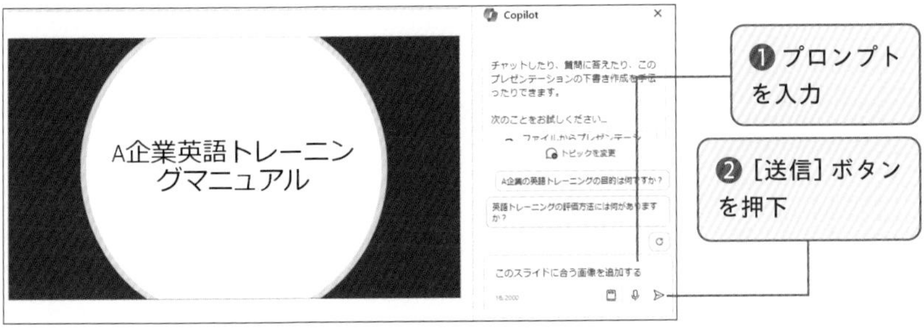
A企業英語トレーニングマニュアル
Copilot
チャットしたり、質問に答えたり、このプレゼンテーションの下書き作成を手伝ったりできます。
次のことをお試しください。
トピックを変更
A企業の英語トレーニングの目的は何ですか？
英語トレーニングの評価方法には何がありますか？
このスライドに合う画像を追加する
❶プロンプトを入力
❷［送信］ボタンを押下

図53-1

すると、図53-2のようにスライドにあったイラストが挿入された。

A企業英語トレーニングマニュアル
Copilot
このスライドに合う画像を追加する
OK、こちらです。グループの人々が英語を学んでいる企業のシーンに合う画像が追加されました。
その他のオプションについては、リボンの［挿入］タブを使用してください。
A企業の英語トレーニングの目的は何ですか？
英語トレーニングのカリキュラムにはどのようなクラスがありますか？
スライドに合う画像が挿入された

図53-2

2 スライドの画像を差し替える

Copilotウィンドウに以下のプロンプトを入力すると、スライドのイラストを変更することができる。

「このスライドの画像をよりスライドに合った画像に差し替える」

例として上記を入力し、図53-3のスライドのイラストを変更してみよう。

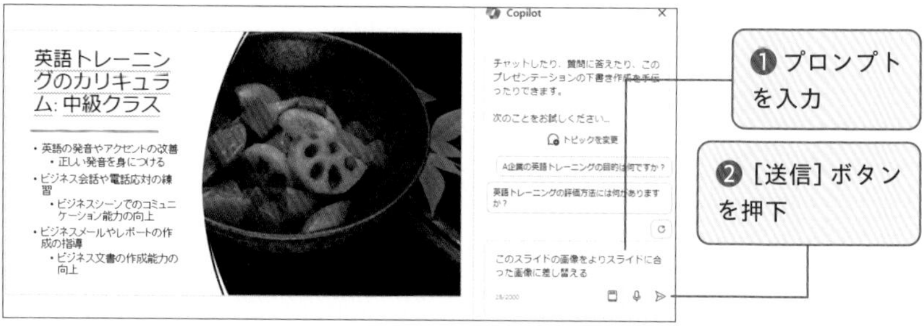
英語トレーニングのカリキュラム: 中級クラス
英語の発音やアクセントの改善
正しい発音を身につける
ビジネス会話や電話応対の練習
ビジネスシーンでのコミュニケーション能力の向上
ビジネスメールやレポートの作成の指導
ビジネス文書の作成能力の向上
Copilot
チャットしたり、質問に答えたり、このプレゼンテーションの下書き作成を手伝ったりできます。
次のことをお試しください...
トピックを変更
A企業の英語トレーニングの目的は何ですか？
英語トレーニングの評価方法には何がありますか？
このスライドの画像をよりスライドに合った画像に差し替える
28/2000
❶プロンプトを入力
❷［送信］ボタンを押下
図53-3

すると、図53-4のようにイメージにあったイラストに変更された。

英語トレーニングのカリキュラム: 中級クラス
英語の発音やアクセントの改善
正しい発音を身につける
ビジネス会話や電話応対の練習
ビジネスシーンでのコミュニケーション能力の向上
ビジネスメールやレポートの作成の指導
ビジネス文書の作成能力の向上
Copilot
このスライドの画像をよりスライドに合った画像に差し替える
OK、こちらです。このスライドの画像を「教室で人が話している様子」に差し替えました。
その他のオプションについては、リボンの［挿入］タブを使用してください。
画像がスライドに合うように変更された
図53-4

LESSON

54 文章の長さを調整してもらおう

スライド内の文章をより詳細にしたい場合や簡潔にしたい場合がある。Copilotでは文章の分量を調整することができる。

1 文章を詳細にする

Copilotウィンドウに以下のプロンプトを入力すると、スライドの文章を詳細にすることができる。

「このスライドの文章を詳細にしてください。」

例として図54-1のスライド右側の文章を詳細にしてみよう。上記をCopilotウィンドウに入力し、[送信]を押下する。

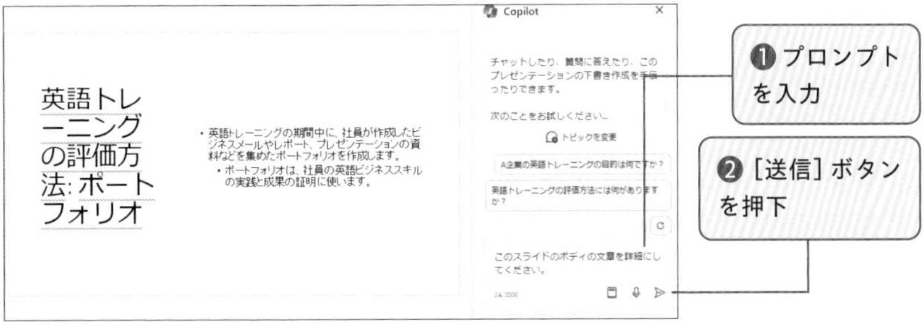
英語トレーニングの評価方法: ポートフォリオ
・英語トレーニングの期間中に、社員が作成したビジネスメールやレポート、プレゼンテーションの資料などを集めたポートフォリオを作成します。
・ポートフォリオは、社員の英語ビジネススキルの実践と成果の証明に使います。
Copilot
チャットしたり、質問に答えたり、このプレゼンテーションの下書き作成を手伝ったりできます。
次のことをお試しください...
トピックを変更
A企業の英語トレーニングの目的は何ですか？
英語トレーニングの評価方法には何がありますか？
このスライドのボディの文章を詳細にしてください。
24/2000
❶プロンプトを入力
❷[送信]ボタンを押下
図54-1

すると、図54-2のスライドが作成され、文章が詳細になった。

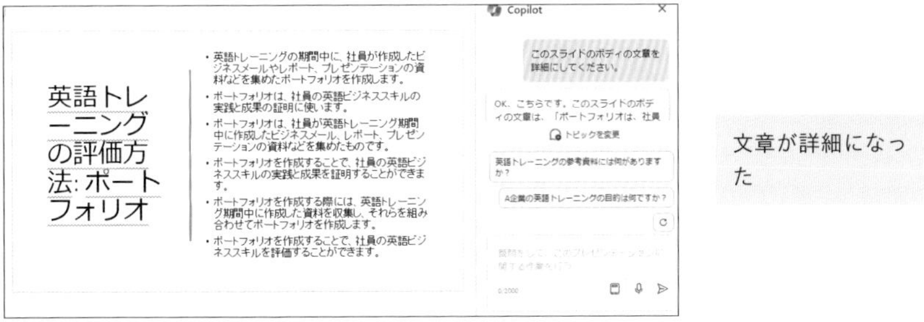
英語トレーニングの評価方法: ポートフォリオ
・英語トレーニングの期間中に、社員が作成したビジネスメールやレポート、プレゼンテーションの資料などを集めたポートフォリオを作成します。
・ポートフォリオは、社員の英語ビジネススキルの実践と成果の証明に使います。
・ポートフォリオは、社員が英語トレーニング期間中に作成したビジネスメール、レポート、プレゼンテーションの資料などを集めたものです。
・ポートフォリオを作成することで、社員の英語ビジネススキルの実践と成果を証明することができます。
・ポートフォリオを作成する際には、英語トレーニング期間中に作成した資料を収集し、それらを組み合わせてポートフォリオを作成します。
・ポートフォリオを作成することで、社員の英語ビジネススキルを評価することができます。
Copilot
このスライドのボディの文章を詳細にしてください。
OK、こちらです。このスライドのボディの文章は、「ポートフォリオは、社員
トピックを変更
英語トレーニングの参考資料には何がありますか？
A企業の英語トレーニングの目的は何ですか？
0/2000
文章が詳細になった
図54-2

LESSON 55

文字のフォントやスタイルを変更しよう

スライドを作成したが、フォントサイズやスタイルを一括で変更したい場合がある。Copilotでは指示を与えたとおりにプレゼンテーション全体やスライドのデザインを変更することができる。

1 文字のスタイルを変更する

Copilotウィンドウに以下のプロンプトを入力すると、文字のスタイルを変更することができる。

「<プレゼンテーション全体/このスライド>の<該当部分>を<スタイル>にしてください。」

上記のように、スタイル変更の対象を「プレゼンテーション全体か？／特定のスライドか？」であったり、「タイトルか？」／「ボディか？」等を指定できる。またスタイルは太字、斜体、文字色、下線の有無等が指定できる。
例として図55-1のスライド左上の文章（スライドのタイトル部分）を太字にしてみよう。Copilotウィンドウに「プレゼンテーション全体のタイトルを太字にしてください。」と入力し、[送信]を押下する。

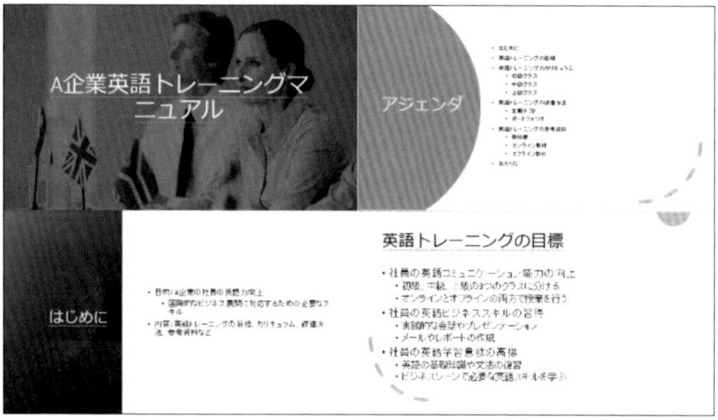
A企業英語トレーニングマニュアル
アジェンダ
はじめに
英語トレーニングの目標
・初級、中級、上級の3つのクラスに分ける
・オンラインとオフラインの両方で授業を行う
・社員の英語ビジネススキルの習得
・メールやレポートの作成
・英語の基礎知識や文法の復習
図55-1

Copilot
チャットしたり、質問に答えたり、このプレゼンテーションの下書き作成を手伝ったりできます。
次のことをお試しください...
英語トレーニングの目標は何ですか？
英語トレーニングのカリキュラムはどのようになっていますか？
プレゼンテーション全体のタイトルを太字にしてください。
27/2000
Copilot
プレゼンテーション全体のタイトルを太字にしてください。
OK、こちらです。プレゼンテーション全体のタイトルが太字になりました。
トピックを変更
英語トレーニングの目標は何ですか？
英語トレーニングのカリキュラムはどのようになっていますか？
0/2000
❶プロンプトを入力
❷［送信］ボタンを押下

図55-2

すると、図55-3のようにすべてのスライドでタイトルの文字のみが太字になった。

A企業英語トレーニングマニュアル
アジェンダ
はじめに
英語トレーニングの目標
全スライドのタイトルが太字になった

図55-3

2 文字のフォントサイズを変更する

Copilotウィンドウに以下のプロンプトを入力すると、文字のフォントサイズが変更される。

「<プレゼンテーション全体/このスライド>の<該当部分>のフォントを<変えたいフォントサイズ>にしてください。」

フォントサイズは、「18」のような具体的な数値か、「大きく」や「小さく」のような相対的な表現で指定できる。
例として図55-3のスライド左下の文章（スライドのボディ部分）の文字を小さく

してみよう。Copilotウィンドウに「このスライドのボディのフォントを小さくしてください。」と入力し、[送信]を押下する。

図55-4

すると、図55-4のスライドが作成され、ボディのみのフォントサイズが小さくなった。

図55-5

LESSON

56 プレゼンテーションを整理しよう

プレゼンテーションをセクションでグループ化すると、構造がわかりやすくなる。Copilotでは各スライドの内容を自動でセクションをつけることで容易に構造化することができる。

1 プレゼンテーションにセクションをつける

「このプレゼンテーションを整理する」を選択するか、Copilotウィンドウに以下のプロンプトを直接入力すると、スライドがセクションでグループ化される。

「プレゼンテーションを整理する」

例として図56-1のように上記のプロンプトを入力し、[送信]を押下する。

図56-1

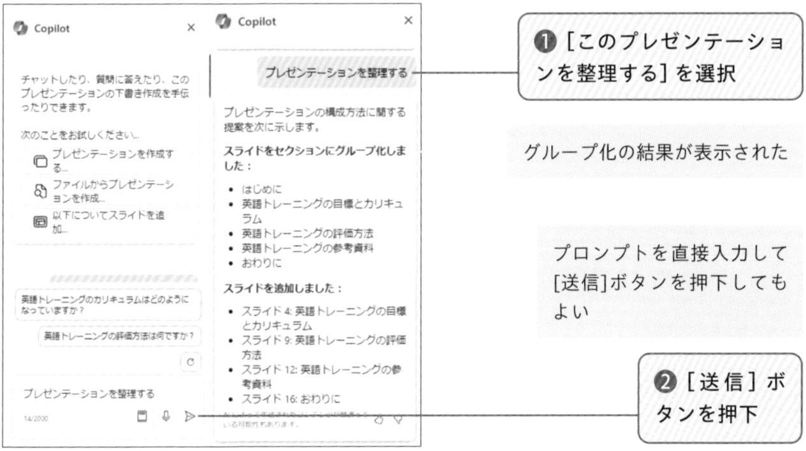

図56-2

すると、図56-3のように、セクションでグループ化された。またCopilotウィンドウに作成されたセクションが表示された。

セクションが追加された

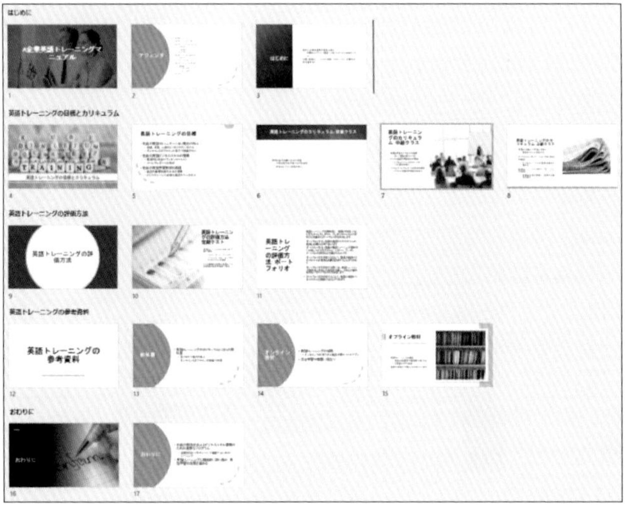

図56-3

LESSON 57

プレゼンテーションの内容を要約してもらおう

ページ数が多いプレゼンテーションでは、要点を理解するのに時間がかかる場合がある。Copilotではプレゼンテーションの要約を支援しており、要点を容易に理解することができる。

1 プレゼンテーションの内容を要約する

プロンプトライブラリで「このプレゼンテーションを要約する」を選択するか、Copilotウィンドウに以下のプロンプトを直接入力すると、プレゼンテーションの内容を要約できる。

「このプレゼンテーションを要約する」

企業の英語トレーニングマニュアルの例で以下の手順で要約を行ってみよう。

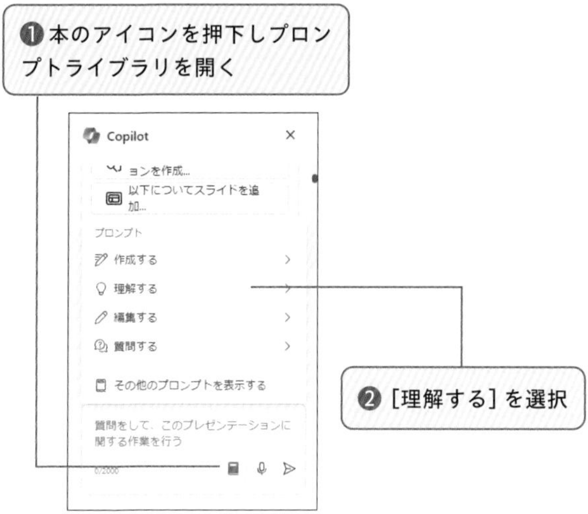

図57-1

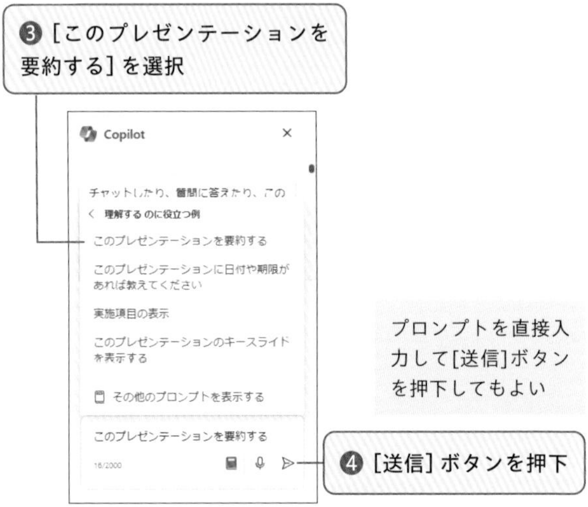
❸［このプレゼンテーションを要約する］を選択
Copilot
チャットしたり、質問に答えたり、この
理解するのに役立つ例
このプレゼンテーションを要約する
このプレゼンテーションに日付や期限があれば教えてください
実施項目の表示
このプレゼンテーションのキースライドを表示する
その他のプロンプトを表示する
プロンプトを直接入力して[送信]ボタンを押下してもよい
このプレゼンテーションを要約する
16/2000
❹［送信］ボタンを押下

図57-2

上記のプロンプトを入力すると、図57-3の様な要約が生成された。要約では各項目がどのスライドを参考にしているかが明記されている。

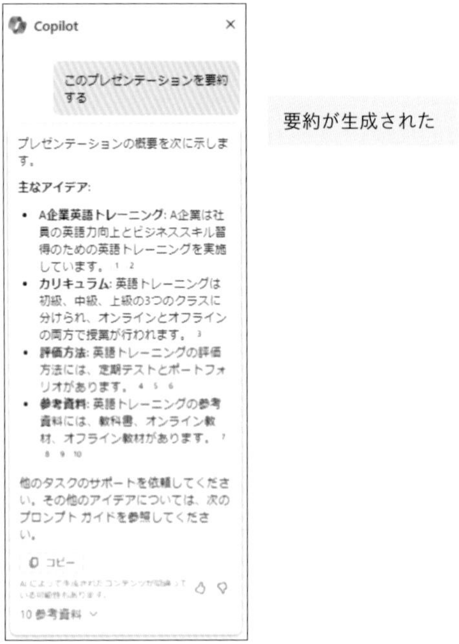
Copilot
このプレゼンテーションを要約する
要約が生成された
プレゼンテーションの概要を次に示します。
主なアイデア:
A企業英語トレーニング: A企業は社員の英語力向上とビジネススキル習得のための英語トレーニングを実施しています。 1 2
カリキュラム: 英語トレーニングは初級、中級、上級の3つのクラスに分けられ、オンラインとオフラインの両方で授業が行われます。 3
評価方法: 英語トレーニングの評価方法には、定期テストとポートフォリオがあります。 4 5 6
参考資料: 英語トレーニングの参考資料には、教科書、オンライン教材、オフライン教材があります。 7 8 9 10
他のタスクのサポートを依頼してください。その他のアイデアについては、次のプロンプト ガイドを参照してください。
コピー
10 参考資料

図57-3

LESSON 58

プレゼンテーションの内容について Copilotに聞いてみよう

ページ数が多いプレゼンテーションでは必要な情報を探すのに時間がかかる場合がある。Copilotでは、チャット形式でプレゼンテーションの内容について質問でき、即座に必要な情報を取得できる。

1 プレゼンテーションの内容について質問する

Copilotウィンドウに質問したい内容を入力すると、スライドの内容について質問をすることができる。
企業の英語トレーニングマニュアルの例で、「テストの詳細を教えてください。」とCopilotに指示してみよう。

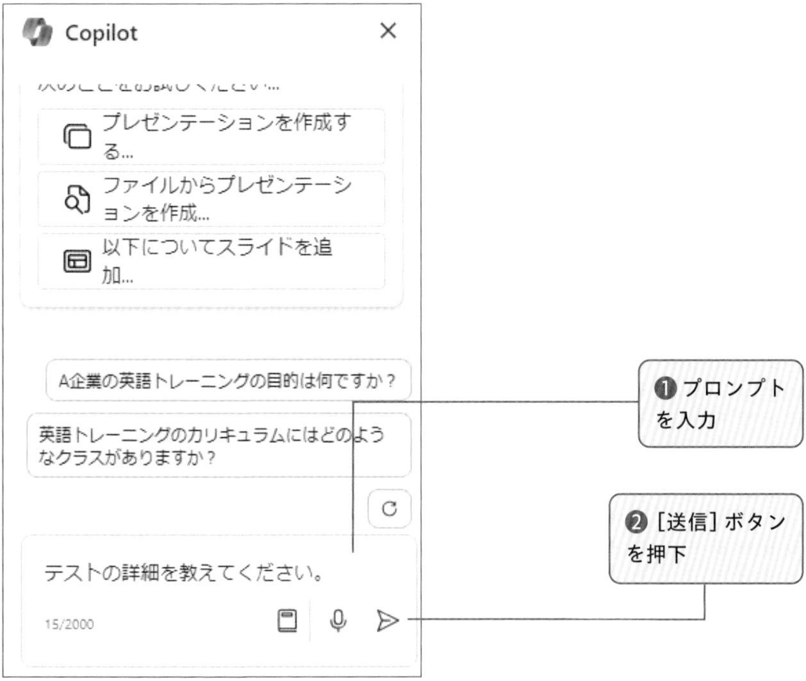

図58-1

すると、定期テストの詳細が回答された。

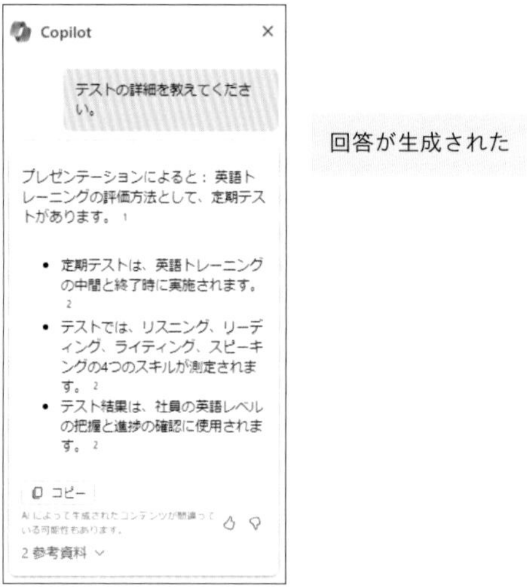
Copilot
テストの詳細を教えてください。
プレゼンテーションによると：英語トレーニングの評価方法として、定期テストがあります。 1
定期テストは、英語トレーニングの中間と終了時に実施されます。 2
テストでは、リスニング、リーディング、ライティング、スピーキングの4つのスキルが測定されます。 2
テスト結果は、社員の英語レベルの把握と進捗の確認に使用されます。 2
コピー
2 参考資料
回答が生成された
図58-2

質問はプレゼンテーション内を参照しない質問もでき、参照して回答した場合は、「プレゼンテーションによると:」と表示され、参照せず回答した場合は「この回答はプレゼンテーションに基づいていません:」と表示される。

第 6 章

WordでのCopilotの活用テクニック

次は、Word での Copilot の活用テクニックだ。
まずはアプリケーションを起動して、新たな文書を作成するところからはじめてみよう。簡単なアウトラインをもとにしてドキュメントの下書きを作成してもらうことができる。また、既存の Office ファイルをもとにしてトーク履歴を作成してもらったり、現在開いているドキュメントの要約を作成してもらうことが可能だ。
Word での Copilot では、Alt+I キーや / といったショートカットが用意されているため、Copilot ウィンドウを使う頻度は他のアプリの Copilot より少ないかもしれない。

Word の Copilot の概要

Word の Copilot でできること	●簡単なアウトラインからドキュメントの下書きを作成 ●Office ファイルからトーク履歴を作成 ●ドキュメントを要約して重要なポイントを抽出
プロンプトの例	●[アウトライン] をもとに 1 ページのドキュメントを作って ●[Office ドキュメント名] をもとにスピーカーノートを作って ●NPS 調査のためのアンケート用紙を作成して
Tips	●Word ファイルをスライド作成のベースとして活用できる ●[デザイン] タブからデザイナーを開いて、新しいデザインのアイデアを提案してもらうことができる
注意事項	●Copilot への指示作成中に「/」を入力すると、ファイルを検索できる ●段落の最初で「Alt+I」を入力して下書きを作成できる

LESSON

59 画面とアプリの起動方法

ここではWordでのCopilotの画面構成とアプリの起動方法について、実際の画面を見ながら確認していく。

WordでのCopilotの主要な画面は、図59-1の通りだ。1つ目は［Copilotを使って下書き］ボックスだ。キーポイントを記述してCopilotにドキュメントの下書きを作成してもらうことができる。2つ目はCopilotウィンドウで、ドキュメントの作成、要約などの指示を対話的に行うことができる。

また、生成された下書きに対しては、「保持する」などのボタンの他、プロンプトを微調整して再生成するための入力欄がある。

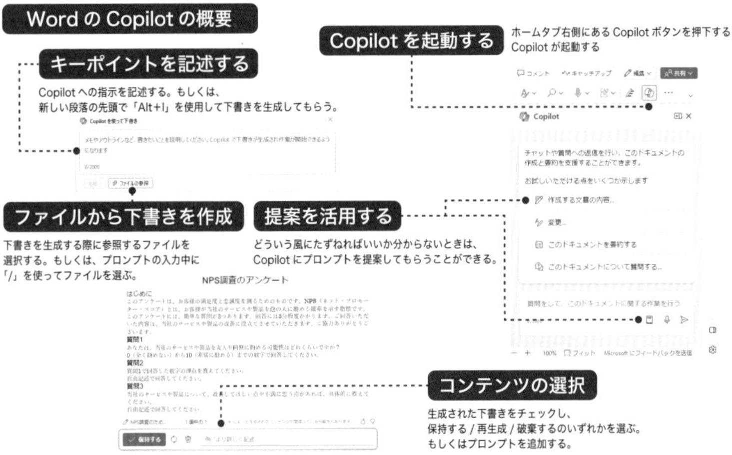
Word の Copilot の概要
キーポイントを記述する
Copilot への指示を記述する。もしくは、
新しい段落の先頭で「Alt+I」を使用して下書きを生成してもらう。
Copilot を使って下書き
ファイルの参照
ファイルから下書きを作成
下書きを生成する際に参照するファイルを
選択する。もしくは、プロンプトの入力中に
「/」を使ってファイルを選ぶ。
Copilot を起動する
ホームタブ右側にある Copilot ボタンを押下すると
Copilot が起動する
Copilot
チャットや質問への返信を行い、このドキュメントの
作成と要約を支援することができます。
お試しいただける点をいくつか示します
作成する文章の内容...
変更...
このドキュメントを要約する
このドキュメントについて質問する...
質問をして、このドキュメントに関する作業を行う
提案を活用する
どういう風にたずねればいいか分からないときは、
Copilot にプロンプトを提案してもらうことができる。
NPS調査のアンケート
はじめに
質問1
質問2
質問3
保持する
コンテンツの選択
生成された下書きをチェックし、
保持する / 再生成 / 破棄するのいずれかを選ぶ。
もしくはプロンプトを追加する。

図59-1

WordでのCopilotの画面には上記の2種類に加えてCopilotコンボボックスがあり、それぞれ以下の手順で起動する。

1 ［Copilotを使って下書き］ボックス

このボックスでは新規文書の下書きを作成できる。

1. 新規文書作成時に自動で起動する。

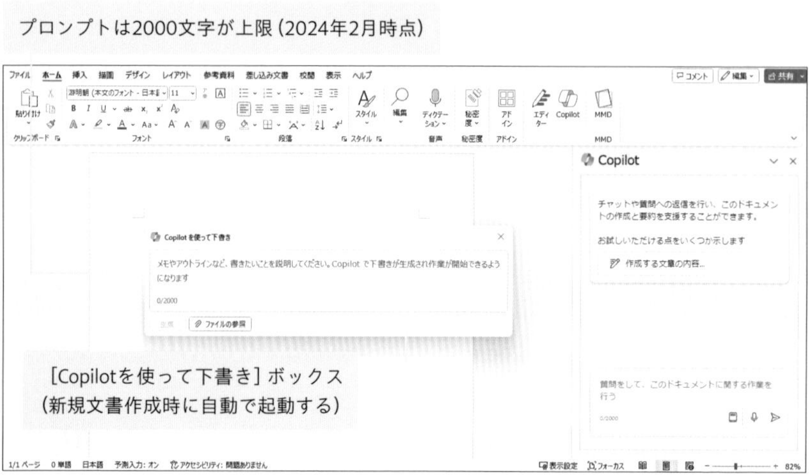

図59-2

2 Copilotウィンドウ

Copilotウィンドウでは、既存文書についてチャットでやり取りできる。

1. [ホーム] タブを選択する。
2. リボンの [Copilot] を選択する。

図59-3

3 Copilotコンボボックス

このボックスでは文章を書き換えたり、テーブルとして視覚化したりすることができる。

1. Shift キーを押下しながら方向キーを使用して、書き換えるテキストを選択する。
2. Alt キーを押下しながら I キーを押下するか、[Copilot] アイコンを押下する。

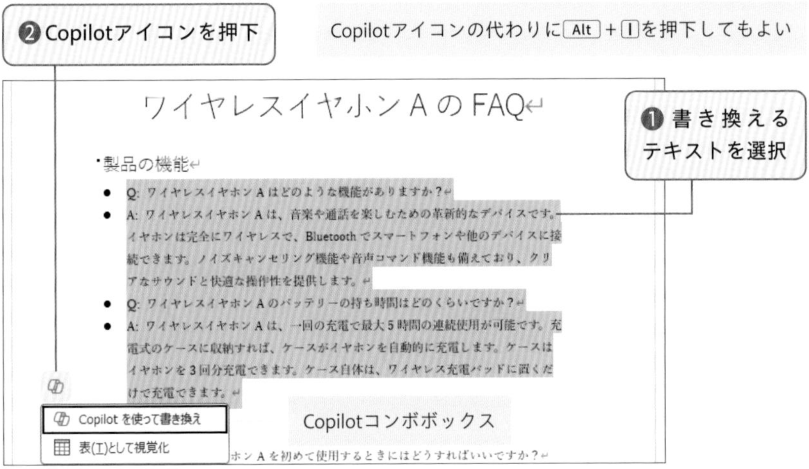

❷ Copilotアイコンを押下
Copilotアイコンの代わりに Alt + I を押下してもよい
ワイヤレスイヤホンAのFAQ
❶ 書き換えるテキストを選択
製品の機能
Q: ワイヤレスイヤホンAはどのような機能がありますか？
A: ワイヤレスイヤホンAは、音楽や通話を楽しむための革新的なデバイスです。イヤホンは完全にワイヤレスで、Bluetoothでスマートフォンや他のデバイスに接続できます。ノイズキャンセリング機能や音声コマンド機能も備えており、クリアなサウンドと快適な操作性を提供します。
Q: ワイヤレスイヤホンAのバッテリーの持ち時間はどのくらいですか？
A: ワイヤレスイヤホンAは、一回の充電で最大5時間の連続使用が可能です。充電式のケースに収納すれば、ケースがイヤホンを自動的に充電します。ケースはイヤホンを3回分充電できます。ケース自体は、ワイヤレス充電パッドに置くだけで充電できます。
Copilot を使って書き換え
表(T)として視覚化
Copilotコンボボックス
ホンAを初めて使用するときにはどうすればいいですか？

図59-4

WordでのCopilotは現時点（2024年2月）では以下の制限がある。

- [Copilotを使って下書き] ボックスは、1つのプロンプトに対して2000文字までに制限されている。
- Copilotウィンドウは、1つのクエリ又はプロンプトに対して最大約18,000～20,000語に制限されている。[29]
- Copilotウィンドウでチャットをしたコンテンツは保存されないため、Copilotで以前操作した結果を参照できない。
- Copilotは、SmartArt、テーブル、またはグラフを含むコンテンツでは適切に機能しない可能性がある。
- 現在サポートしている言語は英語、スペイン語、日本語、フランス語、ドイツ語、ポルトガル語、イタリア語、簡体字中国語である。今後さらに多くの言語が追加される予定である。[30]
- WordでのCopilotはMicrosoft Copilot for Microsoft 365 ライセンスまたはCopilot Pro ライセンスを持つ顧客のみが利用可能である。

LESSON 60

WordでのCopilotの活用シーンと活用ポイント

Wordはビジネスシーンで広く利用される文書作成ツールである。その用途は議事録や契約書など多岐にわたる。WordのCopilotでは文書の作成、修正、理解といったシーンで活用できる。

1 新規文書の作成

新規文書を作成する際、Copilotは出発点として利用できる。例えば、会議の議事録テンプレートやビジネスプランの骨格を提案してもらうことで、作業の初期段階での時間節約に繋がる。

2 既存文書の修正

既存文書でCopilotを使用することで、文書の校正や文章の変更、言い回しの確認など、人間の目で確認していたことが省略できるようになり、作業時間の効率化と品質向上が同時に見込める。

3 既存文書の理解

長い報告書や研究論文から、主要なポイントや結論を抽出する際にCopilotを活用できる。これにより、文書の大意を素早く理解することが可能になり、あなたが重要な情報を見落とすリスクを減らせるだろう。

CopilotをWordで活用する際のポイントは、添付ファイルを効果的に使うことにある。事前に収集した情報や、具体例をCopilotに提供することで、より品質の高い生成が期待できるからだ。
また、Copilotによって生成された内容が方針に沿っているかどうかの評価は人間の責任であり、Copilotの提案を盲目的に受け入れるのではなく、それを一つの参考点として利用し、適宜修正を加え人が最終化することが重要である。

LESSON 61

新規文書の下書きを作ってもらおう

Copilotを利用すると、ユーザーの指示に従って新規文書の下書きを自動生成できる。簡単な下書きの作成方法を学ぼう。

1 簡単な下書きを作成する

Wordを開くと、図61-1のような「Copilotを使って下書き」ボックスが表示される。このボックスに以下のプロンプトを入力し、[生成]を押下すると、下書きが生成される。

「<作成したい文書を入力>を作成してください。」

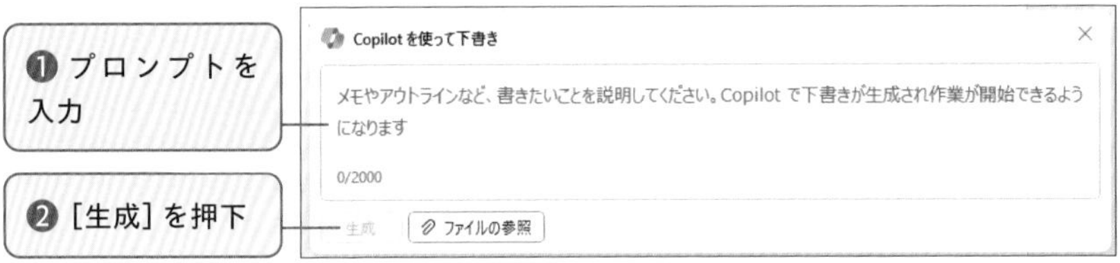
❶プロンプトを入力
❷[生成]を押下
Copilot を使って下書き
メモやアウトラインなど、書きたいことを説明してください。Copilot で下書きが生成され作業が開始できるようになります
0/2000
生成
ファイルの参照

図61-1

例として「NPS調査のためのアンケート用紙を作成して下さい。」とプロンプトを入力してみよう。すると図61-2のようにアンケート用紙が作成された。

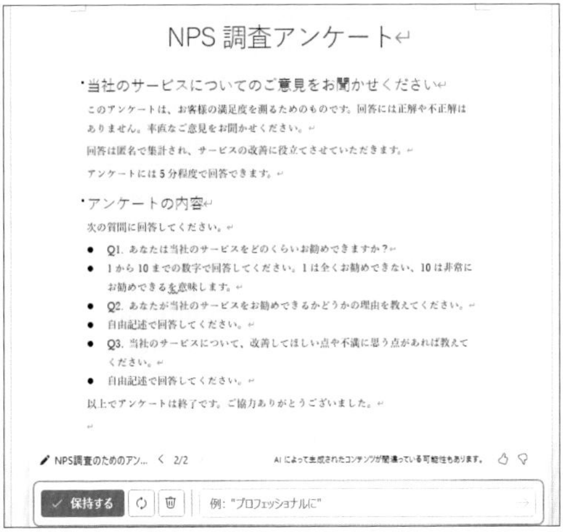
NPS 調査アンケート
当社のサービスについてのご意見をお聞かせください
このアンケートは、お客様の満足度を測るためのものです。回答には正解や不正解はありません。率直なご意見をお聞かせください。
回答は匿名で集計され、サービスの改善に役立てさせていただきます。
アンケートには5分程度で回答できます。
アンケートの内容
次の質問に回答してください。
Q1. あなたは当社のサービスをどのくらいお勧めできますか？
1から10までの数字で回答してください。1は全くお勧めできない、10は非常にお勧めできるを意味します。
Q2. あなたが当社のサービスをお勧めできるかどうかの理由を教えてください。
自由記述で回答してください。
Q3. 当社のサービスについて、改善してほしい点や不満に思う点があれば教えてください。
自由記述で回答してください。
以上でアンケートは終了です。ご協力ありがとうございました。
NPS調査のためのアン… 2/2
AI によって生成されたコンテンツが間違っている可能性もあります。
保持する
例: "プロフェッショナルに"

図61-2

Copilotが生成した内容には、誤った情報が含まれる可能性があることに注意しよう。生成された内容をしっかりと確認し、必要に応じて修正をすることが重要だ。また、同じプロンプトでも毎回違う結果が生成されることは覚えておいてほしい。

2 下書きに詳細な指示を与え微調整する

下書きが作成されると、図61-3のようなボックスが表示される。このボックスでは、下書きに対して以下の5つのアクションが実行できる。

- 保持：生成した下書きを確定させる。
- 再生成：同じ指示プロンプトで下書きを再生成する。
- 指示の変更：指示プロンプトを変更して再生成する。
- 微調整：詳細な指示を入力して下書きを微調整する。
- 破棄：下書きを破棄する。

ここでは一例として下書きの微調整を紹介する。

図61-3

「<微調整したい内容を入力>」

「5の説明としてどちらでもないを加えてください」とプロンプトを入力してみよう。すると、図61-4のようにスコア5の説明が追加された。最後に望む下書きが完成したら［保持する］を選択して下書きを確定させよう。

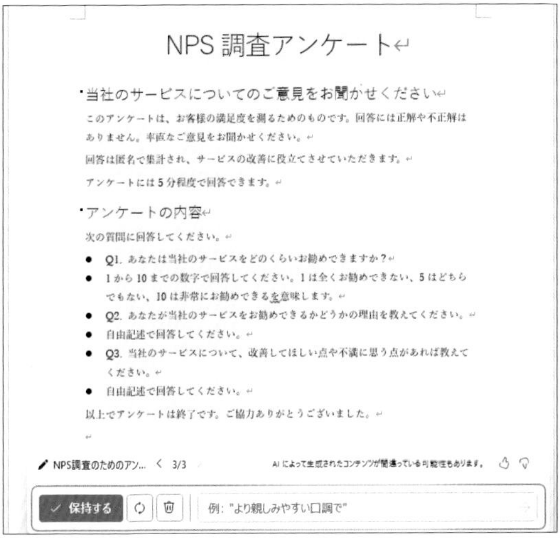
NPS 調査アンケート
当社のサービスについてのご意見をお聞かせください
このアンケートは、お客様の満足度を測るためのものです。回答には正解や不正解はありません。率直なご意見をお聞かせください。
回答は匿名で集計され、サービスの改善に役立てさせていただきます。
アンケートには5分程度で回答できます。
アンケートの内容
次の質問に回答してください。
Q1. あなたは当社のサービスをどのくらいお勧めできますか？
1から10までの数字で回答してください。1は全くお勧めできない、5はどちらでもない、10は非常にお勧めできるを意味します。
Q2. あなたが当社のサービスをお勧めできるかどうかの理由を教えてください。
自由記述で回答してください。
Q3. 当社のサービスについて、改善してほしい点や不満に思う点があれば教えてください。
自由記述で回答してください。
以上でアンケートは終了です。ご協力ありがとうございました。
NPS調査のためのアン...
3/3
AI によって生成されたコンテンツが間違っている可能性もあります。
保持する
例: "より親しみやすい口調で"
図61-4

3 より詳細な指示を元に文書を作成する

実際に文書を作成する際は、色々な情報を組み合わせて文書を作成することがほとんどである。ここではより詳細な指示や制約条件から文書を作成する方法を紹介する。以下のプロンプトを［Copilotを使って下書き］ダイアログに入力すれば文書が生成される。

「以下の情報をもとに、<作成したい文書を入力>を作成してください。
<詳細な情報/制約条件>」

図61-5のように商品の値段や個数といった情報から見積書を作成するプロンプトを入力してみよう。すると、図 61-6のように与えた情報を元に見積書が作成された。
このように作成してほしい文書についての情報や制約条件をプロンプトとして入力することで望む文書に近づけることができる。

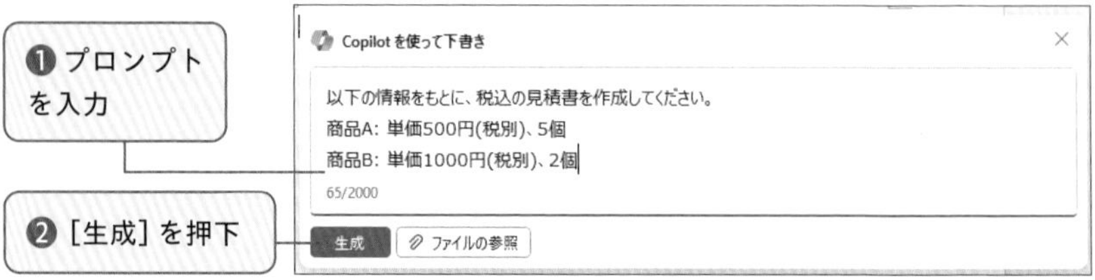
❶プロンプトを入力
❷［生成］を押下
Copilot を使って下書き
以下の情報をもとに、税込の見積書を作成してください。
商品A: 単価500円(税別)、5個
商品B: 単価1000円(税別)、2個
65/2000
生成
ファイルの参照
図61-5

見積書
商品の明細
商品 A: 単価 500 円(税別)、5 個
商品 B: 単価 1000 円(税別)、2 個
合計金額
商品の小計: 4500 円
消費税(10%): 450 円
商品の合計: 4950 円
以下の情報をもとに、...
1/1
AI によって生成されたコンテンツが間違っている可能性もあります。
保持する
例: "正式にする"
図61-6

LESSON 62

教材ファイル ▶ Word_WirelessEarbudsProductInfo.docx / Word_ChemistryStudyGuide.docx / Word_EnglishTrainingManualNoNotes.pptx

添付ファイルをもとに文書を作ってもらおう

実際のユースケースでは、様々な資料からの情報をもとに文書を作成する事が多い。WordとPowerPointをもとに文書を作成する機能を利用し、生成できる文書の種類の拡張を目指す。

1 添付ファイルをもとに文書を作成する

以下のプロンプトを［Copilotを使って下書き］ボックスに入力すれば、添付ファイルをもとに文書を生成できる。

「以下の#文書をもとに<作成したい文書を入力>を作成してください。ただし、
#制約条件を遵守してください。
制約条件
<制約条件を箇条書きで入力>
文書
<ファイルを選択>」

ファイルを選択するには、「/」の後にファイル名を入力するか、ボックス内の［ファイルの参照］ボタンを押下すればよい。添付するファイルは現時点（2024年2月）では以下の制約がある。[31]

- 最大3つのファイルを選択可能。
- 組織のSharePointまたはOneDrive内でアクセス権限のあるファイルである必要がある。
- WordまたはPowerPointのファイルのみ使用可能である。

また、この機能は現在、ビジネスサブスクリプションを持つ顧客のみが利用可能である。[31]

ここでは、製品情報のWord文書をもとに、FAQ文書を作成する例を紹介する。図62-2のようにサンプルデータWord_WirelessEarbudsProductInfo.docxをプロンプトに指定し、Copilotに生成を指示してみよう。すると図62-3のようにFAQ文書が作成された。

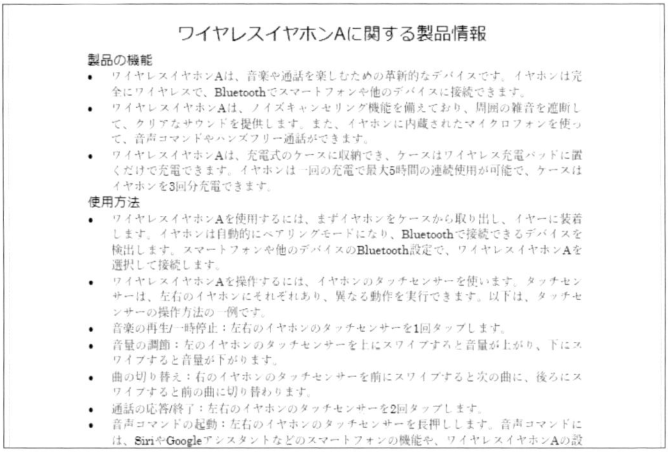

ワイヤレスイヤホンAに関する製品情報

製品の機能

- ワイヤレスイヤホンAは、音楽や通話を楽しむための革新的なデバイスです。イヤホンは完全にワイヤレスで、Bluetoothでスマートフォンや他のデバイスに接続できます。
- ワイヤレスイヤホンAは、ノイズキャンセリング機能を備えており、周囲の雑音を遮断して、クリアなサウンドを提供します。また、イヤホンに内蔵されたマイクロフォンを使って、音声コマンドやハンズフリー通話ができます。
- ワイヤレスイヤホンAは、充電式のケースに収納でき、ケースはワイヤレス充電パッドに置くだけで充電できます。イヤホンは一回の充電で最大5時間の連続使用が可能で、ケースはイヤホンを3回分充電できます。

使用方法

- ワイヤレスイヤホンAを使用するには、まずイヤホンをケースから取り出し、イヤーに装着します。イヤホンは自動的にペアリングモードになり、Bluetoothで接続できるデバイスを検出します。スマートフォンや他のデバイスのBluetooth設定で、ワイヤレスイヤホンAを選択して接続します。
- ワイヤレスイヤホンAを操作するには、イヤホンのタッチセンサーを使います。タッチセンサーは、左右のイヤホンにそれぞれあり、異なる動作を実行できます。以下は、タッチセンサーの操作方法の一例です。
- 音楽の再生/一時停止：左右のイヤホンのタッチセンサーを1回タップします。
- 音量の調節：左のイヤホンのタッチセンサーを上にスワイプすると音量が上がり、下にスワイプすると音量が下がります。
- 曲の切り替え：右のイヤホンのタッチセンサーを前にスワイプすると次の曲に、後ろにスワイプすると前の曲に切り替わります。
- 通話の応答/終了：左右のイヤホンのタッチセンサーを2回タップします。
- 音声コマンドの起動：左右のイヤホンのタッチセンサーを長押しします。音声コマンドには、SiriやGoogleアシスタントなどのスマートフォンの機能や、ワイヤレスイヤホンAの設

図62-1

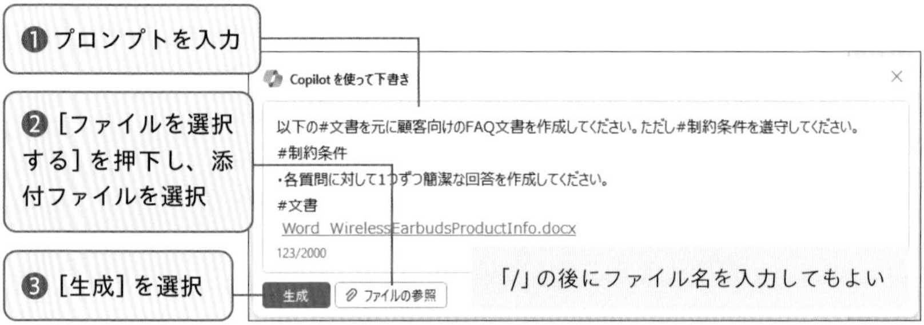
❶プロンプトを入力
❷［ファイルを選択する］を押下し、添付ファイルを選択
❸［生成］を選択
Copilot を使って下書き
以下の#文書を元に顧客向けのFAQ文書を作成してください。ただし#制約条件を遵守してください。
#制約条件
・各質問に対して1つずつ簡潔な回答を作成してください。
#文書
Word_WirelessEarbudsProductInfo.docx
123/2000
生成
ファイルの参照
「/」の後にファイル名を入力してもよい

図62-2

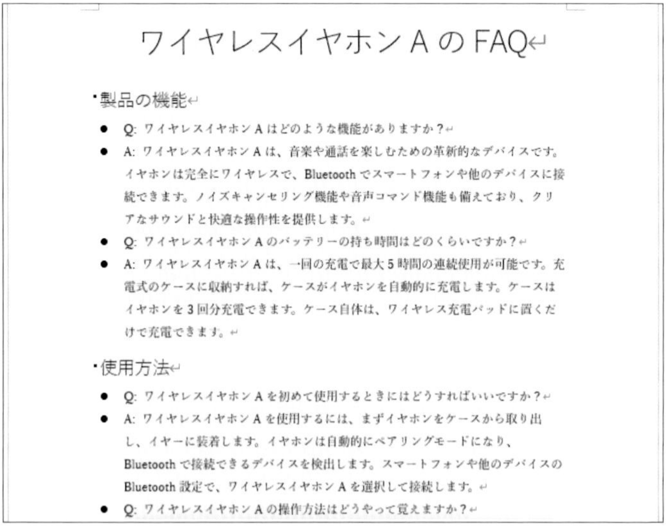

ワイヤレスイヤホン A の FAQ

・製品の機能

- Q: ワイヤレスイヤホン A はどのような機能がありますか？
- A: ワイヤレスイヤホン A は、音楽や通話を楽しむための革新的なデバイスです。イヤホンは完全にワイヤレスで、Bluetooth でスマートフォンや他のデバイスに接続できます。ノイズキャンセリング機能や音声コマンド機能も備えており、クリアなサウンドと快適な操作性を提供します。
- Q: ワイヤレスイヤホン A のバッテリーの持ち時間はどのくらいですか？
- A: ワイヤレスイヤホン A は、一回の充電で最大 5 時間の連続使用が可能です。充電式のケースに収納すれば、ケースがイヤホンを自動的に充電します。ケースはイヤホンを 3 回分充電できます。ケース自体は、ワイヤレス充電パッドに置くだけで充電できます。

・使用方法

- Q: ワイヤレスイヤホン A を初めて使用するときにはどうすればいいですか？
- A: ワイヤレスイヤホン A を使用するには、まずイヤホンをケースから取り出し、イヤーに装着します。イヤホンは自動的にペアリングモードになり、Bluetooth で接続できるデバイスを検出します。スマートフォンや他のデバイスの Bluetooth 設定で、ワイヤレスイヤホン A を選択して接続します。
- Q: ワイヤレスイヤホン A の操作方法はどうやって覚えますか？

図62-3

2 学習コンテンツから確認問題を作成する

添付ファイルをもとに文書を作成する例として、学習コンテンツの文書から確認問題を作成してみよう。以下のプロンプトを［Copilotを使って下書き］ボックスに入力すれば、文書が作成できる。

「この文書に基づいて、<問題作成の条件を入力>のクイズ問題を作成してください。
<ファイルを選択>」

ここでは図62-4の文書をもとに、選択肢が4つの問題を3つ作成するユースケースを考える。図62-5のようにサンプルデータWord_ChemistryStudyGuide.docxをプロンプトに与え、Copilotに生成を指示しよう。

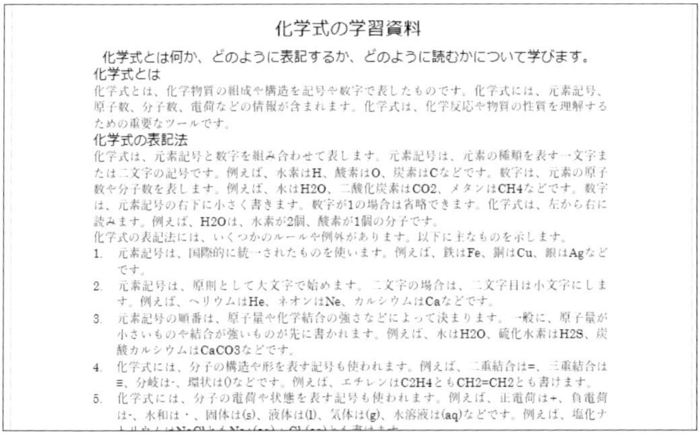

化学式の学習資料

化学式とは何か、どのように表記するか、どのように読むかについて学びます。

化学式とは

化学式とは、化学物質の組成や構造を記号や数字で表したものです。化学式には、元素記号、原子数、分子数、電荷などの情報が含まれます。化学式は、化学反応や物質の性質を理解するための重要なツールです。

化学式の表記法

化学式は、元素記号と数字を組み合わせて表します。元素記号は、元素の種類を表す一文字または二文字の記号です。例えば、水素はH、酸素はO、炭素はCなどです。数字は、元素の原子数や分子数を表します。例えば、水はH2O、二酸化炭素はCO2、メタンはCH4などです。数字は、元素記号の右下に小さく書きます。数字が1の場合は省略できます。化学式は、左から右に読みます。例えば、H2Oは、水素が2個、酸素が1個の分子です。

化学式の表記法には、いくつかのルールや例外があります。以下に主なものを示します。

1. 元素記号は、国際的に統一されたものを使います。例えば、鉄はFe、銅はCu、銀はAgなどです。
2. 元素記号は、原則として大文字で始めます。二文字の場合は、二文字目は小文字にします。例えば、ヘリウムはHe、ネオンはNe、カルシウムはCaなどです。
3. 元素記号の順番は、原子量や化学結合の強さなどによって決まります。一般に、原子量が小さいものや結合が強いものが先に書かれます。例えば、水はH2O、硫化水素はH2S、炭酸カルシウムはCaCO3などです。
4. 化学式には、分子の構造や形を表す記号も使われます。例えば、二重結合は=、三重結合は≡、分岐は-、環状は()などです。例えば、エチレンはC2H4ともCH2=CH2とも書けます。
5. 化学式には、分子の電荷や状態を表す記号も使われます。例えば、正電荷は+、負電荷は-、水和は・、固体は(s)、液体は(l)、気体は(g)、水溶液は(aq)などです。例えば、塩化ナ

図62-4

図62-5

すると、図62-6のような指示に従った問題が作成された。

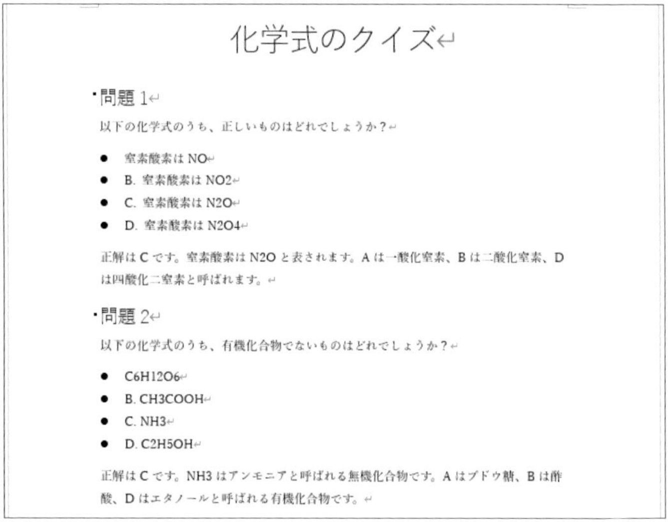

化学式のクイズ

・問題 1

以下の化学式のうち、正しいものはどれでしょうか？

- 窒素酸素は NO
- B. 窒素酸素は NO2
- C. 窒素酸素は N2O
- D. 窒素酸素は N2O4

正解は C です。窒素酸素は N2O と表されます。A は一酸化窒素、B は二酸化窒素、D は四酸化二窒素と呼ばれます。

・問題 2

以下の化学式のうち、有機化合物でないものはどれでしょうか？

- C6H12O6
- B. CH3COOH
- C. NH3
- D. C2H5OH

正解は C です。NH3 はアンモニアと呼ばれる無機化合物です。A はブドウ糖、B は酢酸、D はエタノールと呼ばれる有機化合物です。

図62-6

3 プレゼンテーションからスピーカーノートを作成する

添付ファイルにプレゼンテーションを選択し、以下のプロンプトを［Copilotを使って下書き］ボックスに入力すれば、スピーカーノートが作成される。

「この資料からスピーカーノートを作成してください。
<ファイルを選択>」

例として図62-7のようなプレゼンテーションにスピーカーノートを作成する。図62-8のようにサンプルデータWord_EnglishTrainingManualNoNotes.pptxをプロンプトに与え、Copilotに生成を指示しよう。

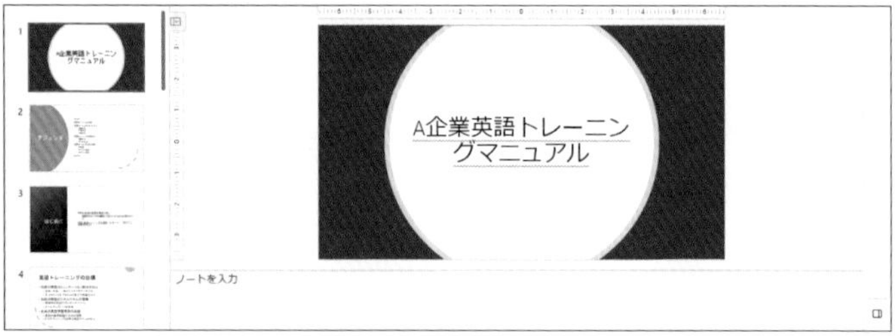

図62-7

Copilot を使って下書き
この資料からスピーカノートを作成してください。
Word_EnglishTrainingManualNoNotes.pptx
63/2000
生成
ファイルの参照

図62-8

すると、図62-9のようなスピーカーノートが作成された。

ファイル ホーム 挿入 描画 デザイン レイアウト 参考資料 差し込み文書 校閲 表示 ヘルプ
コメント
編集
共有
A企業英語トレーニングマニュアル
スピーカノート
・はじめに
このスライドでは、A企業の社員の英語力向上のために行われる英語トレーニングの目的と内容について説明します。
英語トレーニングは、国際的なビジネス展開に対応するために必要な英語コミュニケーション能力とビジネススキルを身につけるための重要なプログラムです。
英語トレーニングの目標、カリキュラム、評価方法、参考資料などを紹介します。
・英語トレーニングの目標
このスライドでは、英語トレーニングの目標について説明します。
英語トレーニングの目標は、社員の英語コミュニケーション能力の向上、英語ビジネススキルの習得、英語学習意欲の高揚の3つです。
社員の英語レベルに応じて、初級、中級、上級の3つのクラスに分けて、オンラインとオフラインの両方で授業を行います。
社員は、実践的な会話やプレゼンテーション、メールやレポートの作成など、ビ
この資料からスピーカノ...
1/1
AI によって生成されたコンテンツが間違っている可能性もあります。
保持する
例: "正式にする"
アクセシビリティ: 問題ありません
フォーカス

図62-9

LESSON 63

教材ファイル Word_WirelessEarbudsProductInfo.docx

アウトラインから文書を作成してもらおう

文書を作成する際には、必要項目を整理するため、最初にアウトラインを作成することが重要である。Copilotでもプロンプトにアウトラインを与えることで、必要項目に過不足のない文書を作成することができる。

1 アウトラインの案を自動作成する

以下のプロンプトをCopilotウィンドウに入力するとアウトラインが自動で生成される。

「次の内容についてアウトラインを起草する <作成したい文書>」

例として図63-1のようにワイヤレスイヤホンの顧客向けFAQ文書のアウトラインを作成するようCopilotに指示すると、アウトラ インが生成された。

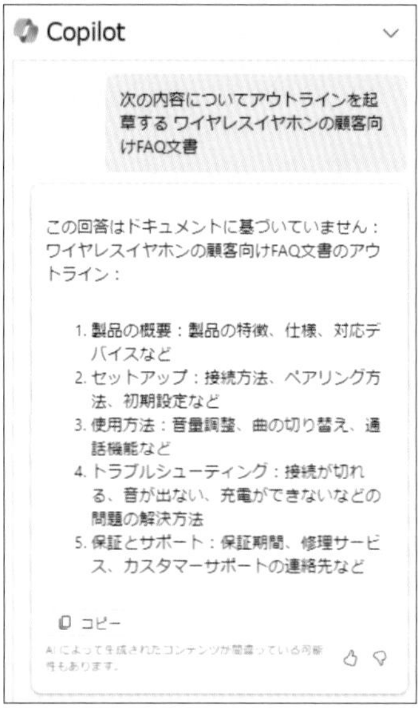
Copilot
次の内容についてアウトラインを起草する ワイヤレスイヤホンの顧客向けFAQ文書
この回答はドキュメントに基づいていません：ワイヤレスイヤホンの顧客向けFAQ文書のアウトライン：
1. 製品の概要：製品の特徴、仕様、対応デバイスなど
2. セットアップ：接続方法、ペアリング方法、初期設定など
3. 使用方法：音量調整、曲の切り替え、通話機能など
4. トラブルシューティング：接続が切れる、音が出ない、充電ができないなどの問題の解決方法
5. 保証とサポート：保証期間、修理サービス、カスタマーサポートの連絡先など
コピー

図63-1

2 アウトラインに沿って文書を作成する

以下のプロンプトを［Copilotを使って下書き］ボックスに入力することで、アウトラインに沿った文書が作成される。

「#参考文献をもとに#アウトラインに従って<作成したい文書>を作成してください。ただし#制約条件を遵守してください。
参考文献
<ファイルを選択>
アウトライン
<アウトラインを貼付>

以下はワイヤレスイヤホンの製品情報を参考文献とし、前ステップで生成したアウトラインに従ってFAQ文書を作成した例である。図61-2のように、サンプルデータWord_WirelessEarbudsProductInfo.docxをプロンプトに与え、Copilotに文書作成を指示してみよう。すると、図63-3のようにアウトラインに沿った文書が作成された。

❶プロンプトを入力
❷添付ファイルを選択
❸アウトラインを貼付
❹［生成］を選択
Copilot を使って下書き
#参考文献を元に#アウトラインに従ってFAQ文書を作成してください。
参考文献
Word_WirelessEarbudsProductInfo.docx
アウトライン
製品の概要：製品の特徴、仕様、対応デバイスなど
セットアップ：接続方法、ペアリング方法、初期設定など
使用方法：音量調整、曲の切り替え、通話機能など
トラブルシューティング：接続が切れる、音が出ない、充電ができないなどの問題の解決方法
保証とサポート：保証期間、修理サービス、カスタマーサポートの連絡先など
242/2000
生成
ファイルの参照

図63-2

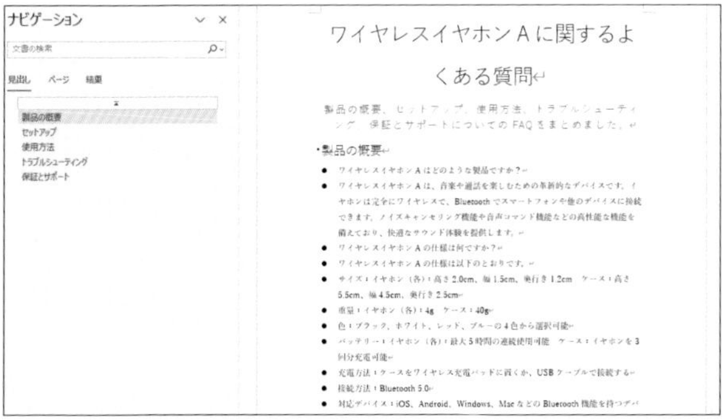

ナビゲーション
見出し
ページ
結果
製品の概要
セットアップ
使用方法
トラブルシューティング
保証とサポート
ワイヤレスイヤホンAに関するよくある質問
製品の概要、セットアップ、使用方法、トラブルシューティング、保証とサポートについてのFAQをまとめました。
・製品の概要
ワイヤレスイヤホンAはどのような製品ですか？
ワイヤレスイヤホンAの仕様は何ですか？
ワイヤレスイヤホンAの仕様は以下のとおりです。
接続方法：Bluetooth 5.0

図63-3

LESSON

教材ファイル ▶ Word_WirelessEarbudsProductInfo.docx / Word_WirelessEarbudsCampaignInfo.docx / Word_InvoiceRequestEmail.docx / Word_InvoiceTemplate.docx / Word_WirelessEarbudsFAQ.docx

64 複数の文書から新規文書を作成してもらおう

前のレッスンでは、1つの文書をもとに文書を作成する手順を紹介した。ここでは、複数の文書をもとに文書を作成するユースケースを紹介する。

1 文書に他の文書の内容を追加する

以下のプロンプトを［Copilotを使って下書き］ボックスに入力することで、文書内に他の文書の内容を追加することができる

「# 文書1に# 文書2の内容を追加してください。ただし# 制約条件を遵守してください。
制約条件
<制約条件を箇条書きで入力>
文書1
<ベースとなるファイルを選択>
文書2
<追加したい情報のファイルを選択>」

以下はワイヤレスイヤホンの製品情報に図64-1のキャンペーン情報を追加した例である。図64-2のようにサンプルデータWord_WirelessEarbudsProductInfo.docxにWord_WirelessEarbudsCampaignInfo.docxを追加情報としてプロンプトに与え、Copilotに内容の追加を指示しよう。すると、図 64-3のようにキャンペーン情報が追加された製品情報の文書が作成された。

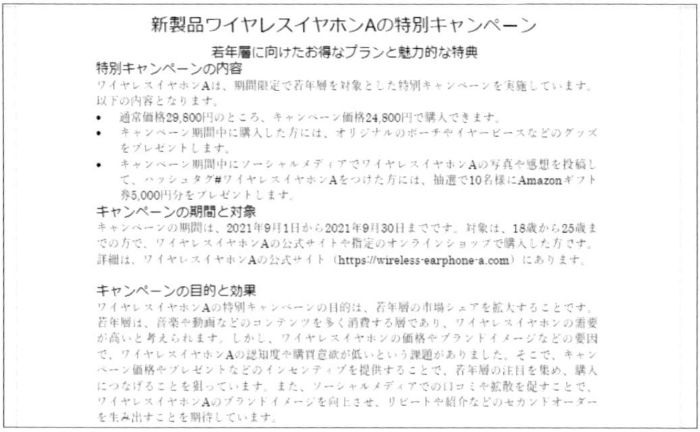
新製品ワイヤレスイヤホンAの特別キャンペーン

若年層に向けたお得なプランと魅力的な特典

特別キャンペーンの内容

ワイヤレスイヤホンAは、期間限定で若年層を対象とした特別キャンペーンを実施しています。以下の内容となります。

- 通常価格29,800円のところ、キャンペーン価格24,800円で購入できます。
- キャンペーン期間中に購入した方には、オリジナルのポーチやイヤーピースなどのグッズをプレゼントします。
- キャンペーン期間中にソーシャルメディアでワイヤレスイヤホンAの写真や感想を投稿して、ハッシュタグ#ワイヤレスイヤホンAをつけた方には、抽選で10名様にAmazonギフト券5,000円分をプレゼントします。

キャンペーンの期間と対象

キャンペーンの期間は、2021年9月1日から2021年9月30日までです。対象は、18歳から25歳までの方で、ワイヤレスイヤホンAの公式サイトや指定のオンラインショップで購入した方です。詳細は、ワイヤレスイヤホンAの公式サイト（https://wireless-earphone-a.com）にあります。

キャンペーンの目的と効果

ワイヤレスイヤホンAの特別キャンペーンの目的は、若年層の市場シェアを拡大することです。若年層は、音楽や動画などのコンテンツを多く消費する層であり、ワイヤレスイヤホンの需要が高いと考えられます。しかし、ワイヤレスイヤホンの価格やブランドイメージなどの要因で、ワイヤレスイヤホンAの認知度や購買意欲が低いという課題がありました。そこで、キャンペーン価格やプレゼントなどのインセンティブを提供することで、若年層の注目を集め、購入につなげることを狙っています。また、ソーシャルメディアでの口コミや拡散を促すことで、ワイヤレスイヤホンAのブランドイメージを向上させ、リピートや紹介などのセカンドオーダーを生み出すことを期待しています。

図64-1

❶プロンプトを入力
❷添付ファイルを2つ選択
❸［生成］を選択
Copilot を使って下書き
文書1に# 文書2の内容を追加してください。ただし# 制約条件を遵守してください。
制約条件
・# 文書1の見出し「キャンペーン情報」に# 文書2の要約した内容を箇条書きで追加してください。
・見出しを付けなおしてください。
・追加した情報以外は変更しないでください。
文書1
Word_WirelessEarbudsProductInfo.docx
文書2
Word_WirelessEarbudsCampaignInfo.docx
227/2000
生成
キャンセル
ファイルの参照

図64-2

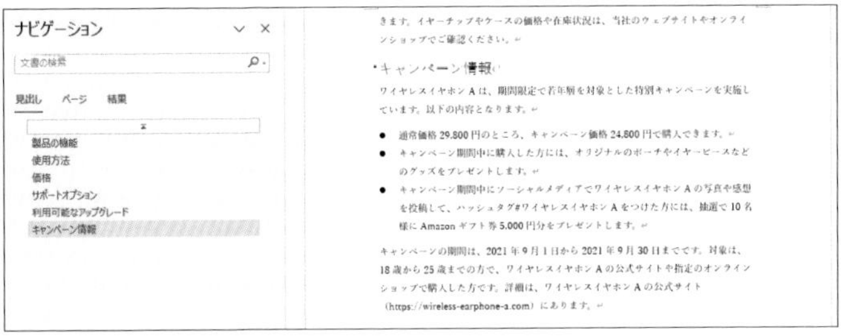
ナビゲーション
文書の検索
見出し
ページ
結果
製品の機能
使用方法
価格
サポートオプション
利用可能なアップグレード
キャンペーン情報
きます。イヤーチップやケースの価格や在庫状況は、当社のウェブサイトやオンラインショップでご確認ください。
キャンペーン情報
ワイヤレスイヤホンAは、期間限定で若年層を対象とした特別キャンペーンを実施しています。以下の内容となります。
通常価格29,800円のところ、キャンペーン価格24,800円で購入できます。
キャンペーン期間中に購入した方には、オリジナルのポーチやイヤーピースなどのグッズをプレゼントします。
キャンペーン期間中にソーシャルメディアでワイヤレスイヤホンAの写真や感想を投稿して、ハッシュタグ#ワイヤレスイヤホンAをつけた方には、抽選で10名様にAmazonギフト券5,000円分をプレゼントします。
キャンペーンの期間は、2021年9月1日から2021年9月30日までです。対象は、18歳から25歳までの方で、ワイヤレスイヤホンAの公式サイトや指定のオンラインショップで購入した方です。詳細は、ワイヤレスイヤホンAの公式サイト（https://wireless-earphone-a.com）にあります。

図64-3

2 フォーマットに従って文書を作成する

以下のプロンプトを［Copilotを使って下書き］ボックスに入力することで、フォーマットに従った文書が作成される。

「#文書の内容を#出力形式に従って出力してください。
文書
<フォーマットに当てはめるファイルを選択>
出力形式
<フォーマットのファイルを選択>」

ここでは図64-4の請求メールの内容を図64-5のフォーマットに合うように変換する例を紹介する。図64-6のように、メールの内容をサンプルデータWord_InvoiceRequestEmail.docx、フォーマットをWord_InvoiceTemplate.docxとしてプロンプトに与え、Copilotに文書作成を指示してみよう。すると、図64-7のようにフォーマットに沿った請求書が作成された。項目はフォーマット通りになるが、書式（中央揃え／左揃え等）はフォーマット通りにならないこともあるので注意が必要である。

請求書

請求書番号	発行日	有効期限
#CD2023-12345	2023年12月1日	2024年1月1日

発行者情報
- 会社名: 株式会社クリエイティブデザイン
- 住所: 東京都渋谷区XX-XX-XX
- 電話番号: 03-1234-5678
- メール: info@creativedesign.co.jp
- 担当者: 山田太郎

顧客情報
- 会社名: 株式会社サンプル企業
- 住所: 神奈川県横浜市XX-XX-XX
- 担当者: 鈴木一郎

図64-4

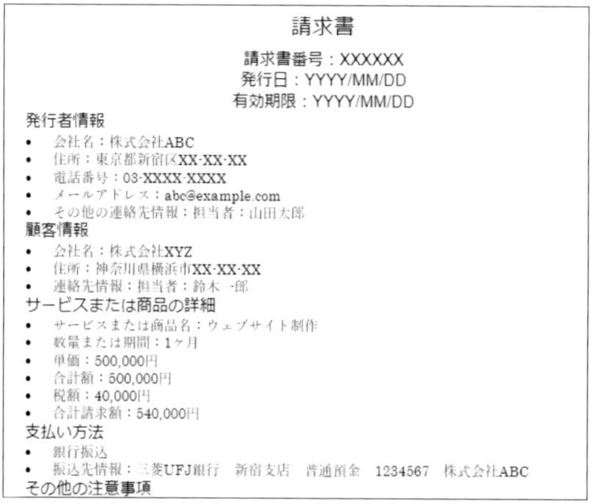

請求書

請求書番号：XXXXXX
発行日：YYYY/MM/DD
有効期限：YYYY/MM/DD

発行者情報
- 会社名：株式会社ABC
- 住所：東京都新宿区XX-XX-XX
- 電話番号：03-XXXX-XXXX
- メールアドレス：abc@example.com
- その他の連絡先情報：担当者：山田太郎

顧客情報
- 会社名：株式会社XYZ
- 住所：神奈川県横浜市XX-XX-XX
- 連絡先情報：担当者：鈴木一郎

サービスまたは商品の詳細
- サービスまたは商品名：ウェブサイト制作
- 数量または期間：1ヶ月
- 単価：500,000円
- 合計額：500,000円
- 税額：40,000円
- 合計請求額：540,000円

支払い方法
- 銀行振込
- 振込先情報：三菱UFJ銀行　新宿支店　普通預金　1234567　株式会社ABC

その他の注意事項

図64-5

図64-6

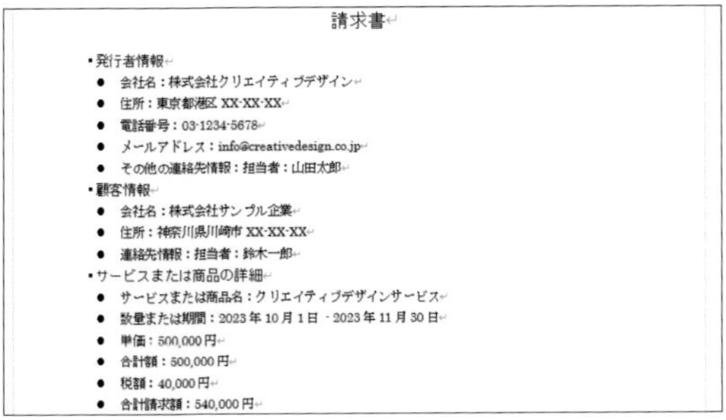

請求書

- 発行者情報
  - 会社名：株式会社クリエイティブデザイン
  - 住所：東京都港区 XX-XX-XX
  - 電話番号：03-1234-5678
  - メールアドレス：info@creativedesign.co.jp
  - その他の連絡先情報：担当者：山田太郎
- 顧客情報
  - 会社名：株式会社サンプル企業
  - 住所：神奈川県川崎市 XX-XX-XX
  - 連絡先情報：担当者：鈴木一郎
- サービスまたは商品の詳細
  - サービスまたは商品名：クリエイティブデザインサービス
  - 数量または期間：2023 年 10 月 1 日 - 2023 年 11 月 30 日
  - 単価：500,000 円
  - 合計額：500,000 円
  - 税額：40,000 円
  - 合計請求額：540,000 円

図64-7

3 既存のドキュメントに内容を追加する

以下の手順で既存の文書に内容を追加することができる。

1. 空白の行に移動し、ドキュメントの左余白にある［Copilot］アイコンを選択する。
2. ［Copiotを使って下書き］ボックスでCopilotにプロンプトを入力するか［インスピレーションを与えてください］を選択する。
3. Copilotが追加のコンテンツを提供した後［保持］［再生成］［指示の変更］［微調整］［破棄］の5つのアクションが可能である。

例としてFAQ文書に文章を追加してもらおう。図64-8のようにサンプルデータWord_WirelessEarbudsFAQ.docxを開き、空白の行で、［Copilotを使って下書き］ボックスを使い［刺激的なアイデアが見たい］を選択しよう。すると、図64-9のような文章が追加された。

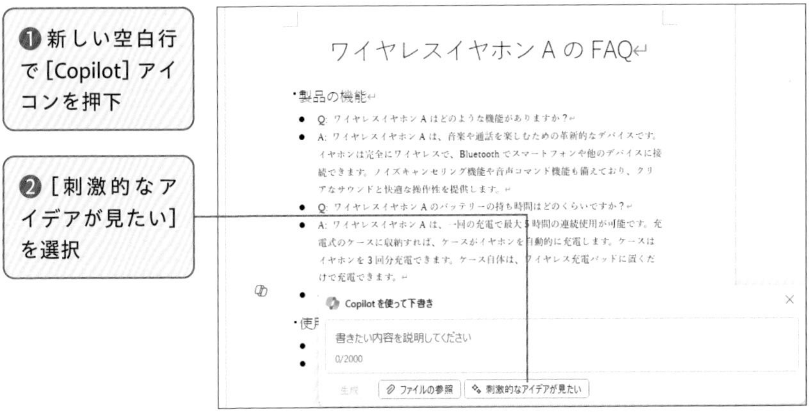
❶新しい空白行で［Copilot］アイコンを押下
❷［刺激的なアイデアが見たい］を選択
ワイヤレスイヤホン A の FAQ
製品の機能
Q: ワイヤレスイヤホン A はどのような機能がありますか？
A: ワイヤレスイヤホン A は、音楽や通話を楽しむための革新的なデバイスです。イヤホンは完全にワイヤレスで、Bluetooth でスマートフォンや他のデバイスに接続できます。ノイズキャンセリング機能や音声コマンド機能も備えており、クリアなサウンドと快適な操作性を提供します。
Q: ワイヤレスイヤホン A のバッテリーの持ち時間はどのくらいですか？
A: ワイヤレスイヤホン A は、一回の充電で最大 5 時間の連続使用が可能です。充電式のケースに収納すれば、ケースがイヤホンを自動的に充電します。ケースはイヤホンを 3 回分充電できます。ケース自体は、ワイヤレス充電パッドに置くだけで充電できます。
Copilot を使って下書き
書きたい内容を説明してください
0/2000
生成
ファイルの参照
刺激的なアイデアが見たい

図64-8

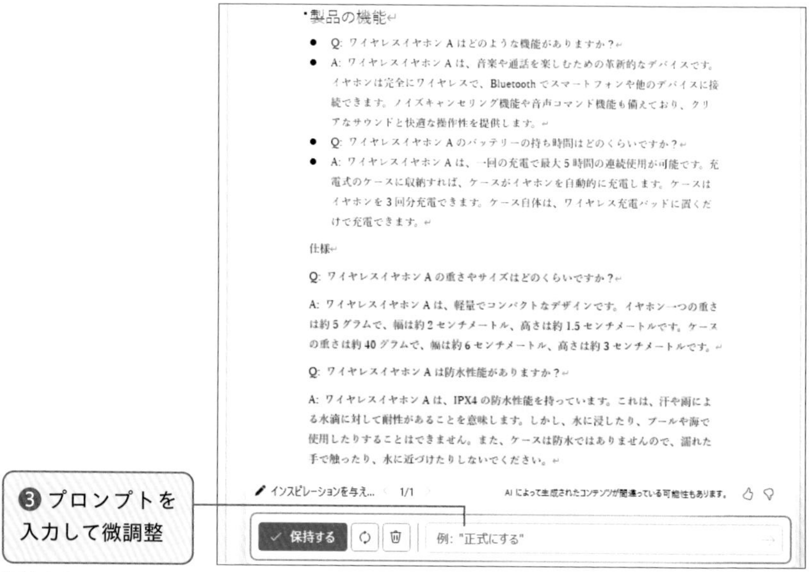
製品の機能
Q: ワイヤレスイヤホンAはどのような機能がありますか？
A: ワイヤレスイヤホンAは、音楽や通話を楽しむための革新的なデバイスです。イヤホンは完全にワイヤレスで、Bluetoothでスマートフォンや他のデバイスに接続できます。ノイズキャンセリング機能や音声コマンド機能も備えており、クリアなサウンドと快適な操作性を提供します。
Q: ワイヤレスイヤホンAのバッテリーの持ち時間はどのくらいですか？
A: ワイヤレスイヤホンAは、一回の充電で最大5時間の連続使用が可能です。充電式のケースに収納すれば、ケースがイヤホンを自動的に充電します。ケースはイヤホンを3回分充電できます。ケース自体は、ワイヤレス充電パッドに置くだけで充電できます。
仕様
Q: ワイヤレスイヤホンAの重さやサイズはどのくらいですか？
A: ワイヤレスイヤホンAは、軽量でコンパクトなデザインです。イヤホン一つの重さは約5グラムで、幅は約2センチメートル、高さは約1.5センチメートルです。ケースの重さは約40グラムで、幅は約6センチメートル、高さは約3センチメートルです。
Q: ワイヤレスイヤホンAは防水性能がありますか？
A: ワイヤレスイヤホンAは、IPX4の防水性能を持っています。これは、汗や雨による水滴に対して耐性があることを意味します。しかし、水に浸したり、プールや海で使用したりすることはできません。また、ケースは防水ではありませんので、濡れた手で触ったり、水に近づけたりしないでください。
インスピレーションを与え...
1/1
AIによって生成されたコンテンツが間違っている可能性もあります。
保持する
例: "正式にする"
❸ プロンプトを入力して微調整
図64-9

LESSON 65

教材ファイル ▶ Word_WirelessEarbudsFAQ_PreProofread.docx

文書を校正して間違いを修正してもらおう

Wordの校閲機能は便利だが、Copilotではさらに高精度な校正が可能である。Copilotを活用し、より洗練された文書を完成させよう。

1 添付したファイルの文書を校正する

以下のプロンプトを［Copilotを使って下書き］ボックスに入力すると文書が校正される。

「この文書を校正してください。
<ファイルを選択する>」

図65-1のような意図的に校正したい箇所（ハイライト箇所）を入れた文書を用意した。これらの校正したい箇所はWordに元々搭載されている校閲機能では校正されなかったものだ。では、Copilotを活用して文書を校正してみよう。校正できるか検証したい観点は以下の4種類である。

- スタイルやトーンに一貫性があるかどうか
- 句読点の使用が適切かどうか
- 綴りの間違いや誤字のチェック
- 文法的に正しいかどうか

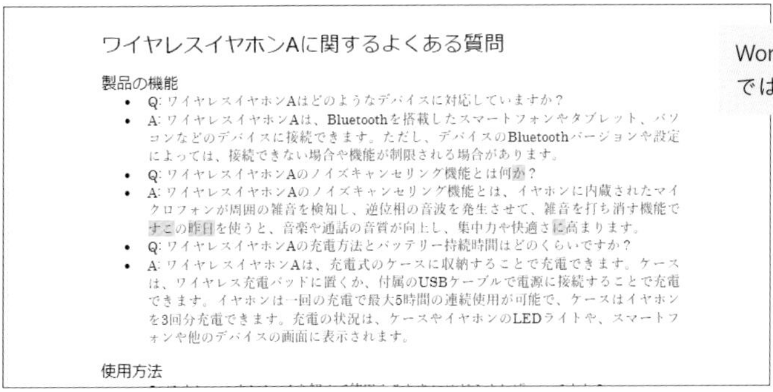

ワイヤレスイヤホンAに関するよくある質問

製品の機能

- Q: ワイヤレスイヤホンAはどのようなデバイスに対応していますか？
- A: ワイヤレスイヤホンAは、Bluetoothを搭載したスマートフォンやタブレット、パソコンなどのデバイスに接続できます。ただし、デバイスのBluetoothバージョンや設定によっては、接続できない場合や機能が制限される場合があります。
- Q: ワイヤレスイヤホンAのノイズキャンセリング機能とは何か？
- A: ワイヤレスイヤホンAのノイズキャンセリング機能とは、イヤホンに内蔵されたマイクロフォンが周囲の雑音を検知し、逆位相の音波を発生させて、雑音を打ち消す機能ですこの昨日を使うと、音楽や通話の音質が向上し、集中力や快適さに高まります。
- Q: ワイヤレスイヤホンAの充電方法とバッテリー持続時間はどのくらいですか？
- A: ワイヤレスイヤホンAは、充電式のケースに収納することで充電できます。ケースは、ワイヤレス充電パッドに置くか、付属のUSBケーブルで電源に接続することで充電できます。イヤホンは一回の充電で最大5時間の連続使用が可能で、ケースはイヤホンを3回分充電できます。充電の状況は、ケースやイヤホンのLEDライトや、スマートフォンや他のデバイスの画面に表示されます。

使用方法

Wordの校閲機能では校正されない

図65-1

図65-2のように、サンプルデータWord_WirelessEarbudsFAQ_PreProofread.docxをプロンプトに与え、Copilotに校正を指示してみよう。

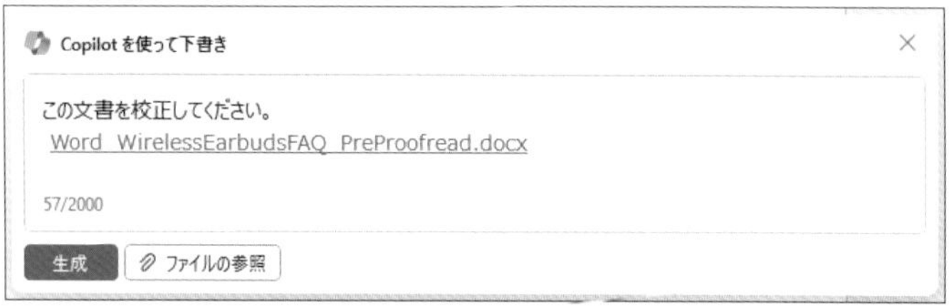

図65-2

すると、図65-3のよう意図的に入れた校正したい箇所が全て校正された。

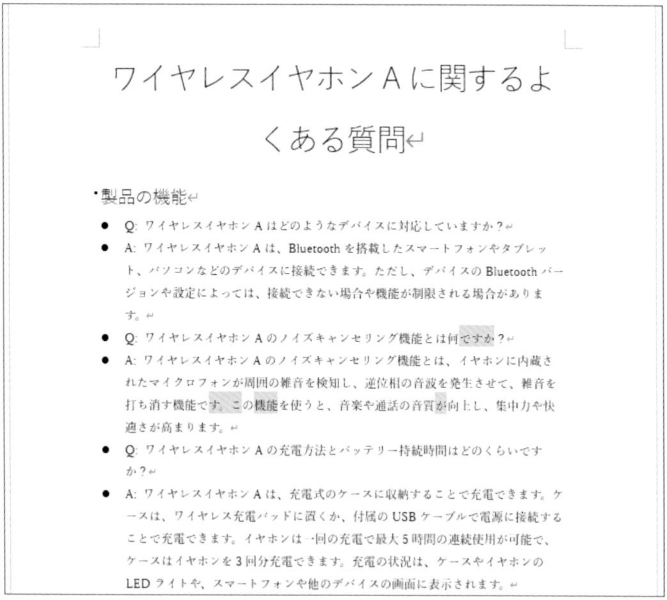
ワイヤレスイヤホンAに関するよくある質問

・製品の機能

- Q: ワイヤレスイヤホンAはどのようなデバイスに対応していますか？
- A: ワイヤレスイヤホンAは、Bluetoothを搭載したスマートフォンやタブレット、パソコンなどのデバイスに接続できます。ただし、デバイスのBluetoothバージョンや設定によっては、接続できない場合や機能が制限される場合があります。
- Q: ワイヤレスイヤホンAのノイズキャンセリング機能とは何ですか？
- A: ワイヤレスイヤホンAのノイズキャンセリング機能とは、イヤホンに内蔵されたマイクロフォンが周囲の雑音を検知し、逆位相の音波を発生させて、雑音を打ち消す機能です。この機能を使うと、音楽や通話の音質が向上し、集中力や快適さが高まります。
- Q: ワイヤレスイヤホンAの充電方法とバッテリー持続時間はどのくらいですか？
- A: ワイヤレスイヤホンAは、充電式のケースに収納することで充電できます。ケースは、ワイヤレス充電パッドに置くか、付属のUSBケーブルで電源に接続することで充電できます。イヤホンは一回の充電で最大5時間の連続使用が可能で、ケースはイヤホンを3回分充電できます。充電の状況は、ケースやイヤホンのLEDライトや、スマートフォンや他のデバイスの画面に表示されます。

図65-3

LESSON

教材ファイル ▶ Word_WirelessEarbudsFAQ.docx

66 文書の分量を調整してもらおう

文章を作成したが、文書全体や一部の説明をより詳細にしたいことや、簡潔にしたいことがある。Copilotでは添付ファイルとして文書を与え、分量を調整する事が可能である。

1 文書を詳細にする

以下のプロンプトを［Copilotを使って下書き］ボックスに入力すると文書がより詳細になる。

「この文書をより詳細に記述してください。
<ファイルを選択>」

ここでは図66-1のワイヤレスイヤホンのFAQ文書を詳細に書き直す例を紹介する。

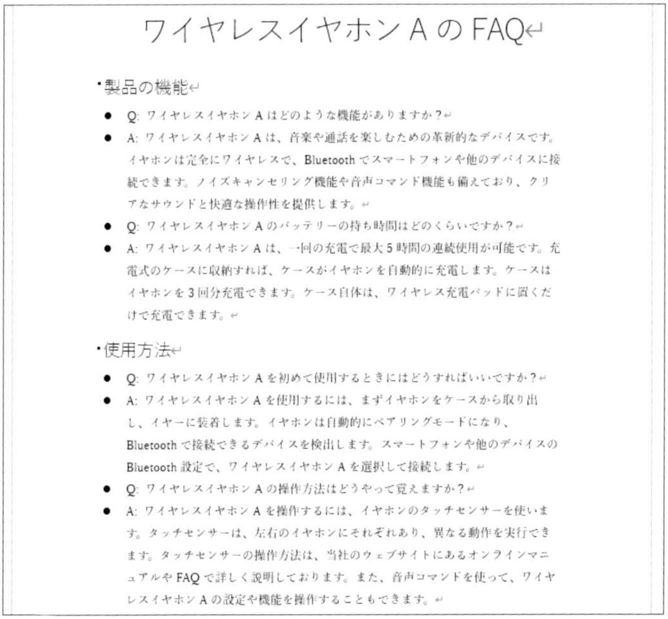

ワイヤレスイヤホン A の FAQ

・製品の機能

- Q: ワイヤレスイヤホン A はどのような機能がありますか？
- A: ワイヤレスイヤホン A は、音楽や通話を楽しむための革新的なデバイスです。イヤホンは完全にワイヤレスで、Bluetooth でスマートフォンや他のデバイスに接続できます。ノイズキャンセリング機能や音声コマンド機能も備えており、クリアなサウンドと快適な操作性を提供します。
- Q: ワイヤレスイヤホン A のバッテリーの持ち時間はどのくらいですか？
- A: ワイヤレスイヤホン A は、一回の充電で最大 5 時間の連続使用が可能です。充電式のケースに収納すれば、ケースがイヤホンを自動的に充電します。ケースはイヤホンを 3 回分充電できます。ケース自体は、ワイヤレス充電パッドに置くだけで充電できます。

・使用方法

- Q: ワイヤレスイヤホン A を初めて使用するときにはどうすればいいですか？
- A: ワイヤレスイヤホン A を使用するには、まずイヤホンをケースから取り出し、イヤーに装着します。イヤホンは自動的にペアリングモードになり、Bluetooth で接続できるデバイスを検出します。スマートフォンや他のデバイスの Bluetooth 設定で、ワイヤレスイヤホン A を選択して接続します。
- Q: ワイヤレスイヤホン A の操作方法はどうやって覚えますか？
- A: ワイヤレスイヤホン A を操作するには、イヤホンのタッチセンサーを使います。タッチセンサーは、左右のイヤホンにそれぞれあり、異なる動作を実行できます。タッチセンサーの操作方法は、当社のウェブサイトにあるオンラインマニュアルや FAQ で詳しく説明しております。また、音声コマンドを使って、ワイヤレスイヤホン A の設定や機能を操作することもできます。

図66-1

図66-2のように、サンプルデータWord_WirelessEarbudsFAQ.docxをプロンプトに与え、Copilotに文書作成を指示してみよう。

Copilot を使って下書き
この文書をより詳細に記述してください。
Word_WirelessEarbudsFAQ.docx
49/2000
生成
ファイルの参照

図66-2

すると、図66-3のように、タイトルの後に文書のサマリが記載されるなど詳細になった文書が作成された。
このように文章をより詳細にすることは可能だが、現時点では具体的なページ数を指定して文章を長くすることはできないので注意が必要である。

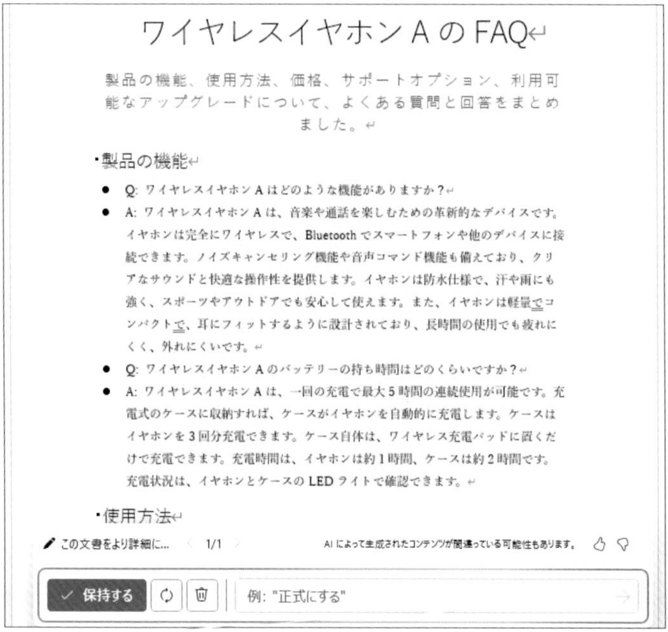
ワイヤレスイヤホン A の FAQ
製品の機能、使用方法、価格、サポートオプション、利用可能なアップグレードについて、よくある質問と回答をまとめました。
・製品の機能
Q: ワイヤレスイヤホン A はどのような機能がありますか？
A: ワイヤレスイヤホン A は、音楽や通話を楽しむための革新的なデバイスです。イヤホンは完全にワイヤレスで、Bluetooth でスマートフォンや他のデバイスに接続できます。ノイズキャンセリング機能や音声コマンド機能も備えており、クリアなサウンドと快適な操作性を提供します。イヤホンは防水仕様で、汗や雨にも強く、スポーツやアウトドアでも安心して使えます。また、イヤホンは軽量でコンパクトで、耳にフィットするように設計されており、長時間の使用でも疲れにくく、外れにくいです。
Q: ワイヤレスイヤホン A のバッテリーの持ち時間はどのくらいですか？
A: ワイヤレスイヤホン A は、一回の充電で最大 5 時間の連続使用が可能です。充電式のケースに収納すれば、ケースがイヤホンを自動的に充電します。ケースはイヤホンを 3 回分充電できます。ケース自体は、ワイヤレス充電パッドに置くだけで充電できます。充電時間は、イヤホンは約 1 時間、ケースは約 2 時間です。充電状況は、イヤホンとケースの LED ライトで確認できます。
・使用方法
この文書をより詳細に...
1/1
AI によって生成されたコンテンツが間違っている可能性もあります。
保持する
例: "正式にする"

図66-3

2 文書を簡潔にする

以下のプロンプトを［Copilotを使って下書き］ボックスに入力すると、文書の一部が簡潔になる。

「#文書の<簡潔にしたい部分>を簡潔に書き直してください。ただし#制約条件を遵守してください。
#制約条件
<制約条件を入力>
#文書
<ファイルを選択する>」

詳細にする場合と同様に、図66-4のFAQ文書で回答部分を簡潔にしてみよう。

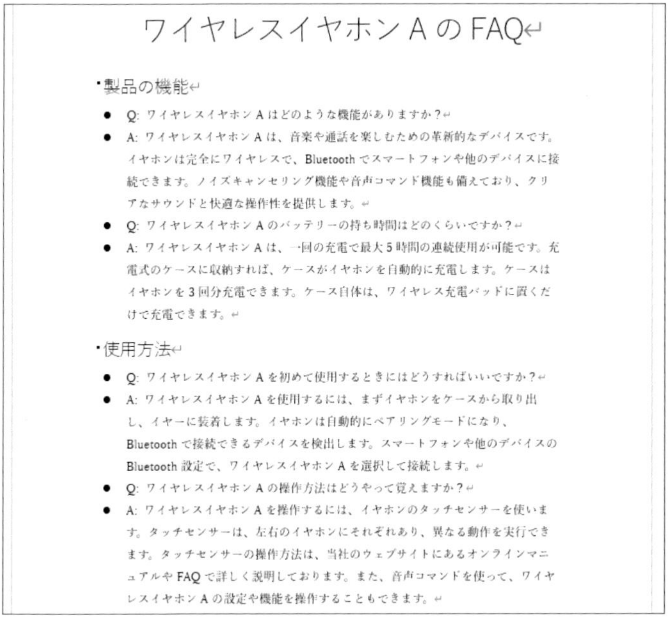

ワイヤレスイヤホンAのFAQ

・製品の機能

- Q: ワイヤレスイヤホンAはどのような機能がありますか？
- A: ワイヤレスイヤホンAは、音楽や通話を楽しむための革新的なデバイスです。イヤホンは完全にワイヤレスで、Bluetoothでスマートフォンや他のデバイスに接続できます。ノイズキャンセリング機能や音声コマンド機能も備えており、クリアなサウンドと快適な操作性を提供します。
- Q: ワイヤレスイヤホンAのバッテリーの持ち時間はどのくらいですか？
- A: ワイヤレスイヤホンAは、一回の充電で最大5時間の連続使用が可能です。充電式のケースに収納すれば、ケースがイヤホンを自動的に充電します。ケースはイヤホンを3回分充電できます。ケース自体は、ワイヤレス充電パッドに置くだけで充電できます。

・使用方法

- Q: ワイヤレスイヤホンAを初めて使用するときにはどうすればいいですか？
- A: ワイヤレスイヤホンAを使用するには、まずイヤホンをケースから取り出し、イヤーに装着します。イヤホンは自動的にペアリングモードになり、Bluetoothで接続できるデバイスを検出します。スマートフォンや他のデバイスのBluetooth設定で、ワイヤレスイヤホンAを選択して接続します。
- Q: ワイヤレスイヤホンAの操作方法はどうやって覚えますか？
- A: ワイヤレスイヤホンAを操作するには、イヤホンのタッチセンサーを使います。タッチセンサーは、左右のイヤホンにそれぞれあり、異なる動作を実行できます。タッチセンサーの操作方法は、当社のウェブサイトにあるオンラインマニュアルやFAQで詳しく説明しております。また、音声コマンドを使って、ワイヤレスイヤホンAの設定や機能を操作することもできます。

図66-4

図66-5のようにサンプルデータWord_WirelessEarbudsFAQ.docxをプロンプトに与え、Copilotに書き直しを指示してみよう。

❶プロンプトを入力
❷添付ファイルを選択
❸［生成］を押下
Copilot を使って下書き
#文書の回答部分を簡潔に書き直してください。ただし#制約条件を遵守してください。
#制約条件
・質問部分はそのまま出力してください。
・見出しを付けなおして下さい。
#文書
Word_WirelessEarbudsFAQ.docx
116/2000
生成
キャンセル
ファイルの参照
図66-5

すると図66-6の文書が生成され、簡潔な文章になったことがわかる。
簡潔にする場合も詳細にする場合と同様に、現時点（2024年2月）では具体的なページ数を指定して文章を短くすることはできないので注意が必要である。

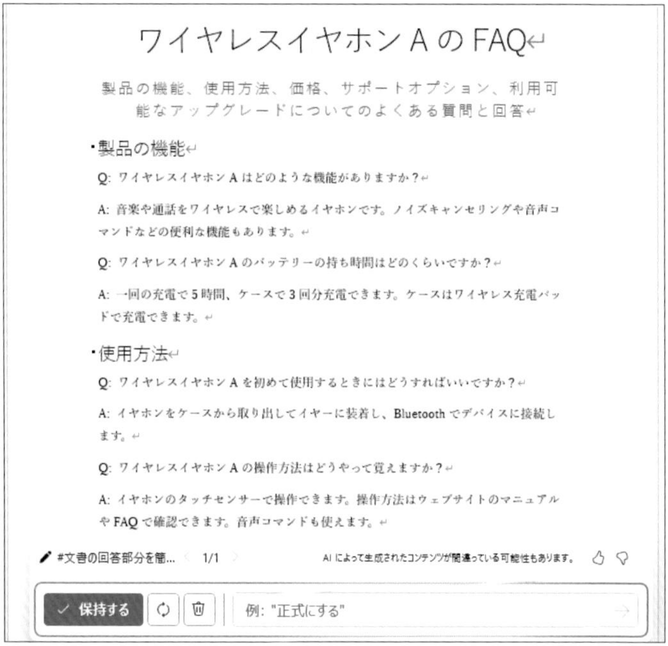
ワイヤレスイヤホンAのFAQ
製品の機能、使用方法、価格、サポートオプション、利用可能なアップグレードについてのよくある質問と回答
・製品の機能
Q: ワイヤレスイヤホンAはどのような機能がありますか？
A: 音楽や通話をワイヤレスで楽しめるイヤホンです。ノイズキャンセリングや音声コマンドなどの便利な機能もあります。
Q: ワイヤレスイヤホンAのバッテリーの持ち時間はどのくらいですか？
A: 一回の充電で5時間、ケースで3回分充電できます。ケースはワイヤレス充電パッドで充電できます。
・使用方法
Q: ワイヤレスイヤホンAを初めて使用するときにはどうすればいいですか？
A: イヤホンをケースから取り出してイヤーに装着し、Bluetoothでデバイスに接続します。
Q: ワイヤレスイヤホンAの操作方法はどうやって覚えますか？
A: イヤホンのタッチセンサーで操作できます。操作方法はウェブサイトのマニュアルやFAQで確認できます。音声コマンドも使えます。
#文書の回答部分を簡...
1/1
AI によって生成されたコンテンツが間違っている可能性もあります。
保持する
例: "正式にする"
図66-6

LESSON 67

教材ファイル ▶ Word_WirelessEarbudsProductInfo_PreRephrased.docx

文章の言い回しを変えた候補を出してもらおう

自分が作成した文章がその場面に適した言い回しになっているか悩んだ経験がある人は多いのではなかろうか。Copilotに言い回しの候補を出してもらい、場面に適した言い回しを見つけていこう。

1 文章の言い回しを変えた候補を出す

言い回しを変える手順を以下に示す。

- Shift キーを押下しながら方向キーを使用して、書き換えるテキストを選択する。
- Alt キーを押下しながら I キーを押下してCopilotコンボボックスを開き、[書き換え] を選択する。Copilotは書き換え候補（通常は3つ）を生成する。
- [次の下書き] ボタンまたは [前の下書き] ボタンを選択して、Copilotが生成した書き換え候補の文章を確認する。
- 適切な書き換え候補を表示した状態で[置換]ボタンを押下し、既存のコンテンツを選択した候補に置き換える。
  A) [下に挿入] ボタンを選択して、選択したテキストの下に候補を挿入する。
  B) [再生成] アイコンを選択して、新しい応答を生成する。

図67-1のようなビジネス文書として不適切な話し言葉の文書のサンプルデータWord_WirelessEarbudsProductInfo_PreRephrased.docxを書き換えてみよう。すると、候補の1つとして図67-2の文章が生成された。一部は書き換えても適切とは言えない言い回しが残っているため、次のステップでトーンを指定して変更してみよう。

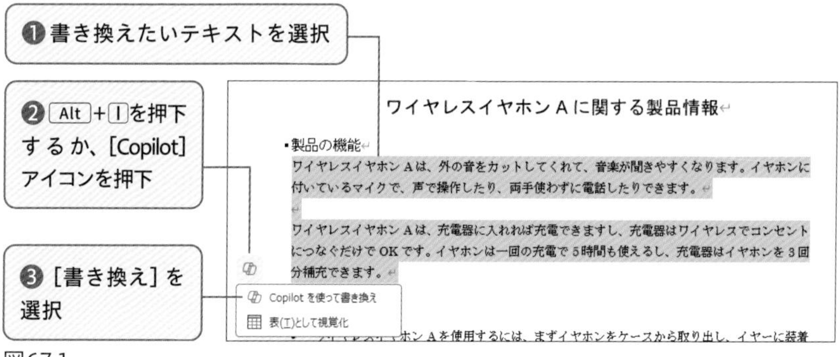
❶書き換えたいテキストを選択
❷ Alt + I を押下するか、[Copilot] アイコンを押下
❸ [書き換え] を選択
ワイヤレスイヤホン A に関する製品情報
▪製品の機能
ワイヤレスイヤホン A は、外の音をカットしてくれて、音楽が聞きやすくなります。イヤホンに付いているマイクで、声で操作したり、両手使わずに電話したりできます。
ワイヤレスイヤホン A は、充電器に入れれば充電できますし、充電器はワイヤレスでコンセントにつなぐだけで OK です。イヤホンは一回の充電で 5 時間も使えるし、充電器はイヤホンを 3 回分補充できます。
Copilot を使って書き換え
表(T)として視覚化
ホン A を使用するには、まずイヤホンをケースから取り出し、イヤーに装着

図67-1

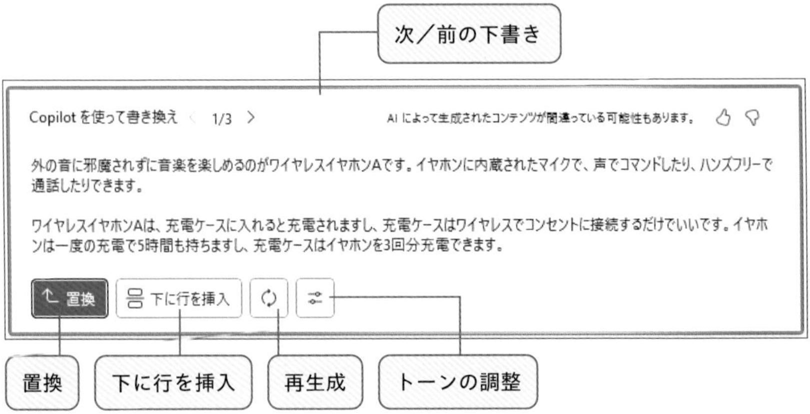
次／前の下書き
Copilot を使って書き換え 1/3
AI によって生成されたコンテンツが間違っている可能性もあります。
外の音に邪魔されずに音楽を楽しめるのがワイヤレスイヤホンAです。イヤホンに内蔵されたマイクで、声でコマンドしたり、ハンズフリーで通話したりできます。
ワイヤレスイヤホンAは、充電ケースに入れると充電されますし、充電ケースはワイヤレスでコンセントに接続するだけでいいです。イヤホンは一度の充電で5時間も持ちますし、充電ケースはイヤホンを3回分充電できます。
置換
下に行を挿入
置換
下に行を挿入
再生成
トーンの調整
図67-2

ただし、現時点(2024年2月)ではプレーンテキストの1つの段落に対してのみ書き換えできるという制約がある。

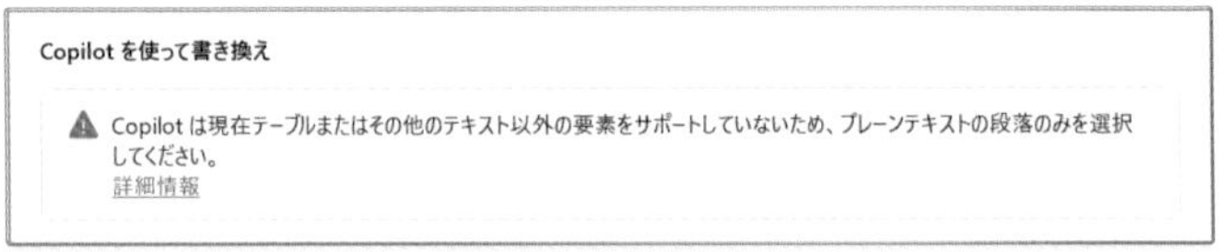
Copilot を使って書き換え
Copilot は現在テーブルまたはその他のテキスト以外の要素をサポートしていないため、プレーンテキストの段落のみを選択してください。
詳細情報
図67-3

2 文章のトーンを変更する

Copilotではトーンを指定して言い回しを変える候補を出すことが可能だ。Copilotが書き換えの候補を提案したら、図67-4のように[トーンの調整]メニューを開き、トーンを例えば「プロフェッショナル」に変更し、[再生成]を押下する。

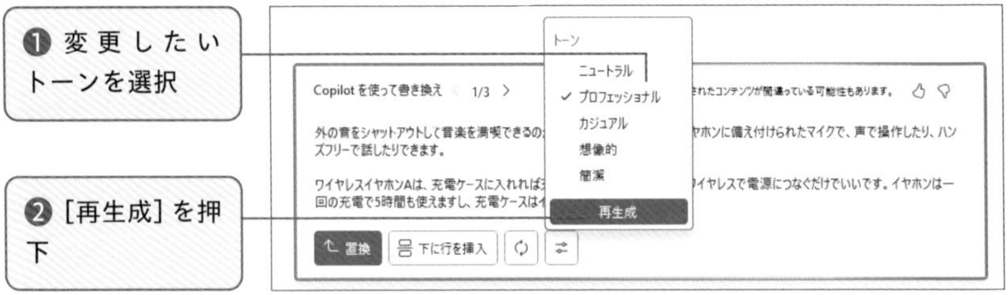
❶ 変更したいトーンを選択
❷ [再生成]を押下
トーン
ニュートラル
プロフェッショナル
カジュアル
想像的
簡潔
再生成
Copilot を使って書き換え 1/3
置換
下に行を挿入
図67-4

すると、図67-5のようにプロフェッショナルのトーンで書き換えの候補が提案された。

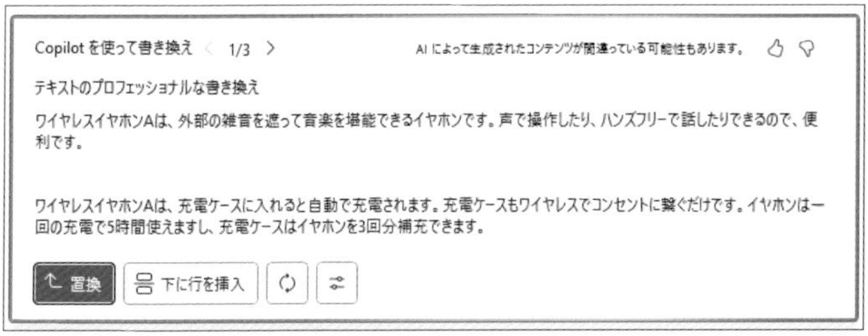
Copilot を使って書き換え 1/3
AI によって生成されたコンテンツが間違っている可能性もあります。
テキストのプロフェッショナルな書き換え
ワイヤレスイヤホンAは、外部の雑音を遮って音楽を堪能できるイヤホンです。声で操作したり、ハンズフリーで話したりできるので、便利です。
ワイヤレスイヤホンAは、充電ケースに入れると自動で充電されます。充電ケースもワイヤレスでコンセントに繋ぐだけです。イヤホンは一回の充電で5時間使えますし、充電ケースはイヤホンを3回分補充できます。
置換
下に行を挿入
図67-5

LESSON

教材ファイル ▶ Word_WirelessEarbudsProductInfo.docx

68 文書の内容を要約してもらおう

長い文書は、内容を把握するには時間かかる。Copilotは文書の要約機能を備えており、短時間で主な内容を理解できるようにしてくれる。

1 文書の内容を要約する

既存の文書を開き、Copilotウィンドウに以下のプロンプトを入力すると文書が要約される。

「このドキュメントを要約する」

例としてサンプルデータWord_WirelessEarbudsProductInfo.docxを開き、Copilotウィンドウに上記のプロンプトを入力してみよう。すると以下のように要約してくれた。

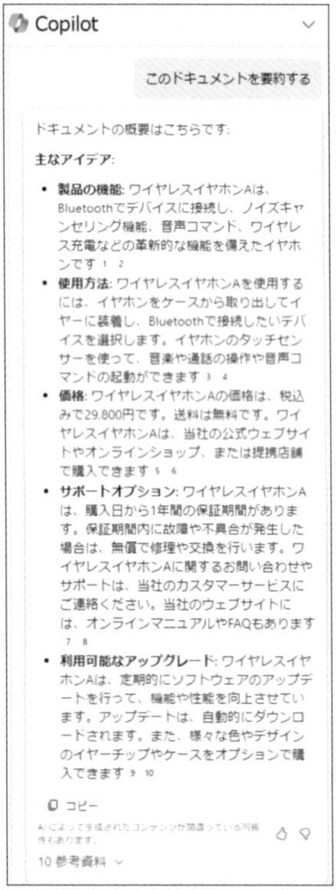
Copilot
このドキュメントを要約する
ドキュメントの概要はこちらです:
主なアイデア:
• 製品の機能: ワイヤレスイヤホンAは、Bluetoothでデバイスに接続し、ノイズキャンセリング機能、音声コマンド、ワイヤレス充電などの革新的な機能を備えたイヤホンです 1 2
• 使用方法: ワイヤレスイヤホンAを使用するには、イヤホンをケースから取り出してイヤーに装着し、Bluetoothで接続したいデバイスを選択します。イヤホンのタッチセンサーを使って、音楽や通話の操作や音声コマンドの起動ができます 3 4
• 価格: ワイヤレスイヤホンAの価格は、税込みで29,800円です。送料は無料です。ワイヤレスイヤホンAは、当社の公式ウェブサイトやオンラインショップ、または提携店舗で購入できます 5 6
• サポートオプション: ワイヤレスイヤホンAは、購入日から1年間の保証期間があります。保証期間内に故障や不具合が発生した場合は、無償で修理や交換を行います。ワイヤレスイヤホンAに関するお問い合わせやサポートは、当社のカスタマーサービスにご連絡ください。当社のウェブサイトには、オンラインマニュアルやFAQもあります 7 8
• 利用可能なアップグレード: ワイヤレスイヤホンAは、定期的にソフトウェアのアップデートを行って、機能や性能を向上させています。アップデートは、自動的にダウンロードされます。また、様々な色やデザインのイヤーチップやケースをオプションで購入できます 9 10
コピー
10 参考資料

図68-1

LESSON

教材ファイル ▶ Word_WirelessEarbudsProductInfo.docx

69 文書に関する質問に答えてもらおう

文書が長いと自分が得たい情報がどこにあるのかを探すのに時間がかかる。Copilotでは文書の記載内容に関する質問をすることができ、得たい情報をすぐに取得できる。

1 文書に関する質問をする

既存の文書を開き、Copilotウィンドウに以下のプロンプトを入力すると質問に答えてくれる。

「質問: <質問の内容を入力>」

ここでは、ワイヤレスイヤホンの製品情報の内容を質問する例を紹介する。図69-1のようにサンプルデータWord_WirelessEarbudsProductInfo.docxで税込み価格を質問してみよう。すると正しく回答してくれた。

Copilot
質問: ワイヤレスイヤホンAの税込み価格は?
ドキュメントによると: ワイヤレスイヤホンAの税込み価格は**29,800円**です。 1
コピー
AI によって生成されたコンテンツが間違っている可能性もあります。
1 参照

図69-1

なお、文書の記載内容に無いこともCopilotへ質問できる。文書の内容を検索して回答した場合は、「ドキュメントによると:」と表示され、検索せず回答した場合は「この回答はドキュメントに基づいていません:」と表示される。

LESSON

教材ファイル ▶ Word_WirelessEarbudsProductInfo.docx

70 文章を表に変換してもらおう

文章だけでは伝わりにくいため、表を使うこともあるのではないだろうか。Copilotは文章から表への変換を支援し、簡単に情報を可視化することができる。

1 表の下書きを作成する

以下の手順で文章を表に変換することができる。[32]

1. Copilotにテーブルに変換してもらうテキストを選択する。
2. Alt + I キーを押下するか、左余白のCopilotアイコンを押下し、Copilotコンボボックスを開く。
3. [表(T)として視覚化] を選択する。

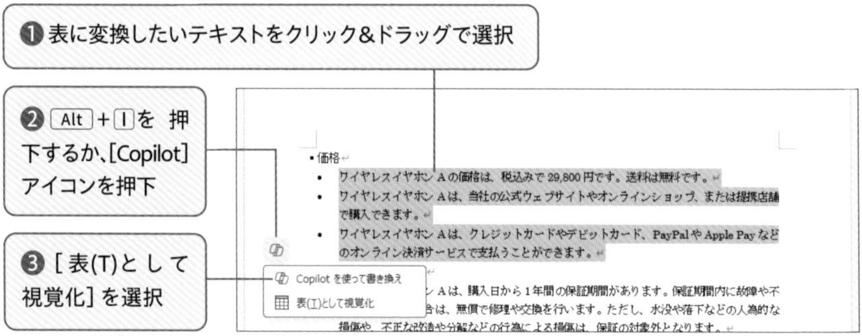

❶ 表に変換したいテキストをクリック&ドラッグで選択
❷ Alt + I を押下するか、[Copilot]アイコンを押下
❸ [表(T)として視覚化] を選択
価格
ワイヤレスイヤホン A の価格は、税込みで 29,800 円です。送料は無料です。
ワイヤレスイヤホン A は、当社の公式ウェブサイトやオンラインショップ、または提携店舗で購入できます。
ワイヤレスイヤホン A は、クレジットカードやデビットカード、PayPal や Apple Pay などのオンライン決済サービスで支払うことができます。
Copilot を使って書き換え
表(T)として視覚化
ン A は、購入日から 1 年間の保証期間があります。保証期間内に故障や不
合は、無償で修理や交換を行います。ただし、水没や落下などの人為的な
損傷や、不正な改造や分解などの行為による損傷は、保証の対象外となります。

図70-1

例として、ワイヤレスイヤホンの製品情報のサンプルデータWord_WirelessEarbudsProductInfo.docxを開き、価格について表を作成してみよう。すると、図70-2のような表が作成された。

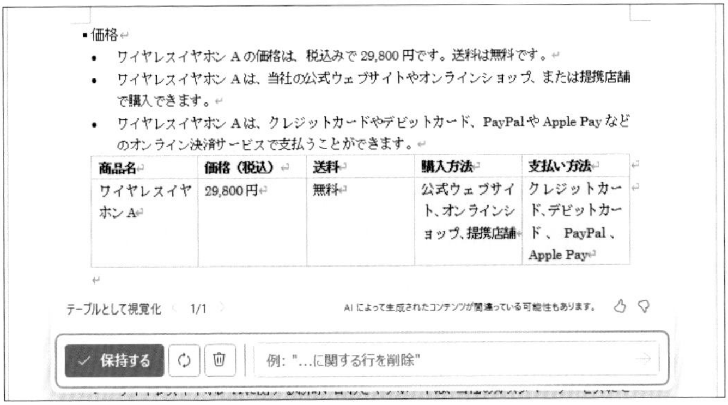
▪価格
ワイヤレスイヤホン A の価格は、税込みで 29,800 円です。送料は無料です。
ワイヤレスイヤホン A は、当社の公式ウェブサイトやオンラインショップ、または提携店舗で購入できます。
ワイヤレスイヤホン A は、クレジットカードやデビットカード、PayPal や Apple Pay などのオンライン決済サービスで支払うことができます。
商品名
価格（税込）
送料
購入方法
支払い方法
ワイヤレスイヤホン A
29,800円
無料
公式ウェブサイト、オンラインショップ、提携店舗
クレジットカード、デビットカード、PayPal、Apple Pay
テーブルとして視覚化 1/1
AI によって生成されたコンテンツが間違っている可能性もあります。
保持する
例: "…に関する行を削除"
図70-2

2 表を微調整する

表を作成したら表示されるボックスでは、通常の下書き同様、「保持」「再生成」「指示の変更」「微調整」「破棄」の5アクションをとることができる。
微調整は以下のプロンプトで実行できる。

「<微調整したい内容を入力 >」

ただし、テーブルの書式設定の変更は微調整でサポートされていないので、Wordリボンのテーブルオプションを使用してテーブルの書式設定を変更する必要がある。[32]
図70-2で作成した表に対して「商品名の列を削除する」と指示すると、図70-3のように指示通り列が削除されたことがかわかる。

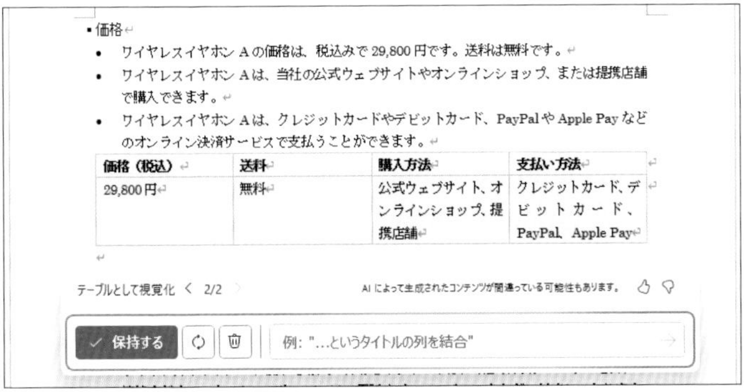
▪価格
ワイヤレスイヤホン A の価格は、税込みで 29,800 円です。送料は無料です。
ワイヤレスイヤホン A は、当社の公式ウェブサイトやオンラインショップ、または提携店舗で購入できます。
ワイヤレスイヤホン A は、クレジットカードやデビットカード、PayPal や Apple Pay などのオンライン決済サービスで支払うことができます。
価格（税込）
送料
購入方法
支払い方法
29,800円
無料
公式ウェブサイト、オンラインショップ、提携店舗
クレジットカード、デビットカード、PayPal、Apple Pay
テーブルとして視覚化 2/2
AI によって生成されたコンテンツが間違っている可能性もあります。
保持する
例: "…というタイトルの列を結合"
図70-3

LESSON 71　教材ファイル ▶ Word_CampaignSampleData.xlsx / WordFinancialSampleData.csv / WordFinancialSampleData.docx

表からレポートを作成しよう

Excelなどで作成したテーブルデータに関して、サマリや結論を作成するケースは多い。Copilotではテーブルデータをプロンプトに与えることで、表の内容から見受けられる特徴を捉えた文章を作成することができる。

1 表からレポートを作成する

［Copilotを使って下書き］ボックスに以下のプロンプトを入力するとテーブルデ　タから文章が作成される。

「<Excelをコピーし貼付>」

以下は図71-1のようなキャンペーンの結果を表から文章に変換した結果である。サンプルデータWord_CampaignSampleData.xlsxのセルを全選択してをコピーし、図71-2のようにプロンプトに貼付けて［生成］ボタンを押下する。すると図71-3のようなレポートが作成された。効果的であったキャンペーンやそうでないキャンペーンに加え、サマリも作成された。

	キャンペーンの所有者	キャンペーン名	開始日	キャンペーンの種類	予算	収益	対象ユーザーの総数	エンゲージされたユーザー
2	Halima, Yakubu	1 月下旬のメール	27-Jan	デジタル マーケティング	$ 500	$ 6,980	4,205	465
3	Kovaleva, Anna	ビルボード (小)	29-Jan	ブランド マーケティング	$ 250	$ 4,732	2,000	500
4	Smith, Avery	ビルボード (大)	3-Feb	ブランド マーケティング	$ 4,500	$ 5,632	10,000	362
5	Glazkov, Ilya	製品レビュー 3 倍	16-Jan	カスタマー エクスペリエンス	$ 2,750	$ 5,676	35,000	5,418
6	Lawson, Andre	対象 - グループ 1	26-Jan	デジタル マーケティング	$ 5,800	$ 136	10,000	285
7	Cartier, Christian	ビルボード (小)	3-Jan	ブランド マーケティング	$ 800	$ 8,703	2,500	496
8	Barden, Malik	業界カンファレンス	23-Feb	カスタマー エクスペリエンス	$ 600	$ 4,540	950	618
9	Macedo, Beatriz	対象 - グループ 2	25-Feb	デジタル マーケティング	$ 800	$ 788	2,000	367
10	Halima, Yakubu	2 月のメール - 北	11-Feb	デジタル マーケティング	$ 500	$ 12,423	4,205	902
11	Halima, Yakubu	2 月のメール - 南	12-Feb	デジタル マーケティング	$ 500	$ 9,293	3,687	673
12	Halima, Yakubu	2 月のメール - 西	13-Feb	デジタル マーケティング	$ 500	$ 16,342	5,278	1,029
13	Connors, Morgan	製品メンション 5 倍	17-Feb	カスタマー エクスペリエンス	$ 635	$ 2,208	55,000	1,470

図71-1

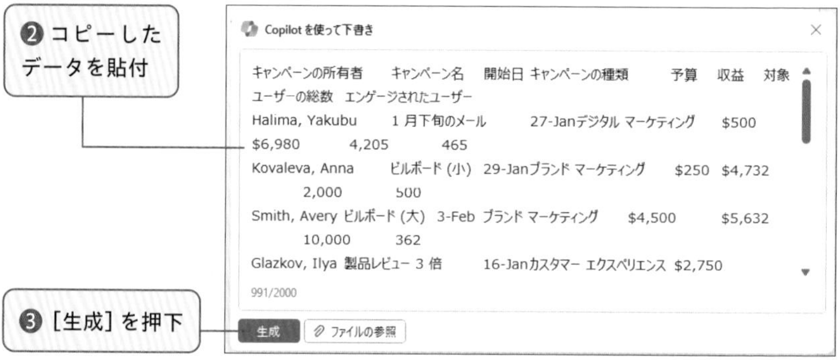

図71-2

キャンペーンの結果報告

2021年1月～2月

・はじめに

この文書では、2021年1月～2月に実施したマーケティングとカスタマー エクスペリエンスのキャンペーンの結果を分析し、効果的だったものと改善すべきものを報告します。キャンペーンの結果は、予算、収益、対象ユーザーの総数、エンゲージされたユーザーの数と割合で評価します。

・効果的だったキャンペーン

効果的だったキャンペーンは以下の通りです。

- Halima, Yakubu 氏が担当したデジタル マーケティングのキャンペーンは、予算に対する収益の比率が最も高く、エンゲージメント率も高かったです。特に、2月のメールキャンペーンは、地域別に分けて送信することで、対象ユーザーのニーズに応えることができました。
- Glazkov, Ilya 氏が担当したカスタマー エクスペリエンスのキャンペーンは、製品レビューの数を3倍に増やすことに成功しました。これは、ユーザーにレビューを書くインセンティブを提供し、レビューの品質と信頼性を向上させることで、製品の認知度と評価を高めることができました。
- Cartier, Christian 氏が担当したブランド マーケティングのキャンペーンは、ビルボードのサイズに関係なく、高い収益とエンゲージメント率を達成しました。これは、ビルボードのデザインとメッセージが魅力的で、ユーザーの興味を引くことができたからです。

・改善すべきキャンペーン

改善すべきキャンペーンは以下の通りです。

- Lawson, Andre 氏が担当したデジタル マーケティングのキャンペーンは、予算に対する収益の比率が最も低く、エンゲージメント率も低かったです。これは、対象ユーザーのグループが明確に定義されておらず、キャンペーンの内容がユーザーのニーズに合わなかったからです。
- Macedo, Beatriz 氏が担当したデジタル マーケティングのキャンペーンは、予算に対する収益の比率が低く、エンゲージメント率も低かったです。これは、対象ユーザーのグループが Lawson, Andre 氏のキャンペーンと重複しており、キャンペーンの内容がユーザーに飽きられていたからです。
- Smith, Avery 氏が担当したブランド マーケティングのキャンペーンは、ビルボードのサイズが大きいにもかかわらず、収益とエンゲージメント率が低かったです。これは、ビルボードのデザインとメッセージが単調で、ユーザーの注意を引くことができなかったからです。
- Connors, Morgan 氏が担当したカスタマー エクスペリエンスのキャンペーンは、製品メンションの数を5倍に増やすことに失敗しました。これは、ユーザーにメンションを書くインセンティブが不十分で、メンションの品質と信頼性が低かったからです。

・まとめと提言

この文書では、2021年1月～2月に実施したキャンペーンの結果を分析し、効果的だったものと改善すべきものを報告しました。効果的だったキャンペーンは、予算に対する収益の比率が高く、エンゲージメント率も高かったものでした。これらのキャンペーンは、対象ユーザーのニーズに応える内容やインセンティブを提供し、魅力的なデザインとメッセージを伝えることができました。改善すべきキャンペーンは、予算に対する収益の比率が低く、エンゲージメント率も低かったものでした。これらのキャンペーンは、対象ユーザーのグループが明確に定義されていなかったり、重複していたり、内容やインセンティブがユーザーに飽きられていたり、デザインとメッセージが単調であったりしました。

今後のキャンペーンの改善のために、以下の提言をします。

- 対象ユーザーのグループを明確に定義し、ユーザーのニーズや関心に合わせたキャンペーンの内容を考えること。
- ユーザーにエンゲージメントを促すインセンティブを提供し、製品の認知度や評価を高めること。
- キャンペーンのデザインとメッセージを魅力的にし、ユーザーの注意を引くこと。
- キャンペーンの効果を定期的に測定し、必要に応じて修正すること。

図71-3

現時点（2024年2月）では下書きボックスに入力できるプロンプトの文字数は2,000文字までという制約がある。上記の例では13行×7列と小さなデータであるが、991文字であることから、小さいデータにしか適応できない。ただし、次ステップで紹介するWordファイルに表データをテキストとして貼り付ける方法を使えば、利用できるデータサイズを増やすことができる。

2 表を転記した文書を元にレポートを作成する

Excelやcsvのデータをコピーし Wordの新規文書にテキスト形式で貼り付けると、利用できるデータサイズを増やすことができる。 現時点（2024年2月）では150行×17列の約30,000文字までのデータを使用可能であることが確認できている。

以下のプロンプトを入力すると、表データを貼り付けた文書からサマリレポートを作成できる。

「この文書内の表データのサマリレポートを作成してください。
<ファイルを選択>」

例として図71-4のフィナンシャルデータ[34]のサマリを作成する。まず値の入ったセルをすべてコピーし、図71-5のようにWordの新規文書にテキスト形式で貼り付ける。

	A	B	C	D	E	F	G	H	I	J	K	L	M	N	O	P	Q
1	Account	Businees	Currency	Year	Scenario	Jan	Feb	Mar	Apr	May	Jun	Jul	Aug	Sep	Oct	Nov	Dec
2	Sales	Software	USD	2012	Actuals	($99,609)	($8,982)	$34,722	$47,920	($40,899)	$79,799	($74,039)	($9,090)	$5,320	$23,137	$92,067	$74,147
3	Sales	Software	USD	2012	Forecast	($33,966)	($16,896)	($3,999)	$71,298	$51,915	($25,304)	($6,522)	$31,951	($73,333)	($9,622)	$80,466	($64,249)
4	Sales	Software	EUR	2012	Actuals	$28,612	($81,406)	$32,970	$86,836	($48,449)	$74,433	($34,722)	$62,702	($37,458)	($13,716)	$12,682	($68,977)
5	Sales	Software	EUR	2012	Forecast	$79,391	$99,500	$93,367	$3,741	($22,266)	$62,811	$8,682	($60,817)	($28,527)	($38,179)	$97,419	$78,077
6	Sales	Software	JPY	2012	Actuals	($2,134)	($69,579)	$72,413	($48,016)	($77,428)	$53,565	($3,604)	($83,300)	$95,119	$75,824	$97,188	($83,471)
7	Sales	Software	JPY	2012	Forecast	($71,618)	($61,451)	($39,575)	($54,849)	$32,926	($2,878)	$46,766	($57,012)	($3,417)	$69,930	$44,335	($94,523)
8	Sales	Hardware	USD	2012	Actuals	($71,956)	($78,966)	$98,212	$60,209	$3,922	($5,204)	($41,407)	$72,002	($89,124)	$51,554	$4,604	($83,318)
9	Sales	Hardware	USD	2012	Forecast	$5,217	($93,583)	($75,158)	($14,508)	$39,408	($14,517)	($48,570)	$65,696	($32,984)	($24,408)	$66,753	($35,509)
10	Sales	Hardware	EUR	2012	Actuals	($62,429)	$25,831	$74,720	$79,692	($48,171)	($16,722)	($7,267)	($5,788)	$19,095	$9,006	($85,027)	($4,559)
11	Sales	Hardware	EUR	2012	Forecast	$4,377	$59,842	($94,755)	($28,300)	($30,779)	($11,836)	($22,343)	$54,062	$60,944	($17,504)	($41,148)	($33,502)

図71-4

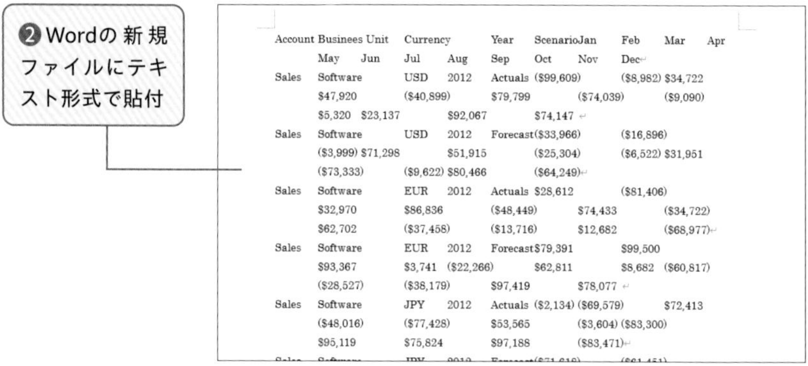

図71-5

続いて図71-6のプロンプトを入力し、「生成」を選択する。

図71-6

すると、図71-7の様なサマリレポートが作成された。
それらしいレポートが作成されたが、今回の例ではレポートのもととなったファイナンシャルデータとレポート内容に誤りがあることが分かる。
（例えば、ソフトウェア事業部門の米ドルでの売上は、2012年にピークを迎えているのは正しいが、金額は月別では$92,067、年間では$124,493である。）
Copilotが生成した結果の真偽は、必ず人間がしっかりとチェックしよう。
なお、生成内容の真偽はさておき、レポートの切り口などは参考にできるところもあるため、ぜひ活用してみてほしい。

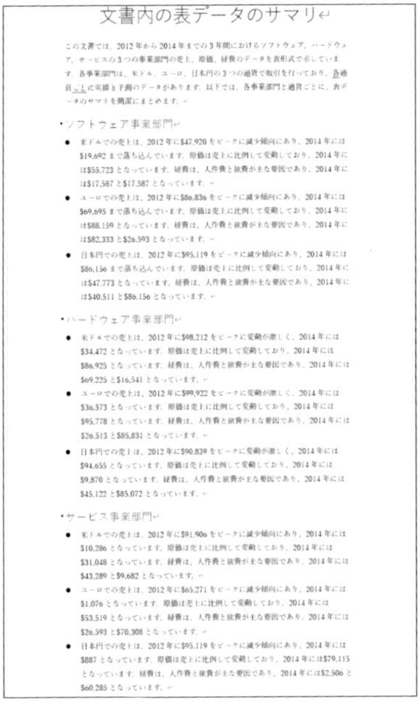

文書内の表データのサマリ

この文書では、2012年から2014年までの3年間におけるソフトウェア、ハードウェア、サービスの3つの事業部門の売上、原価、経費のデータを表形式で示しています。各事業部門は、米ドル、ユーロ、日本円の3つの通貨で取引を行っており、各通貨ごとに実績と予測のデータがあります。以下では、各事業部門と通貨ごとに、表データのサマリを簡潔にまとめます。

・ソフトウェア事業部門

- 米ドルでの売上は、2012年に$47,920をピークに減少傾向にあり、2014年には$19,692まで落ち込んでいます。原価は売上に比例して変動しており、2014年には$55,723となっています。経費は、人件費と旅費が主な要因であり、2014年には$17,587と$17,587となっています。
- ユーロでの売上は、2012年に$86,836をピークに減少傾向にあり、2014年には$69,695まで落ち込んでいます。原価は売上に比例して変動しており、2014年には$88,159となっています。経費は、人件費と旅費が主な要因であり、2014年には$82,333と$26,593となっています。
- 日本円での売上は、2012年に$95,119をピークに減少傾向にあり、2014年には$86,156まで落ち込んでいます。原価は売上に比例して変動しており、2014年には$47,773となっています。経費は、人件費と旅費が主な要因であり、2014年には$40,511と$86,156となっています。

・ハードウェア事業部門

- 米ドルでの売上は、2012年に$98,212をピークに変動が激しく、2014年には$34,472となっています。原価は売上に比例して変動しており、2014年には$86,925となっています。経費は、人件費と旅費が主な要因であり、2014年には$69,225と$16,541となっています。
- ユーロでの売上は、2012年に$99,922をピークに変動が激しく、2014年には$36,573となっています。原価は売上に比例して変動しており、2014年には$95,778となっています。経費は、人件費と旅費が主な要因であり、2014年には$26,513と$85,831となっています。
- 日本円での売上は、2012年に$90,839をピークに変動が激しく、2014年には$94,655となっています。原価は売上に比例して変動しており、2014年には$9,870となっています。経費は、人件費と旅費が主な要因であり、2014年には$45,122と$85,072となっています。

・サービス事業部門

- 米ドルでの売上は、2012年に$91,906をピークに減少傾向にあり、2014年には$10,286となっています。原価は売上に比例して変動しており、2014年には$31,048となっています。経費は、人件費と旅費が主な要因であり、2014年には$43,289と$9,682となっています。
- ユーロでの売上は、2012年に$65,271をピークに減少傾向にあり、2014年には$1,076となっています。原価は売上に比例して変動しており、2014年には$53,519となっています。経費は、人件費と旅費が主な要因であり、2014年には$26,593と$70,308となっています。
- 日本円での売上は、2012年に$95,119をピークに減少傾向にあり、2014年には$887となっています。原価は売上に比例して変動しており、2014年には$79,115となっています。経費は、人件費と旅費が主な要因であり、2014年には$2,506と$60,285となっています。

図71-7

3 表から指定した情報を抽出する

Excelデータをそのまま貼付けるだけでも多くの情報が得られたが、必要のない情報が多いこともあるだろう。以下のプロンプトを［Copilotを使って下書き］ボックスに入力し指示することで抽出したい情報に限定して取得することができる。

「以下の表から最も効果的だったキャンペーンと最もコスト効率が高かったキャンペーンを特定してください。
<Excelをコピーし貼付>」

以下は最も効果的だったキャンペーンと最もコスト効率が高かったキャンペーンを特定する例である。図71-8のようにサンプルデータWord_CampaignSampleData.xlsxのセルを全選択してコピーし、プロンプトを入力して［生成］ボタンを押下すると、図71-9の文書が作成され、抽出したい情報を取得できた。

❶プロンプトを入力
❷Excelから表データをコピーし貼付
❸［生成］を押下
Copilot を使って下書き
以下の表から最も効果的だったキャンペーンと最もコスト効率が高かったキャンペーンを特定してください。
Halima, Yakubu 1 月下旬のメール 27-Jan デジタル マーケティング $500 $6,980 4,205 465
Kovaleva, Anna ビルボード (小) 29-Jan ブランド マーケティング $250 $4,732 2,000 500
Smith, Avery ビルボード (大) 3-Feb ブランド マーケティング $4,500 $5,632 10,000 362
Glazkov, Ilya 製品レビュー 3 倍 16-Jan カスタマー エクスペリエンス $2,750 $5,676 35,000 5,418
Lawson, Andre 対象 - グループ 1 26-Jan デジタル マーケティング $5,800 $136 10,000 285
895/2000
生成
ファイルの参照
図71-8

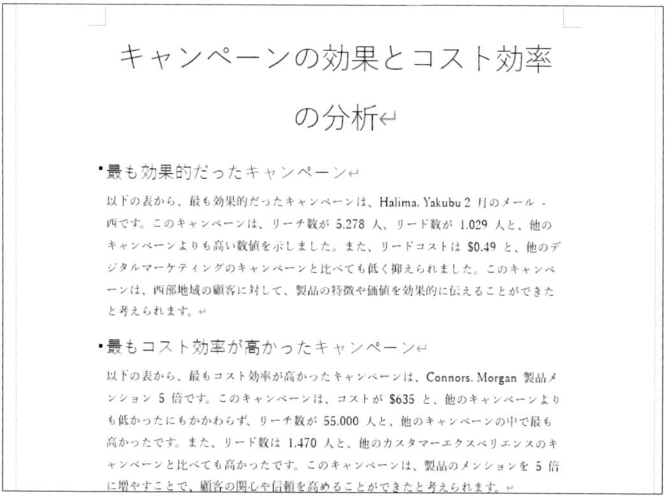
キャンペーンの効果とコスト効率の分析
最も効果的だったキャンペーン
以下の表から、最も効果的だったキャンペーンは、Halima, Yakubu 2 月のメール - 西です。このキャンペーンは、リーチ数が 5,278 人、リード数が 1,029 人と、他のキャンペーンよりも高い数値を示しました。また、リードコストは $0.49 と、他のデジタルマーケティングのキャンペーンと比べても低く抑えられました。このキャンペーンは、西部地域の顧客に対して、製品の特徴や価値を効果的に伝えることができたと考えられます。
最もコスト効率が高かったキャンペーン
以下の表から、最もコスト効率が高かったキャンペーンは、Connors, Morgan 製品メンション 5 倍です。このキャンペーンは、コストが $635 と、他のキャンペーンよりも低かったにもかかわらず、リーチ数が 55,000 人と、他のキャンペーンの中で最も高かったです。また、リード数は 1,470 人と、他のカスタマーエクスペリエンスのキャンペーンと比べても高かったです。このキャンペーンは、製品のメンションを 5 倍に増やすことで、顧客の関心や信頼を高めることができたと考えられます。
図71-9

/キーを活用しよう

［Copilotを使って下書き］ボックス内の［ファイルの参照］ボタンからファイルを選択する方法を紹介したが、より迅速な方法が存在する。プロンプト入力時に/キーとファイル名の初めの数文字を入力すると、該当するファイル候補が自動的に表示される。これにより、直接ファイルを選択して参照することができる。参照したいファイル名がわかる場合、このショートカットを使用してプロンプトの作成を効率化しよう。

新しい段落の先頭に下書きをするには

既存の文書内で新しい段落の作成を始める手順を紹介する。新しい段落の先頭でAlt＋Iキーを押下することで、［Copilotを使って下書き］ボックスが表示される。[33] このショートカットを利用することで、文書の任意の場所から迅速に下書きできるため、文書の中途から新しいアイデアやセクションを簡単に追加する際に特に便利である。

第7章

ExcelでのCopilotの活用テクニック

次は、Excel での Copilot の活用テクニックだ。
まずはアプリケーションを起動して、サンプルデータを見てみるところからはじめてみよう。Excel の Copilot は、テーブルに格納したデータの分析や可視化であなたを助けてくれる。データに関して質問することで理解を深めたり、統計量を確認することができる。また、さまざまグラフでデータを可視化することもできる。カラムを追加するなど、データの編集も可能だ。
なお、注意事項として、本書の現時点（2024 年 2 月）においては、プレビューバージョンで制限がある点に注意いただきたい。

Excel の Copilot の概要

Excel の Copilot でできること	• データに関するアプローチ方法を文章で依頼 • データを可視化するためのグラフを自動選択 • どこに注目すべきか、特定条件のセルのハイライトや並べ替え、フィルタリングの実施
プロンプトの例	• 相関関係がありそうな項目を洗い出し、データの分析情報を表示して • ［やりたいこと］を見るための数式列の候補を表示して • ［条件］のものだけ表示して
注意事項	• 始めに Excel を、OneDrive または SharePoint に保存する必要がある • Excel 内のデータを「Excel テーブル」として書式設定する必要がある

教材ファイル ▶ Excel_sample_data.xlsx

72 画面とアプリの起動方法

ExcelのCopilotは、OneDriveまたはSharePointに保存されたExcelファイルでのみ使うことができる。一度、Excelファイルを適切な場所に保存したうえで、Copilotの基本機能を見ていこう。

ExcelでのCopilotの主要画面は図72-1のとおりだ。まず気を付けてほしいのは、OneDriveまたはSharePointにExcelファイルを保存して初めてCopilotが起動可能となる点だ。あなたのCopilotアイコンがグレーアウトされている場合、まずはOneDriveまたはSharePointの適切な場所にExcelファイルを保存してから利用を開始してほしい。次に、ExcelでCopilotを利用するには、Excelシートのデータを選択する必要がある。選択しないうちはチャットウィンドウがグレーアウトされたままになるため、シートのCopilotで操作したいデータを選択しよう。
テーブルに格納されたデータに対しては、Copilotを活用して数式の追加、特定条件のセルのハイライト、並べ替えやフィルタリング、分析などを行うことができる。
また、入力欄下段の［プロンプトの表示］（本のようなアイコン）ボタンを押下することで、文字列の操作や数値計算した結果を新たな列として追加したり、特定の条件に合致する内容を表示したり、特定の条件に合致するセルの強調や行の並び替え・フィルタリングなどのプロンプト例を活用することができる。

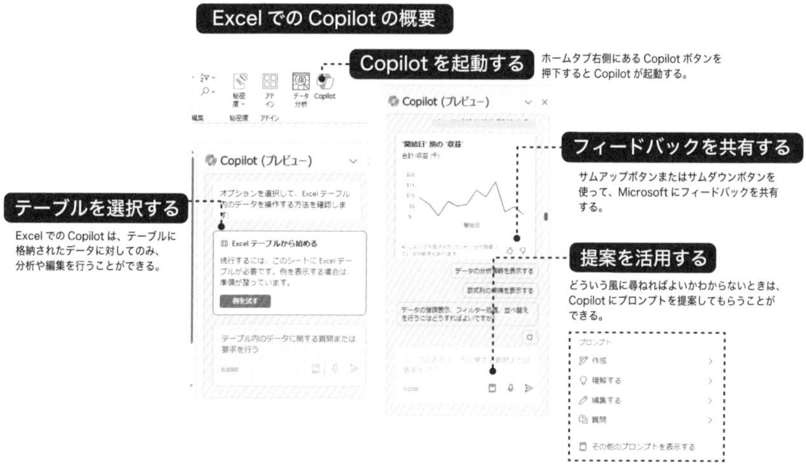
Excel での Copilot の概要
Copilot を起動する
ホームタブ右側にある Copilot ボタンを押下すると Copilot が起動する。
テーブルを選択する
Excel での Copilot は、テーブルに格納されたデータに対してのみ、分析や編集を行うことができる。
フィードバックを共有する
サムアップボタンまたはサムダウンボタンを使って、Microsoft にフィードバックを共有する。
提案を活用する
どういう風に尋ねればよいかわからないときは、Copilot にプロンプトを提案してもらうことができる。
Copilot (プレビュー)
Excel テーブルから始める
例を試す
テーブル内のデータに関する質問または要求を行う
プロンプト
作成
理解する
編集する
質問
その他のプロンプトを表示する

図72-1

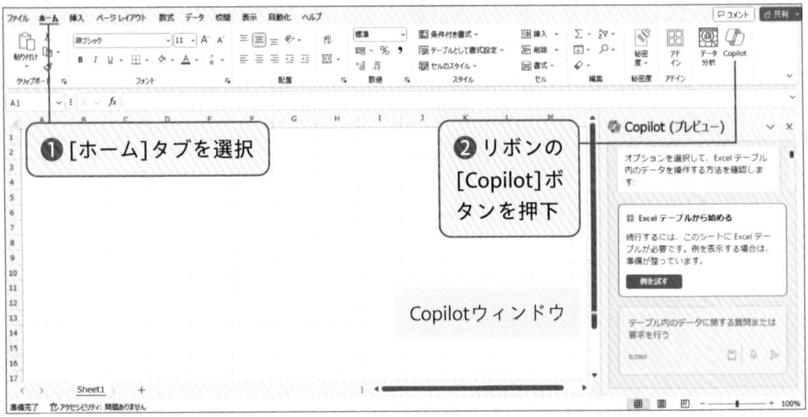

図72-2

ExcelのCopilotを起動するには、次の手順に従って実行する。

- ExcelをOneDriveまたはSharePoint上の特定の場所に保存する
- [ホーム] タブを選択する
- リボンの [Copilot] ボタンを押下する

現時点では次の制限がある。

- ワークシート内のデータはExcelテーブル形式に変換し、保存することが必要

LESSON 73

教材ファイル ▸ Excel_sample_data.xlsx

ExcelでのCopilotの活用シーンと活用ポイント

Excelはビジネスの現場で広く利用されている表計算ソフトであり、様々な分野でデータ分析やグラフ作成などに活用されている。そんなExcelにおけるCopilotの活用シーンを紹介しよう。

1 データの分析・可視化

Copilotは、データの集計や分析を素早くかつ正確に行うことを支援してくれる。例えば、売上やコストなどのデータを持っているとき、Copilotに「売上の平均を教えて」と質問するとすぐに回答してくれる。また、「売上の推移をグラフで示して」と指示すれば、容易にグラフを生成してくれる。

2 データの加工

Copilotは、文字列の結合や分割など、データの加工処理を支援してくれる。例えば、氏名や住所などのデータを持っている場合、Copilotに「氏名から姓だけ取り出して」と指示すれば、姓だけを抽出する関数の候補が生成され、関数と共にカラムを追加してくれる。他にも作業管理表などでステータスの値が「完了」や「済」が混在している場合などに、「完了と済は、完了に統一して」と指示すれば、「済」と入力されているセルの値を「完了」に置換してくれる。

3 データの整形

Copilotは、データの見た目や印象を改善することもできる。 例えば、データを表やグラフで見やすくしたい場合、Copilotに「B列で値が100を超えるセルをハイライトして」とか「C列が完了となっている行をグレーに塗りつぶして」と指示すると、Copilotは指示に沿った条件付き書式を生成し、セルを色付けしてくれる。

教材ファイル ▶ Excel_sample_data.xlsx

LESSON 74

データをCopilotで使用できるようにしよう

Copilotを利用するには、Excelファイルのシート内に表形式のデータを準備し、操作する対象を選択しておく必要がある。手っ取り早くCopilotの機能を試したいときにはCopilotにてサンプルデータを作成してもらうことができる。

まず初めに［Copilot］ボタンを押下すると、Copilotウィンドウ内に図74-1のメッセージが表示される。

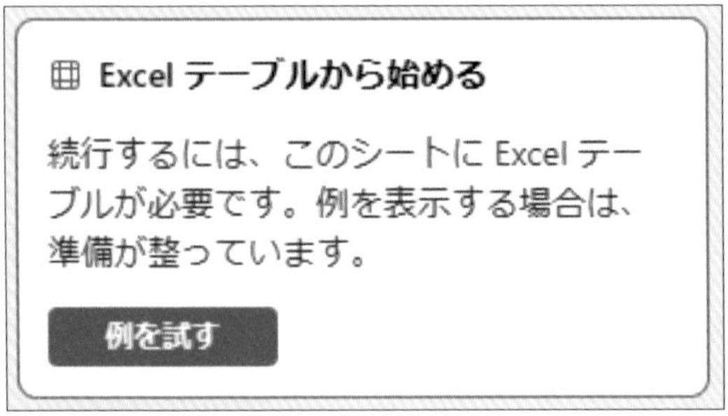
Excel テーブルから始める
続行するには、このシートに Excel テーブルが必要です。例を表示する場合は、準備が整っています。
例を試す

図74-1

図74-1のメッセージにある［例を試す］ボタンを押下してみよう。そうすると程なく、Excelの中に図74-2のような表形式のデータが生成される。

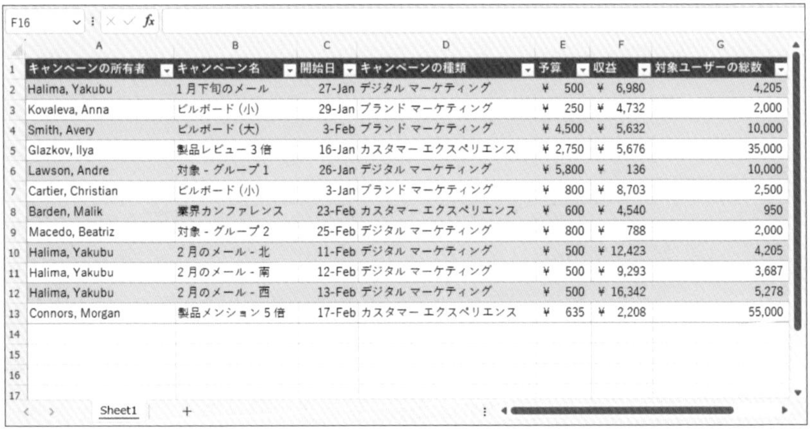

キャンペーンの所有者	キャンペーン名	開始日	キャンペーンの種類	予算	収益	対象ユーザーの総数
Halima, Yakubu	1月下旬のメール	27-Jan	デジタル マーケティング	¥ 500	¥ 6,980	4,205
Kovaleva, Anna	ビルボード (小)	29-Jan	ブランド マーケティング	¥ 250	¥ 4,732	2,000
Smith, Avery	ビルボード (大)	3-Feb	ブランド マーケティング	¥ 4,500	¥ 5,632	10,000
Glazkov, Ilya	製品レビュー 3 倍	16-Jan	カスタマー エクスペリエンス	¥ 2,750	¥ 5,676	35,000
Lawson, Andre	対象 - グループ 1	26-Jan	デジタル マーケティング	¥ 5,800	¥ 136	10,000
Cartier, Christian	ビルボード (小)	3-Jan	ブランド マーケティング	¥ 800	¥ 8,703	2,500
Barden, Malik	業界カンファレンス	23-Feb	カスタマー エクスペリエンス	¥ 600	¥ 4,540	950
Macedo, Beatriz	対象 - グループ 2	25-Feb	デジタル マーケティング	¥ 800	¥ 788	2,000
Halima, Yakubu	2月のメール - 北	11-Feb	デジタル マーケティング	¥ 500	¥ 12,423	4,205
Halima, Yakubu	2月のメール - 南	12-Feb	デジタル マーケティング	¥ 500	¥ 9,293	3,687
Halima, Yakubu	2月のメール - 西	13-Feb	デジタル マーケティング	¥ 500	¥ 16,342	5,278
Connors, Morgan	製品メンション 5 倍	17-Feb	カスタマー エクスペリエンス	¥ 635	¥ 2,208	55,000

図74-2

勿論、既に作成したデータがあればそれを使うこともできるが、Copilotは

「Excelテーブル」という形式でないと処理を受け付けてくれない。
既存のデータがExcelテーブル形式かどうかは、対象データを選択してみるだけで、Copilotが教えてくれる。もしExcelテーブル形式でなければ、Copilotの指示に従い［変換］ボタンを押下すれば、Copilotが形式変換してくれる。

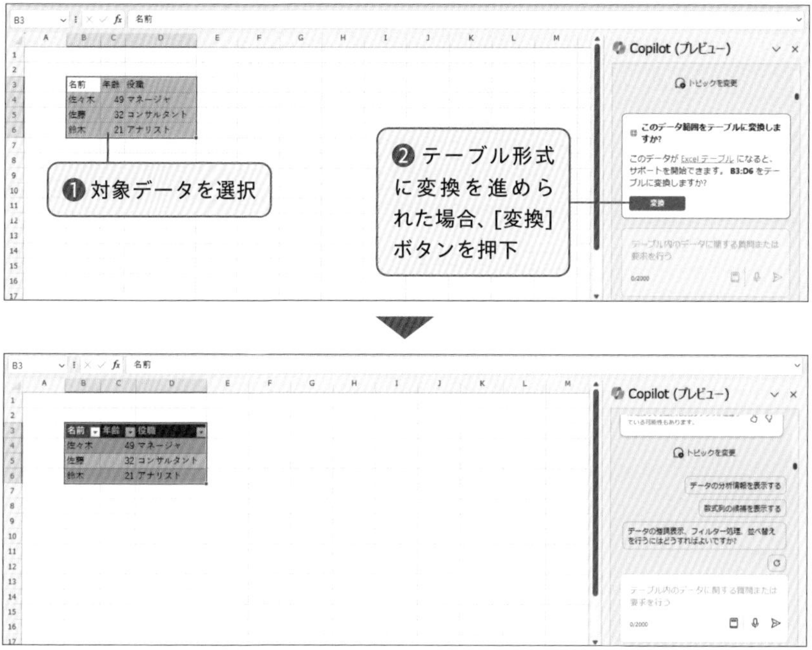
Copilot (プレビュー)
このデータ範囲をテーブルに変換しますか?
このデータが Excel テーブル になると、サポートを開始できます。B3:D6 をテーブルに変換しますか?
変換
❶対象データを選択
❷テーブル形式に変換を進められた場合、[変換]ボタンを押下
名前
年齢
役職
佐々木
49
マネージャ
佐藤
32
コンサルタント
鈴木
21
アナリスト
Copilot (プレビュー)
データの分析情報を表示する
数式列の候補を表示する
図74-3

なお、Excelテーブル以外のセルを選択している状態でCopilotを使用しようとすると、図74-4のようなメッセージが表示されるので、Copilotを使用する際にはExcelテーブルの範囲内のセルを選択しておくことに留意されたい。

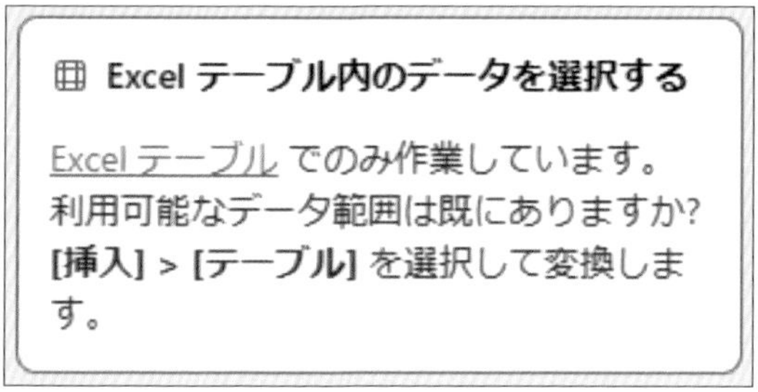
Excel テーブル内のデータを選択する
Excel テーブル でのみ作業しています。利用可能なデータ範囲は既にありますか? [挿入] > [テーブル] を選択して変換します。
図74-4

LESSON

教材ファイル ▸ Excel_sample_data.xlsx

75 データの基礎分析をしてもらおう

データの基礎分析により、そのデータの特徴(クセ)を知ることができる。この分析結果から得られる示唆を、意思決定や戦略立案に役立てよう。

ここでは、Lesson 74と同じく[例を試す]ボタンを押下することでCopilotが作ったExcelテーブルを基にCopilotに基礎分析を支援してもらう。

1 データの基礎分析をする

データの理解を深めるためは、データを見て、そこから洞察(インサイト)を得る必要がある。対象となるデータを選択したうえで、図75-1のとおりCopilotウィンドウ内にある[データの分析情報を表示する]ボタンを押下してみよう。

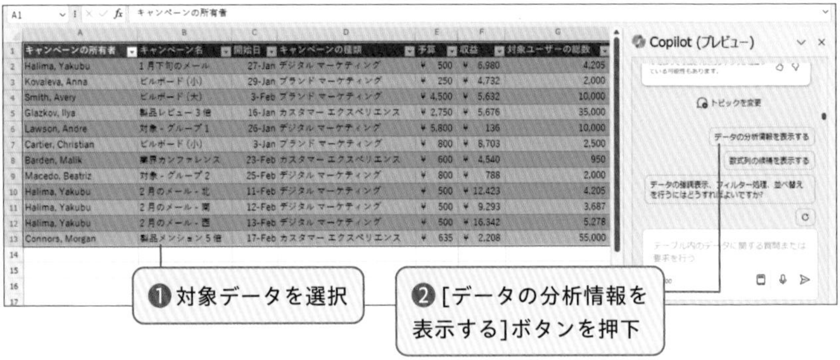

図75-1

その結果、図75-2のように「開始日」と「収益」に注目した折れ線グラフが表示された。ここで注目すべきは、細かく説明をしなくてもCopilotが2つの列に着目し、その関係性を適切なグラフ形式で描画してくれる点である。

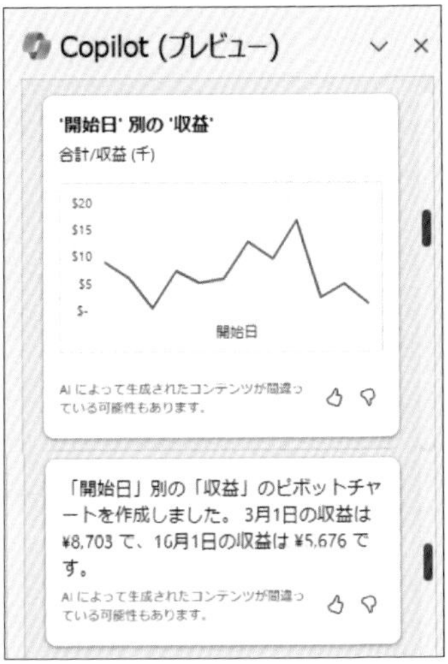
Copilot (プレビュー)
'開始日' 別の '収益'
合計/収益 (千)
$20
$15
$10
$5
$-
開始日
AI によって生成されたコンテンツが間違っている可能性もあります。
「開始日」別の「収益」のピボットチャートを作成しました。3月1日の収益は ¥8,703 で、10月1日の収益は ¥5,676 です。
AI によって生成されたコンテンツが間違っている可能性もあります。
図75-2

例えば、Excelテーブルから相関関係の強い列を抽出させるにはどうしたらよいだろうか。Copilotのチャットウィンドウに「相関関係がありそうな項目を洗い出し、データの分析情報を表示して」と入力してみてほしい。すると、図75-3のようにCopilotが相関関係の強い項目を自動的に判別し、適切と思われるグラフ形式（ここでは散布図）で描画してくれる。

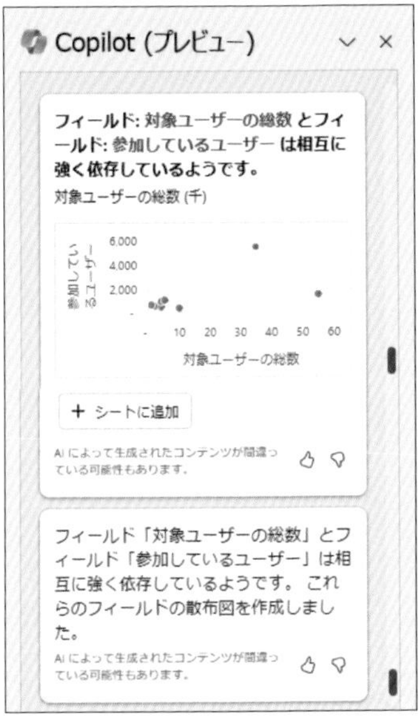
Copilot (プレビュー)
フィールド: 対象ユーザーの総数 とフィールド: 参加しているユーザー は相互に強く依存しているようです。
対象ユーザーの総数 (千)
6,000
4,000
2,000
参加しているユーザー
10
20
30
40
50
60
対象ユーザーの総数
＋ シートに追加
AI によって生成されたコンテンツが間違っている可能性もあります。
フィールド「対象ユーザーの総数」とフィールド「参加しているユーザー」は相互に強く依存しているようです。これらのフィールドの散布図を作成しました。
AI によって生成されたコンテンツが間違っている可能性もあります。
図75-3

2 分析結果のグラフを追加する

ここで、Copilotが生成してくれたグラフをExcelシートに挿入しよう。Copilotウィンドウ内に表示されたグラフの下部に[シートに追加]ボタンがある。それを押下すれば、Excelテーブルの下にグラフが挿入される。

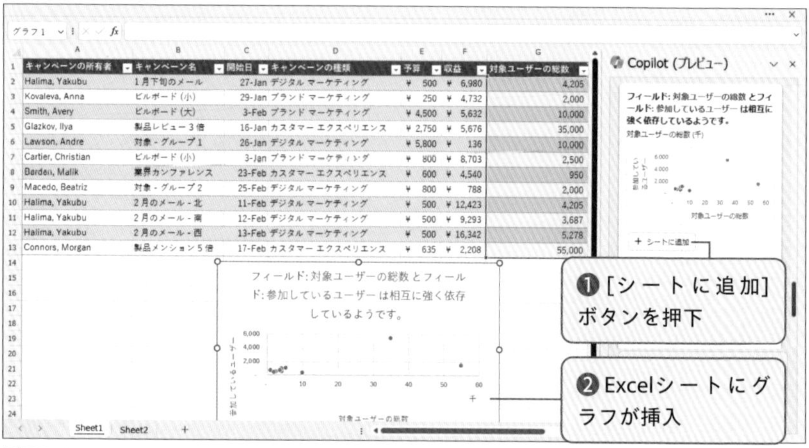
Copilot (プレビュー)
フィールド: 対象ユーザーの総数 とフィールド: 参加しているユーザー は相互に強く依存しているようです。
+ シートに追加
❶[シートに追加]ボタンを押下
❷Excelシートにグラフが挿入

図75-4

76 新たな集計列を作ってもらおう

基礎的なデータを四則演算し、業務上必要なデータを新たな列として算出することもあるだろう。Copilotはその業務的な意味を解釈し、新たな計算列を提案し、列を追加することができる。

Excelにあるデータに対して四則演算し、列を追加したい場合、[数式列の候補を表示する] ボタンを押下することで新たな列の追加提案をCopilotからもらうことができる。提案内容を吟味し、Copilotの提案を受け入れるのであれば [列の挿入] ボタンを押下すればよい。また、Copilotに別の提案を求める場合は [別の列の候補を表示する] ボタンを押下すれば、Copilotは新たな提案をしてくれる (図76-1)。

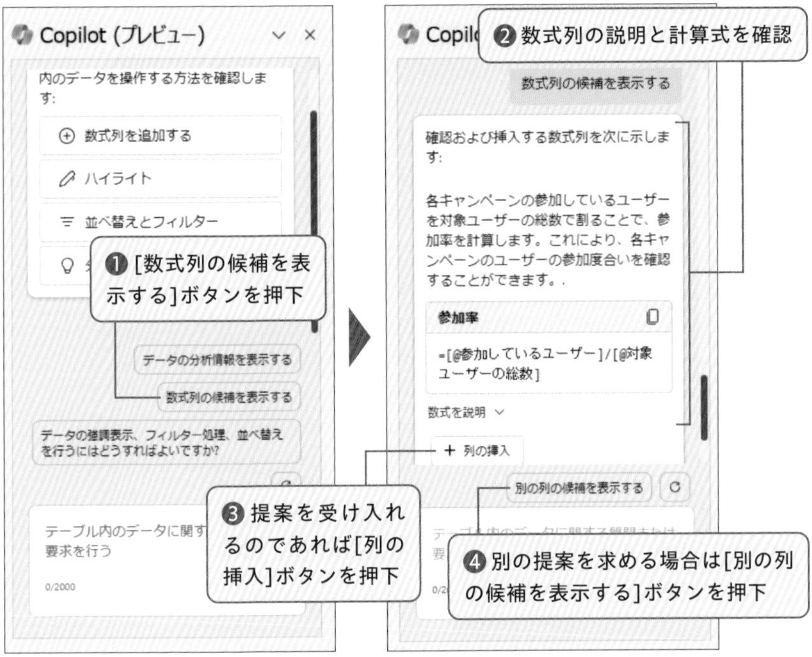
Copilot (プレビュー)
内のデータを操作する方法を確認します:
数式列を追加する
ハイライト
並べ替えとフィルター
❶[数式列の候補を表示する]ボタンを押下
データの分析情報を表示する
数式列の候補を表示する
データの強調表示、フィルター処理、並べ替えを行うにはどうすればよいですか?
テーブル内のデータに関す
要求を行う
0/2000
❷数式列の説明と計算式を確認
数式列の候補を表示する
確認および挿入する数式列を次に示します:
各キャンペーンの参加しているユーザーを対象ユーザーの総数で割ることで、参加率を計算します。これにより、各キャンペーンのユーザーの参加度合いを確認することができます。.
参加率
=[@参加しているユーザー]/[@対象ユーザーの総数]
数式を説明
＋ 列の挿入
別の列の候補を表示する
❸提案を受け入れるのであれば[列の挿入]ボタンを押下
❹別の提案を求める場合は[別の列の候補を表示する]ボタンを押下

図76-1

LESSON 77

教材ファイル ▸ Excel_sample_data.xlsx

ビジネス指標に関する数式を提案してもらおう

Excel表にあるデータを基礎数値として、ビジネス的に意味のある数値（ビジネスKPI等）を導出するシーンも多いと思う。ここでは、ほしい数字を計算する方法をCopilotから提案してもらう方法を紹介する。

1 やりたいことに沿った数式を見つける

以下のプロンプトでやりたいことの数式を提案してもらうことができる。

「＜やりたいこと＞ための数式列の候補を表示して」

例としてマーケティングROIを算出する場合には、＜やりたいこと＞に「マーケティングROIを見る」と入力すると、CopilotがマーケティングROIがなんたるかを認識・判断したうえで、適切と思われる数式を提案してくれる

「マーケティングROIを見るための数式列の候補を表示して」

画面には①提案された数式の説明、②Copilotが提案する数式、③数式の説明を確認できるセクション（デフォルトは畳まれた状態）、④提示された数式の列を追加する［列の挿入］ボタンが表示されている。
ここで注意すべきは、生成AIはハルシネーション（もっともらしい嘘をつくこと）を起こしうる点である。数式をよく確認し、意図したものでなければ、何回も繰り返してCopilotに依頼を投げかけてほしい。

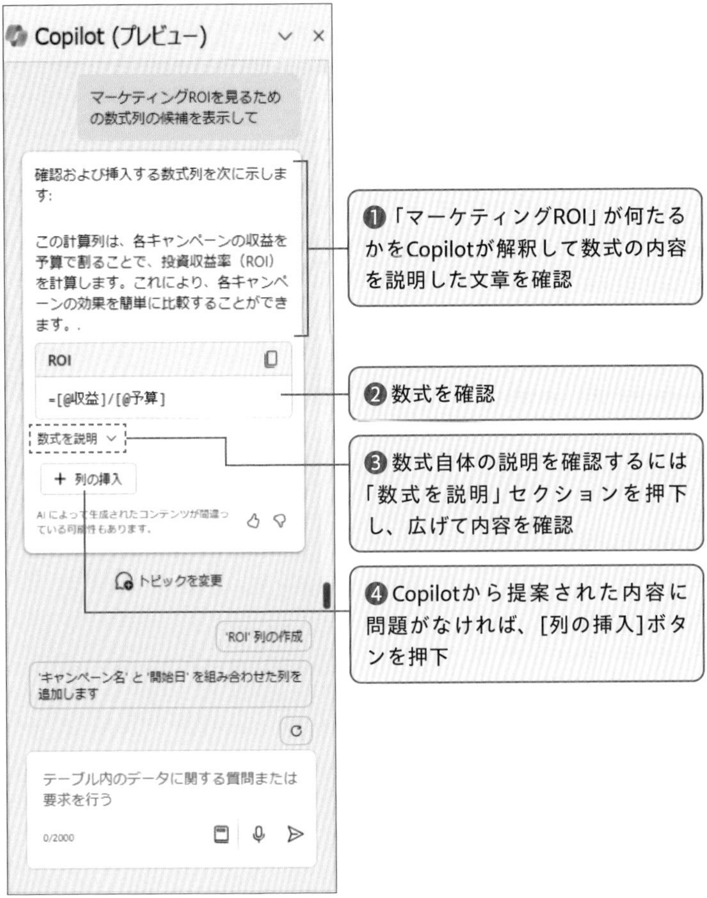

Copilot (プレビュー)
マーケティングROIを見るための数式列の候補を表示して
確認および挿入する数式列を次に示します:
この計算列は、各キャンペーンの収益を予算で割ることで、投資収益率(ROI)を計算します。これにより、各キャンペーンの効果を簡単に比較することができます。.
ROI
=[@収益]/[@予算]
数式を説明
+ 列の挿入
AI によって生成されたコンテンツが間違っている可能性もあります。
トピックを変更
'ROI' 列の作成
'キャンペーン名' と '開始日' を組み合わせた列を追加します
テーブル内のデータに関する質問または要求を行う
0/2000
❶「マーケティングROI」が何たるかをCopilotが解釈して数式の内容を説明した文章を確認
❷数式を確認
❸数式自体の説明を確認するには「数式を説明」セクションを押下し、広げて内容を確認
❹Copilotから提案された内容に問題がなければ、[列の挿入]ボタンを押下

図77-1

2 提案された数式を列として追加する

計算式が間違いないことが確認できれば、[列の挿入] ボタンを押下してExcelテーブルに提案された計算式が入った列を追加しよう。

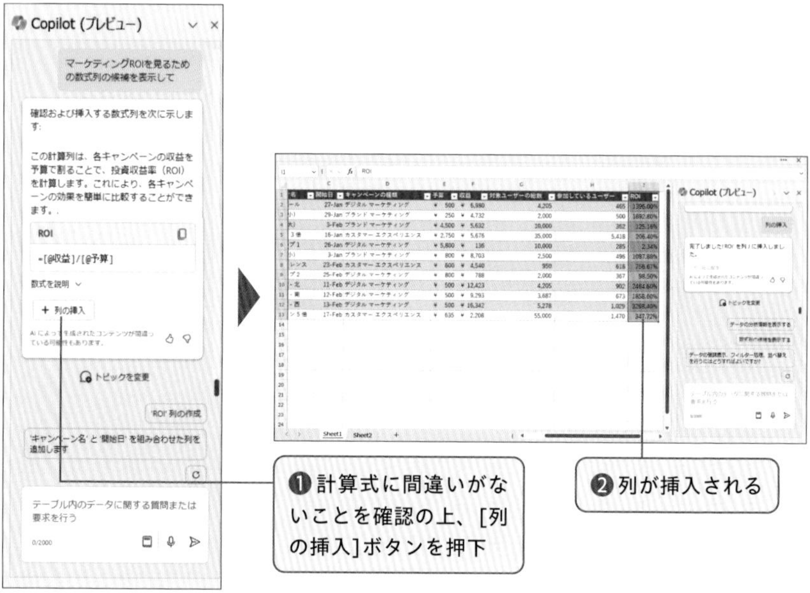
Copilot (プレビュー)
マーケティングROIを見るための数式列の候補を表示して
確認および挿入する数式列を次に示します:
この計算列は、各キャンペーンの収益を予算で割ることで、投資収益率（ROI）を計算します。これにより、各キャンペーンの効果を簡単に比較することができます。.
ROI
=[@収益]/[@予算]
数式を説明
＋ 列の挿入
トピックを変更
'ROI' 列の作成
'キャンペーン名' と '開始日' を組み合わせた列を追加します
テーブル内のデータに関する質問または要求を行う
0/2000
❶計算式に間違いがないことを確認の上、[列の挿入]ボタンを押下
❷列が挿入される

図77-2

LESSON 78

教材ファイル Excel_sample_data.xlsx

複数のビジネス指標をCopilotに導出させ、比較してもらおう

ビジネスで見たい指標(KPI)は当然のことながら1つではなく、複数のKPIを織り交ぜながら判断するシチュエーションも多い。このような複雑な処理も、Copilotにやってもらおう。

ここでは複数のビジネス指標を新たな列として追加し、比較するやり方を見ていく。
例として、各キャンペーンへの参加割合とマーケティングROIを比較し、評価するシーンを想定しよう。
まず、各キャンペーンへの参加割合の算出をCopilotに依頼する。次にマーケティングROIの算出をCopilotに依頼する。それぞれ列の挿入を行えば、比較の土台は整ったこととなる(図78-1)。

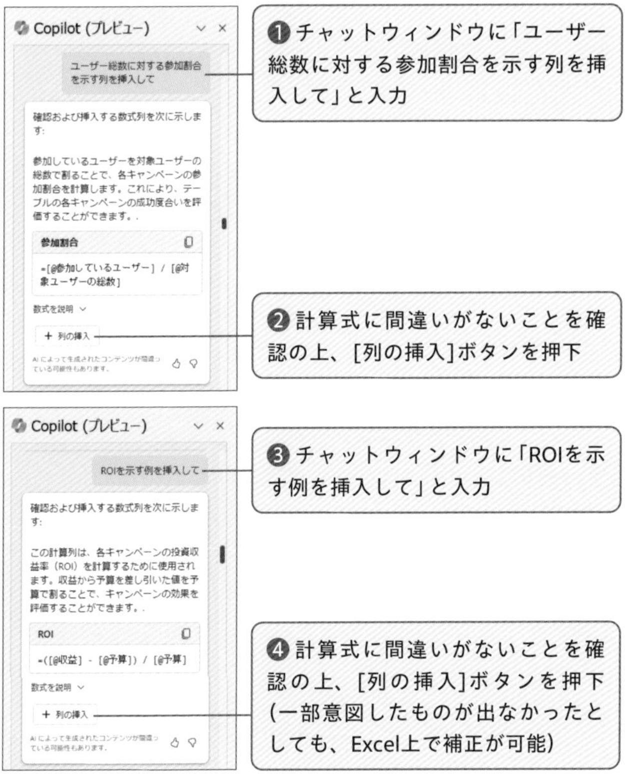
Copilot (プレビュー)
ユーザー総数に対する参加割合を示す列を挿入して
確認および挿入する数式列を次に示します:
参加しているユーザーを対象ユーザーの総数で割ることで、各キャンペーンの参加割合を計算します。これにより、テーブルの各キャンペーンの成功度合いを評価することができます。.
参加割合
=[@参加しているユーザー] / [@対象ユーザーの総数]
数式を説明
+ 列の挿入
AIによって生成されたコンテンツが間違っている可能性もあります。
❶チャットウィンドウに「ユーザー総数に対する参加割合を示す列を挿入して」と入力
❷計算式に間違いがないことを確認の上、[列の挿入]ボタンを押下
Copilot (プレビュー)
ROIを示す例を挿入して
確認および挿入する数式列を次に示します:
この計算列は、各キャンペーンの投資収益率 (ROI) を計算するために使用されます。収益から予算を差し引いた値を予算で割ることで、キャンペーンの効果を評価することができます。.
ROI
=([@収益] - [@予算]) / [@予算]
数式を説明
+ 列の挿入
AIによって生成されたコンテンツが間違っている可能性もあります。
❸チャットウィンドウに「ROIを示す例を挿入して」と入力
❹計算式に間違いがないことを確認の上、[列の挿入]ボタンを押下(一部意図したものが出なかったとしても、Excel上で補正が可能)

図78-1

次にExcel内に挿入された列の数式を確認する。もし、意図と異なる数式が挿入されていれば、直接補正しよう（図78-2）。

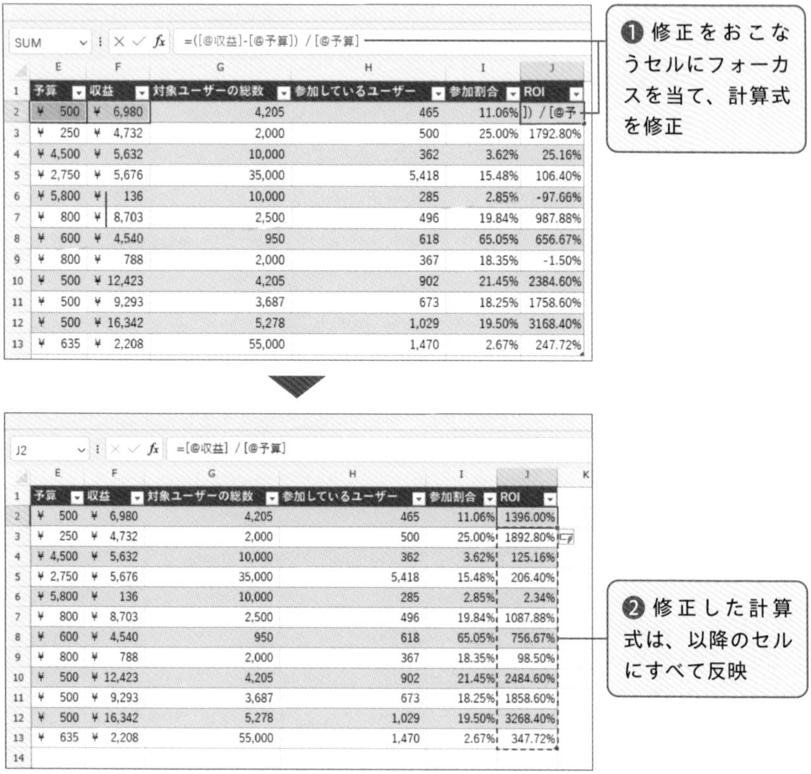
SUM
=([@収益]-[@予算]) / [@予算]
❶ 修正をおこなうセルにフォーカスを当て、計算式を修正
J2
=[@収益] / [@予算]
❷ 修正した計算式は、以降のセルにすべて反映

	E	F	G	H	I	J
1	予算	収益	対象ユーザーの総数	参加しているユーザー	参加割合	ROI
2	¥ 500	¥ 6,980	4,205	465	11.06%	]) / [@予
3	¥ 250	¥ 4,732	2,000	500	25.00%	1792.80%
4	¥ 4,500	¥ 5,632	10,000	362	3.62%	25.16%
5	¥ 2,750	¥ 5,676	35,000	5,418	15.48%	106.40%
6	¥ 5,800	¥ 136	10,000	285	2.85%	-97.66%
7	¥ 800	¥ 8,703	2,500	496	19.84%	987.88%
8	¥ 600	¥ 4,540	950	618	65.05%	656.67%
9	¥ 800	¥ 788	2,000	367	18.35%	-1.50%
10	¥ 500	¥ 12,423	4,205	902	21.45%	2384.60%
11	¥ 500	¥ 9,293	3,687	673	18.25%	1758.60%
12	¥ 500	¥ 16,342	5,278	1,029	19.50%	3168.40%
13	¥ 635	¥ 2,208	55,000	1,470	2.67%	247.72%

	E	F	G	H	I	J	K
1	予算	収益	対象ユーザーの総数	参加しているユーザー	参加割合	ROI	
2	¥ 500	¥ 6,980	4,205	465	11.06%	1396.00%	
3	¥ 250	¥ 4,732	2,000	500	25.00%	1892.80%	
4	¥ 4,500	¥ 5,632	10,000	362	3.62%	125.16%	
5	¥ 2,750	¥ 5,676	35,000	5,418	15.48%	206.40%	
6	¥ 5,800	¥ 136	10,000	285	2.85%	2.34%	
7	¥ 800	¥ 8,703	2,500	496	19.84%	1087.88%	
8	¥ 600	¥ 4,540	950	618	65.05%	756.67%	
9	¥ 800	¥ 788	2,000	367	18.35%	98.50%	
10	¥ 500	¥ 12,423	4,205	902	21.45%	2484.60%	
11	¥ 500	¥ 9,293	3,687	673	18.25%	1858.60%	
12	¥ 500	¥ 16,342	5,278	1,029	19.50%	3268.40%	
13	¥ 635	¥ 2,208	55,000	1,470	2.67%	347.72%	
14							

図78-2

最後に、２つの列を比較する。「参加割合とROIから効果の高いキャンペーンの序列をつけて」と依頼すれば、参加割合が高く、ROIが高いキャンペーンを上位に表示する表をCopilotは提案してくれる。内容に問題なければ、［新しいシートに追加］ボタンを押下すれば、あらたな表を別シートに作ってくれる（図78-3）。

❶依頼した結果を確認
❷[新しいシートに追加]ボタンを押下
Copilot (プレビュー)
参加割合とROIから効果の高いキャンペーンの序列をつけて
'キャンペーン名' 別の '参加割合' と 'ROI'
キャンペーン名 平均/参… 平均/ROI
2月のメール - 西 19.50% 3268.40%
2月のメール - 北 21.45% 2484.60%
2月のメール - 南 18.25% 1858.60%
ビルボード (小) 22.42% 1490.34%
1月下旬のメール 11.06% 1396.00%
+ 新しいシートに追加
「参加割合」と「ROI」の平均値を使用して、各キャンペーンの効果を評価することができます。参加割合が高く、ROIが高いキャンペーンが最も効果的です。例えば、「2月のメール - 西」キャンペーンは、参加割合が19.50%、ROIが3268.40%であり、効果が高いと言えます。
キャンペーン名 平均 / 参加割合 平均 / ROI
2月のメール - 西 19.50% 3268.40%
2月のメール - 北 21.45% 2484.60%
2月のメール - 南 18.25% 1858.60%
ビルボード (小) 22.42% 1490.34%
1月下旬のメール 11.06% 1396.00%
業界カンファレンス 65.05% 756.67%
製品メンション5倍 2.67% 347.72%
製品レビュー3倍 15.48% 206.40%
ビルボード (大) 3.62% 125.16%
対象 - グループ2 18.35% 98.50%
対象 - グループ1 2.85% 2.34%
総計 18.59% 1127.09%
❸Sheet2の内容を確認
Sheet1
Sheet2
図78-3

79 データをソートしてもらおう

ここからは、データ整形の基本的な方法を紹介する。各レッスンを理解すれば、Excelでさまざまなデータを効率的に扱うことができるようになるだろう。

条件を指定してデータを並べ替えたい時には「<カラム名>の<大きい(高い) または 小さい(低い)>から並べ替えて」と入力すればよい(図79-1)。

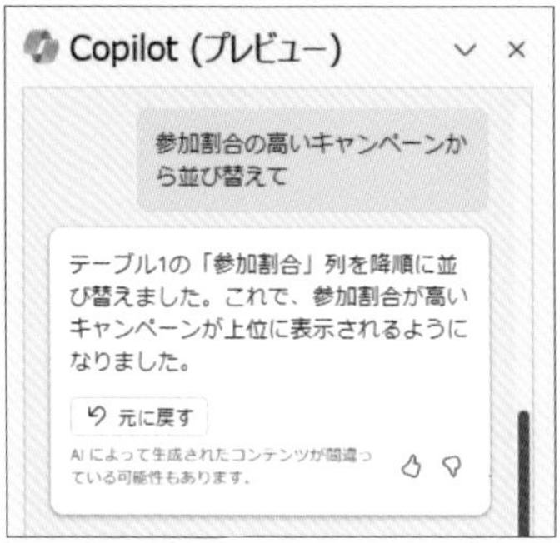
Copilot (プレビュー)
参加割合の高いキャンペーンから並び替えて
テーブル1の「参加割合」列を降順に並び替えました。これで、参加割合が高いキャンペーンが上位に表示されるようになりました。
元に戻す
AI によって生成されたコンテンツが間違っている可能性もあります。

図79-1

このプロンプトの結果は、Excelシートに即時反映される(図79-2)。ソート結果が意図したものでない場合、[元に戻す]ボタンを押下すれば良い。Excelの表は元の状態に戻る。

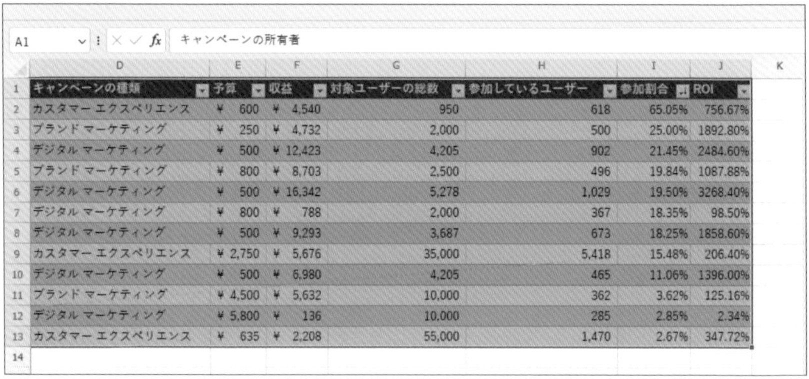
A1
キャンペーンの所有者

	D	E	F	G	H	I	J
1	キャンペーンの種類	予算	収益	対象ユーザーの総数	参加しているユーザー	参加割合	ROI
2	カスタマー エクスペリエンス	¥ 600	¥ 4,540	950	618	65.05%	756.67%
3	ブランド マーケティング	¥ 250	¥ 4,732	2,000	500	25.00%	1892.80%
4	デジタル マーケティング	¥ 500	¥ 12,423	4,205	902	21.45%	2484.60%
5	ブランド マーケティング	¥ 800	¥ 8,703	2,500	496	19.84%	1087.88%
6	デジタル マーケティング	¥ 500	¥ 16,342	5,278	1,029	19.50%	3268.40%
7	デジタル マーケティング	¥ 800	¥ 788	2,000	367	18.35%	98.50%
8	デジタル マーケティング	¥ 500	¥ 9,293	3,687	673	18.25%	1858.60%
9	カスタマー エクスペリエンス	¥ 2,750	¥ 5,676	35,000	5,418	15.48%	206.40%
10	デジタル マーケティング	¥ 500	¥ 6,980	4,205	465	11.06%	1396.00%
11	ブランド マーケティング	¥ 4,500	¥ 5,632	10,000	362	3.62%	125.16%
12	デジタル マーケティング	¥ 5,800	¥ 136	10,000	285	2.85%	2.34%
13	カスタマー エクスペリエンス	¥ 635	¥ 2,208	55,000	1,470	2.67%	347.72%
14							

図79-2

教材ファイル Excel_sample_data.xlsx

データを絞り込んで表示してもらおう

大量のデータに埋もれてしまい、見るべき情報に辿り着くまでに時間がかかることもしばしばあるだろう。Copilotは効率よく見るべき情報に絞り込む手助けをしてくれる。

データを絞り込むには「<条件>のものだけを表示して」とCopilotに依頼しよう。例えば、収益が10,000円を超えるキャンペーンに絞り込むには「収益が10000を超えるものだけを表示して」と依頼すれば良い（図80-1）。

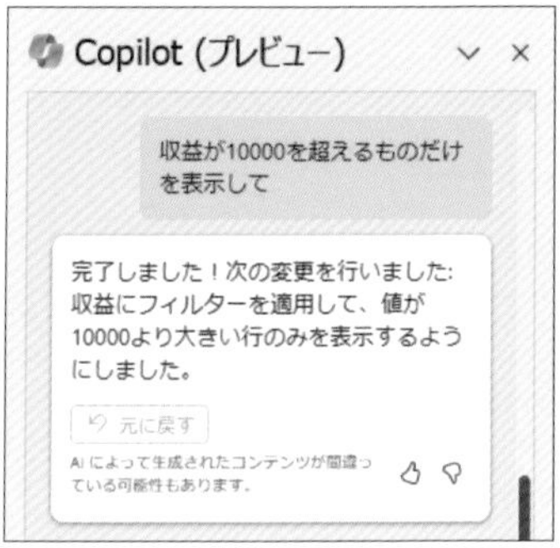
Copilot (プレビュー)
収益が10000を超えるものだけを表示して
完了しました！次の変更を行いました: 収益にフィルターを適用して、値が10000より大きい行のみを表示するようにしました。
元に戻す
AI によって生成されたコンテンツが間違っている可能性もあります。

図80-1

このプロンプトの結果は、Excelシートに即時反映される（図80-2）。絞り込んだ結果が意図したものでない場合、［元に戻す］ボタンを押下すれば良い。Excelの表は元の状態に戻る。

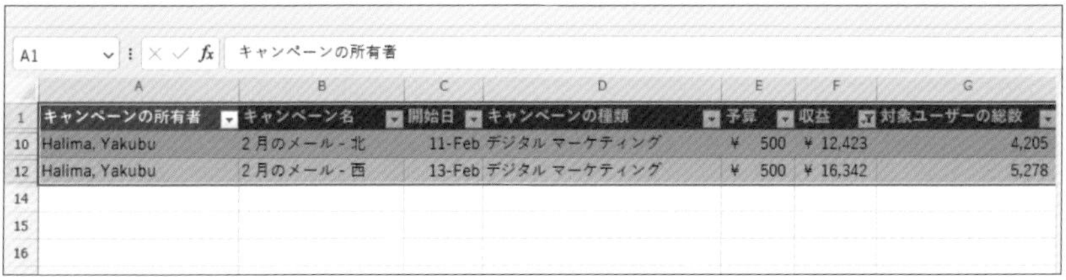
A1
キャンペーンの所有者
キャンペーンの所有者 キャンペーン名 開始日 キャンペーンの種類 予算 収益 対象ユーザーの総数
Halima, Yakubu 2月のメール - 北 11-Feb デジタル マーケティング ¥ 500 ¥ 12,423 4,205
Halima, Yakubu 2月のメール - 西 13-Feb デジタル マーケティング ¥ 500 ¥ 16,342 5,278

図80-2

LESSON

81 ポイントとなるデータを強調してもらおう

教材ファイル ▸ Excel_sample_data.xlsx

資料を他人に見てもらう際、注目すべきポイントやデータについては、文字を太くする、着色する等、読み手の注意を引くような仕掛けをするだろう。Copilotはデータの見せ方も賢く支援してくれる。

Copilotを活用して、強調したいデータについて、文字を太くしたり、セルに色を付けたりすることができる。それぞれ、Copilotにどのように依頼するのか見ていこう。

1 太字・赤字で強調する

対象の文字を太字で強調するには「＜条件＞文字を太くして」と入力すればよい。また、文字の色も変更できるため、「＜条件＞文字を赤く太くして」という依頼もCopilotは受け付けてくれる。例えば、予算が1,000円を超える文字を赤太字で強調したい場合、「1000を超える予算について、文字を赤く太くして」と入力すればよい。(図81-1)。

Copilot (プレビュー)
1000円を超える予算について、文字を赤く太くして。
完了しました！次の変更を行いました: 予算が1000より大きいセルに太字と赤色のフォントカラーを適用しました。
元に戻す
AI によって生成されたコンテンツが間違っている可能性もあります。

図81-1

このプロンプトの結果は、Excelシートに即時反映される (図81-2)。結果が意図したものでない場合、[元に戻す] ボタンを押下すれば良い。Excelの表は元の状態に戻る。

A1
キャンペーンの所有者

キャンペーンの所有者	キャンペーン名	開始日	キャンペーンの種類	予算	収益	対象ユーザーの総数
Halima, Yakubu	1月下旬のメール	27-Jan	デジタル マーケティング	¥ 500	¥ 6,980	4,205
Kovaleva, Anna	ビルボード (小)	29-Jan	ブランド マーケティング	¥ 250	¥ 4,732	2,000
Smith, Avery	ビルボード (大)	3-Feb	ブランド マーケティング	¥4,600	¥ 5,632	10,000
Glazkov, Ilya	製品レビュー3倍	16-Jan	カスタマー エクスペリエンス	¥2,750	¥ 5,676	35,000
Lawson, Andre	対象 - グループ1	26-Jan	デジタル マーケティング	¥5,800	¥ 136	10,000
Cartier, Christian	ビルボード (小)	3-Jan	ブランド マーケティング	¥ 800	¥ 8,703	2,500
Barden, Malik	業界カンファレンス	23-Feb	カスタマー エクスペリエンス	¥ 600	¥ 4,540	950
Macedo, Beatriz	対象 - グループ2	25-Feb	デジタル マーケティング	¥ 800	¥ 788	2,000
Halima, Yakubu	2月のメール - 北	11-Feb	デジタル マーケティング	¥ 500	¥ 12,423	4,205
Halima, Yakubu	2月のメール - 南	12-Feb	デジタル マーケティング	¥ 500	¥ 9,293	3,687
Halima, Yakubu	2月のメール - 西	13-Feb	デジタル マーケティング	¥ 500	¥ 16,342	5,278
Connors, Morgan	製品メンション5倍	17-Feb	カスタマー エクスペリエンス	¥ 635	¥ 2,208	55,000

図81-2

2 対象のセルの色を変える

セルに色を付けるには「＜条件＞セルを＜色＞して」というようにチャットウィンドウに入力する。例えば、収益が5,000円未満のセルを黄色で強調したい場合、「収益が5000を下回っているセルを黄色くして」と入力すればよい。

このプロンプトの結果は、Excelシートに即時反映される（図81-4）。結果が意図したものでない場合、［元に戻す］ボタンを押下すれば良い。Excelの表は元の状態に戻る。

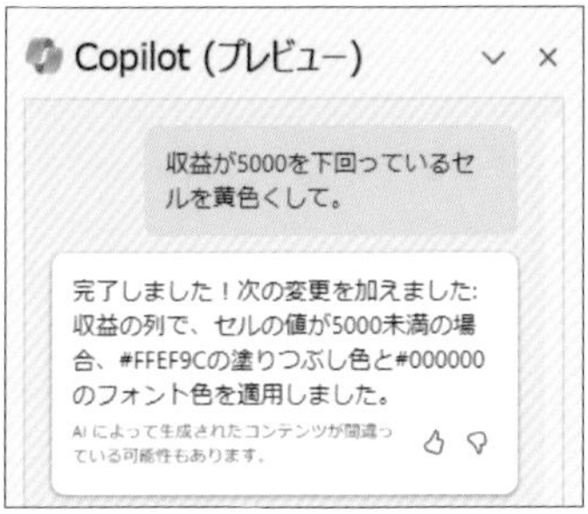
Copilot (プレビュー)
収益が5000を下回っているセルを黄色くして。
完了しました！次の変更を加えました: 収益の列で、セルの値が5000未満の場合、#FFEF9Cの塗りつぶし色と#000000のフォント色を適用しました。
AI によって生成されたコンテンツが間違っている可能性もあります。

図81-3

また、これらを組み合わせた依頼もCopilotは受け付けてくれる。1,000円を超える予算をより強調したい場合、「1000円を超える予算について、文字を赤く太くして。あと、背景を黄色にして。」と入力すれば、意図通りの結果が返ってくるはずだ(図81-5)。

A1 キャンペーンの所有者

	キャンペーンの所有者	キャンペーン名	開始日	キャンペーンの種類	予算	収益	対象ユーザーの総数
2	Halima, Yakubu	1月下旬のメール	27-Jan	デジタル マーケティング	¥ 500	¥ 6,980	4,205
3	Kovaleva, Anna	ビルボード (小)	29-Jan	ブランド マーケティング	¥ 250	¥ 4,732	2,000
4	Smith, Avery	ビルボード (大)	3-Feb	ブランド マーケティング	¥ 4,500	¥ 5,632	10,000
5	Glazkov, Ilya	製品レビュー 3 倍	16-Jan	カスタマー エクスペリエンス	¥ 2,750	¥ 5,676	35,000
6	Lawson, Andre	対象 - グループ 1	26-Jan	デジタル マーケティング	¥ 5,800	¥ 136	10,000
7	Cartier, Christian	ビルボード (小)	3-Jan	ブランド マーケティング	¥ 800	¥ 8,703	2,500
8	Barden, Malik	業界カンファレンス	23-Feb	カスタマー エクスペリエンス	¥ 600	¥ 4,540	950
9	Macedo, Beatriz	対象 - グループ 2	25-Feb	デジタル マーケティング	¥ 800	¥ 788	2,000
10	Halima, Yakubu	2月のメール - 北	11-Feb	デジタル マーケティング	¥ 500	¥ 12,423	4,205
11	Halima, Yakubu	2月のメール - 南	12-Feb	デジタル マーケティング	¥ 500	¥ 9,293	3,687
12	Halima, Yakubu	2月のメール - 西	13-Feb	デジタル マーケティング	¥ 500	¥ 16,342	5,278
13	Connors, Morgan	製品メンション 5 倍	17-Feb	カスタマー エクスペリエンス	¥ 635	¥ 2,208	55,000

図81-4

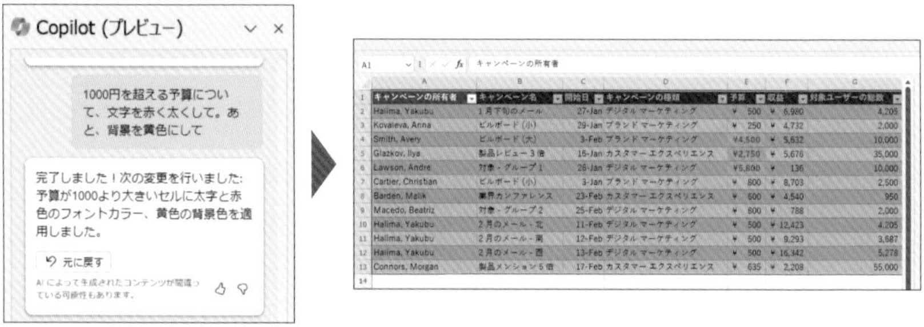
Copilot (プレビュー)
1000円を超える予算について、文字を赤く太くして。あと、背景を黄色にして
完了しました！次の変更を行いました: 予算が1000より大きいセルに太字と赤色のフォントカラー、黄色の背景色を適用しました。
元に戻す
AI によって生成されたコンテンツが間違っている可能性もあります。

図81-5

LESSON

教材ファイル Excel_sample_data.xlsx

82 データを指定した書式に変更してもらおう

Excelのセルは文字だけではなく、数字や日付、時刻、通貨等、様々な書式設定が可能だ。これら書式についてもCopilotは列の意味に応じて適切に設定してくれる。

まず、CopilotがExcelの表で日付を正しく認識できるか試してみる。図82-1の表に対し、Copilotに「表の日付の項目を全て教えて」と依頼したところ、「開始日」と「終了日」のそれぞれ違う形式を正確に答えてくれた(図82-2)。

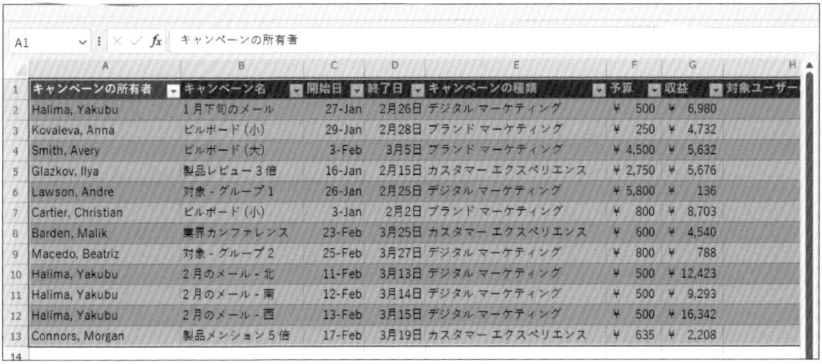
A1 キャンペーンの所有者

	A	B	C	D	E	F	G	H
1	キャンペーンの所有者	キャンペーン名	開始日	終了日	キャンペーンの種類	予算	収益	対象ユーザー
2	Halima, Yakubu	1月下旬のメール	27-Jan	2月26日	デジタル マーケティング	¥ 500	¥ 6,980	
3	Kovaleva, Anna	ビルボード (小)	29-Jan	2月28日	ブランド マーケティング	¥ 250	¥ 4,732	
4	Smith, Avery	ビルボード (大)	3-Feb	3月5日	ブランド マーケティング	¥ 4,500	¥ 5,632	
5	Glazkov, Ilya	製品レビュー 3 倍	16-Jan	2月15日	カスタマー エクスペリエンス	¥ 2,750	¥ 5,676	
6	Lawson, Andre	対象 - グループ 1	26-Jan	2月25日	デジタル マーケティング	¥ 5,800	¥ 136	
7	Cartier, Christian	ビルボード (小)	3-Jan	2月2日	ブランド マーケティング	¥ 800	¥ 8,703	
8	Barden, Malik	業界カンファレンス	23-Feb	3月25日	カスタマー エクスペリエンス	¥ 600	¥ 4,540	
9	Macedo, Beatriz	対象 - グループ 2	25-Feb	3月27日	デジタル マーケティング	¥ 800	¥ 788	
10	Halima, Yakubu	2 月のメール - 北	11-Feb	3月13日	デジタル マーケティング	¥ 500	¥ 12,423	
11	Halima, Yakubu	2 月のメール - 南	12-Feb	3月14日	デジタル マーケティング	¥ 500	¥ 9,293	
12	Halima, Yakubu	2 月のメール - 西	13-Feb	3月15日	デジタル マーケティング	¥ 500	¥ 16,342	
13	Connors, Morgan	製品メンション 5 倍	17-Feb	3月19日	カスタマー エクスペリエンス	¥ 635	¥ 2,208	
14								

図82-1

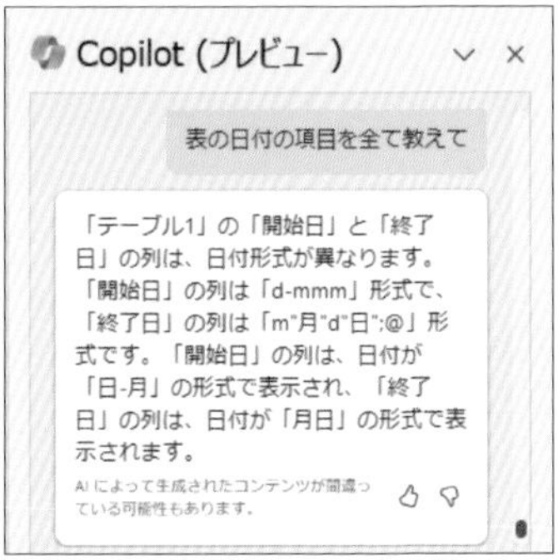
Copilot (プレビュー)
表の日付の項目を全て教えて
「テーブル1」の「開始日」と「終了日」の列は、日付形式が異なります。「開始日」の列は「d-mmm」形式で、「終了日」の列は「m"月"d"日";@」形式です。「開始日」の列は、日付が「日-月」の形式で表示され、「終了日」の列は、日付が「月日」の形式で表示されます。
AI によって生成されたコンテンツが間違っている可能性もあります。

図82-2

このまま日付の形式がずれていると見にくいので、Copilotに「表の中の日付の形式を統一して」と依頼した(図82-3)。するとどうだろう、「開始日」「終了日」とも「m/d/yyyy」の形式に統一してくれた(図82-4)。

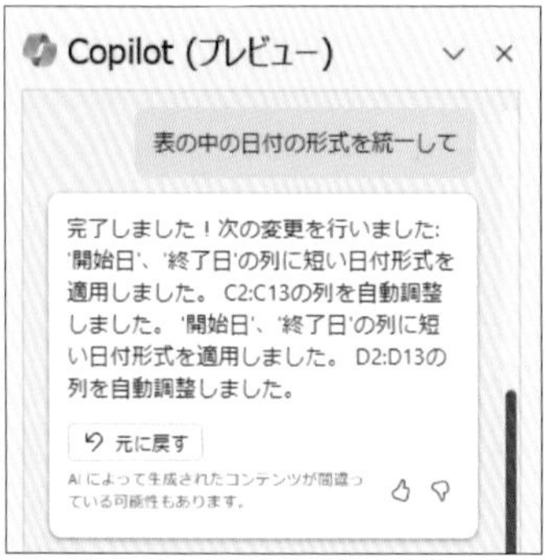
Copilot (プレビュー)
表の中の日付の形式を統一して
完了しました！次の変更を行いました: '開始日'、'終了日'の列に短い日付形式を適用しました。 C2:C13の列を自動調整しました。 '開始日'、'終了日'の列に短い日付形式を適用しました。 D2:D13の列を自動調整しました。
元に戻す
AI によって生成されたコンテンツが間違っている可能性もあります。

図82-3

A1
キャンペーンの所有者

キャンペーンの所有者	キャンペーン名	開始日	終了日	キャンペーンの種類	予算	収益	対象ユーザ
Halima, Yakubu	1月下旬のメール	1/27/2023	2/26/2023	デジタル マーケティング	¥ 500	¥ 6,980	
Kovaleva, Anna	ビルボード (小)	1/29/2023	2/28/2023	ブランド マーケティング	¥ 250	¥ 4,732	
Smith, Avery	ビルボード (大)	2/3/2023	3/5/2023	ブランド マーケティング	¥ 4,500	¥ 5,632	
Glazkov, Ilya	製品レビュー 3倍	1/16/2023	2/15/2023	カスタマー エクスペリエンス	¥ 2,750	¥ 5,676	
Lawson, Andre	対象 - グループ1	1/26/2023	2/25/2023	デジタル マーケティング	¥ 5,800	¥ 136	
Cartier, Christian	ビルボード (小)	1/3/2023	2/2/2023	ブランド マーケティング	¥ 800	¥ 8,703	
Barden, Malik	業界カンファレンス	2/23/2023	3/25/2023	カスタマー エクスペリエンス	¥ 600	¥ 4,540	
Macedo, Beatriz	対象 - グループ2	2/25/2023	3/27/2023	デジタル マーケティング	¥ 800	¥ 788	
Halima, Yakubu	2月のメール - 北	2/11/2023	3/13/2023	デジタル マーケティング	¥ 500	¥ 12,423	
Halima, Yakubu	2月のメール - 南	2/12/2023	3/14/2023	デジタル マーケティング	¥ 500	¥ 9,293	
Halima, Yakubu	2月のメール - 西	2/13/2023	3/15/2023	デジタル マーケティング	¥ 500	¥ 16,342	
Connors, Morgan	製品メンション 5倍	2/17/2023	3/19/2023	カスタマー エクスペリエンス	¥ 635	¥ 2,208	

図82-4

なお、このプロンプトの結果は、Excelシートに即時反映される。結果が意図したものでない場合、［元に戻す］ボタンを押下すれば良い。Excelの表は元の状態に戻る。

LESSON 83

教材ファイル ▸ Excel_sample_data.xlsx

特定の条件に合致する行を教えてもらおう

Excelでできた大量の情報の中から、自分が欲しい情報だけにデータを絞り込んで見たくなるシーンもあるだろう。Copilotを使えば、Excel関数を知らなくても条件に合った行だけフラグを付けることができる。

データを様々な角度で分析することは非常に重要だ。キャンペーンもどれだけの人が参加したのか、効果はあったのか、様々な切り口で見たくなる。

ここでは例として、ユーザーの参加率が20%を超えるキャンペーンを特定する。Copilotウィンドウに「ユーザーの参加率が20%を超えているキャンペーンには"Good"と表示して」と入力すると、その指示を満たすExcel関数をCopilotは提示してくれる（図83-1）。

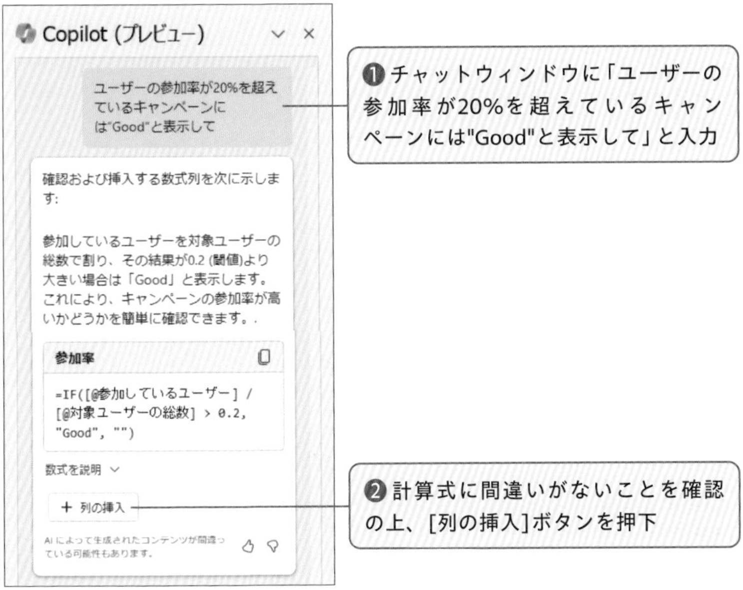
Copilot (プレビュー)
ユーザーの参加率が20%を超えているキャンペーンには"Good"と表示して
確認および挿入する数式列を次に示します:
参加しているユーザーを対象ユーザーの総数で割り、その結果が0.2 (閾値)より大きい場合は「Good」と表示します。これにより、キャンペーンの参加率が高いかどうかを簡単に確認できます。.
参加率
=IF([@参加しているユーザー] / [@対象ユーザーの総数] > 0.2, "Good", "")
数式を説明
+ 列の挿入
AI によって生成されたコンテンツが間違っている可能性もあります。
❶チャットウィンドウに「ユーザーの参加率が20%を超えているキャンペーンには"Good"と表示して」と入力
❷計算式に間違いがないことを確認の上、[列の挿入]ボタンを押下

図83-1

ここで注目すべき点は、わざわざ「参加率」という言葉の定義をCopilotに教えなくとも、Copilotが意図を判断し、算出するために必要となる列名を見つけ、計算式を導出した点にある。筆者が別で試した例は、「ROIの算出」をCopilotに指示をしただけで、Copilotは「予算」と「収益」に目を付け、計算式を導出した。

まだ日本でお披露目されたばかりのCopilotの、その能力の高さの片鱗を垣間見ることができ、今後に期待が持てる実例だと筆者は感じている。
提案された内容をExcelシートに反映するには、［列の挿入］ボタンを押下すればよい。表の右に新たな列「参加率」が自動的に追加され、ターゲットとなる「参加率＞20%」の行に"Good"という文字が記載される（図83-2）。

	開始日	キャンペーンの種類	予算	収益	対象ユーザーの総数	参加しているユーザー	参加率
2	27-Jan	デジタル マーケティング	¥ 500	¥ 6,980	4,205	465	
3	29-Jan	ブランド マーケティング	¥ 250	¥ 4,732	2,000	500	Good
4	3-Feb	ブランド マーケティング	¥ 4,500	¥ 5,632	10,000	362	
5	16-Jan	カスタマー エクスペリエンス	¥ 2,750	¥ 5,676	35,000	5,418	
6	26-Jan	デジタル マーケティング	¥ 5,800	¥ 136	10,000	285	
7	3-Jan	ブランド マーケティング	¥ 800	¥ 8,703	2,500	496	
8	23-Feb	カスタマー エクスペリエンス	¥ 600	¥ 4,540	950	618	Good
9	25-Feb	デジタル マーケティング	¥ 800	¥ 788	2,000	367	
10	11-Feb	デジタル マーケティング	¥ 500	¥ 12,423	4,205	902	Good
11	12-Feb	デジタル マーケティング	¥ 500	¥ 9,293	3,687	673	
12	13-Feb	デジタル マーケティング	¥ 500	¥ 16,342	5,278	1,029	
13	17-Feb	カスタマー エクスペリエンス	¥ 635	¥ 2,208	55,000	1,470	

I1
参加率
❶新たな列「参加率」が追加され、20%以上の参加率のあるキャンペーン行のみ「Good」の文字が記載される

図83-2

第 8 章

OneNoteでのCopilotの活用テクニック

次は、OneNote での Copilot の活用テクニックだ。

まずはアプリケーションを起動して、ページを開くところからはじめてみよう。

OneNote での Copilot は、ノートの内容の要約・抽出・構造化といったユースケースが中心になる。例えば、ノートを要約して重要な点についてまとめてもらったり、ToDo リストを作成してアクションアイテムを抽出してもらったり、長所と短所などの対立軸で構造化したりといった具合だ。

OneNote の Copilot の概要

OneNote の Copilot でできること	• ノートを要約して重要なポイントを抽出 • ノートにもとづいて To Do リストを作成 • 長所や短所など、さまざまな観点で情報を抽出
プロンプトの例	• このノートを要約して、決定事項をまとめて • このノートをもとに To Do リストを作成して • この商品紹介ノートから、商品の長所と短所をまとめて
Tips	• なし
注意事項	• なし

LESSON

84 画面とアプリの起動方法

このレッスンでは、OneNoteのCopilotの起動方法と基本的な使い方を確認していこう。OneNoteはこれまでのアプリと比べると認知度が低いアプリかもしれないが、初めての人もこれを機にぜひ使ってみてほしい。

図84-1は OneNoteでのCopilotの主要な画面だ。OneNoteでのCopilotにおいては、Copilotウィンドウを使用してCopilotに指示を出す。要約やToDoリストの作成など、あらかじめ用意されているプロンプトを使うこともできるし、自分でプロンプトを入力することもできる。

OneNote の Copilot の概要

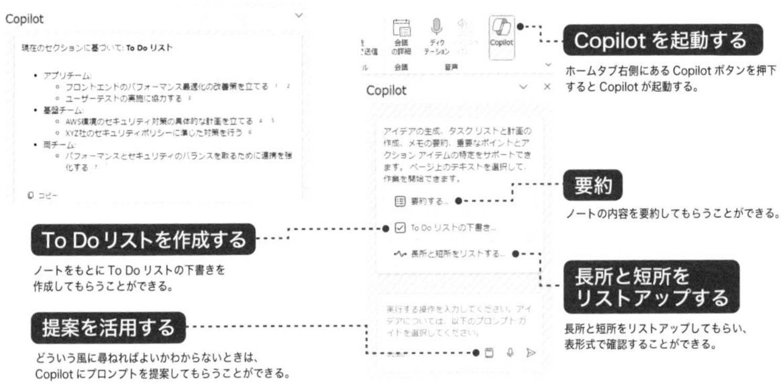
Copilot
現在のセクションに基づいて: To Do リスト
アプリチーム:
フロントエンドのパフォーマンス最適化の改善策を立てる
ユーザーテストの実施に協力する
基盤チーム:
AWS環境のセキュリティ対策の具体的な計画を立てる
XYZ社のセキュリティポリシーに準じた対策を行う
両チーム:
パフォーマンスとセキュリティのバランスを取るために連携を強化する
コピー
会議の詳細
ディクテーション
会議
音声
Copilot
Copilot
アイデアの生成、タスク リストと計画の作成、メモの要約、重要なポイントとアクション アイテムの特定をサポートできます。ページ上のテキストを選択して、作業を開始できます。
要約する...
To Do リストの下書き...
長所と短所をリストする...
実行する操作を入力してください。アイデアについては、以下のプロンプト ガイドを選択してください。
Copilot を起動する
ホームタブ右側にある Copilot ボタンを押下すると Copilot が起動する。
要約
ノートの内容を要約してもらうことができる。
To Do リストを作成する
ノートをもとに To Do リストの下書きを作成してもらうことができる。
長所と短所をリストアップする
長所と短所をリストアップしてもらい、表形式で確認することができる。
提案を活用する
どういう風に尋ねればよいかわからないときは、Copilot にプロンプトを提案してもらうことができる。

図84-1

起動方法を確認しよう。図84-2から図84-4のように、［ホーム］タブからリボンの［Copilot］ボタンを押下することでCopilotが起動する。

図84-2

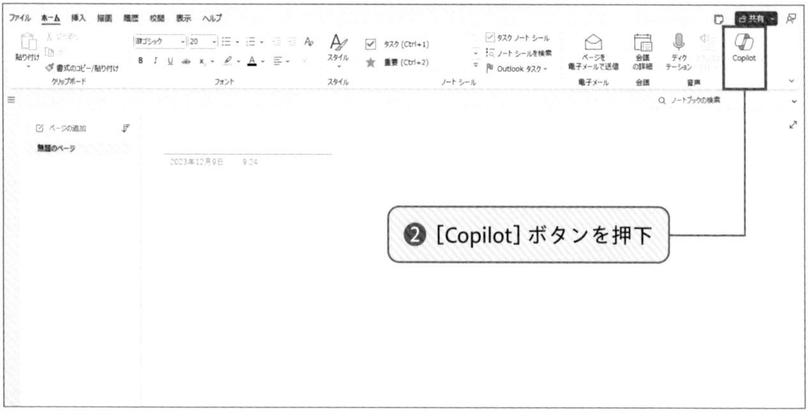

図84-3

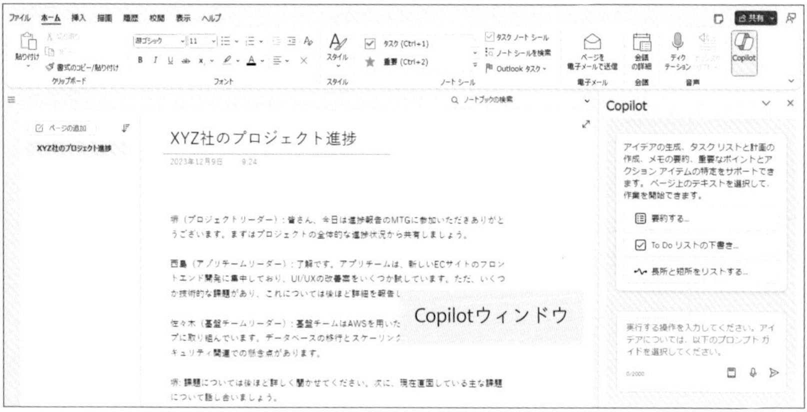

図84-4

LESSON 85

OneNoteでのCopilotの活用シーンと活用ポイント

OneNoteは好きな位置に画像やテキストを挿入して議事録やマニュアルなどを作成できる。Copilotは現段階でテキストのみをサポートしているため、ここではテキストの活用シーンを紹介する。

1 内容の要約

Copilotにノートの内容を要約させることで、重要な点を素早く把握することが可能だ。また、「明日のイベントに関係する部分を要約して」など、興味のある部分のみに限定することもできる。また、日本語だけでなく、英語や中国語など多言語に対応しており、翻訳することなく日本語での要約文を確認することもできる。

2 ToDoリストの作成

CopilotにToDoリストを作成させることもできる。ビジネスシーンでは、長大な議事録からアクションアイテムを拾い出してToDoリストを作成する作業が度々発生し、多大な工数を割かれることもあるだろう。そんな辛い作業はCopilotに任せてしまおう。

3 長所／短所のリストアップ

Copilotに情報の構造化をさせることもできる。例えば、プロジェクトの状況に関するノートから長所と短所をリストアップさせることで新たな課題が見えてくることもあるだろう。あるいは、商品のプレゼン議事録から、その商品の簡易な分析を行うような使い方も考えられる。

CopilotをOneNoteで活用する際のポイントとしては、ノートの中身が重要だ。人間と同様、Copilotにとってもノートがきちんと整理・構造化されていれば理解しやすい。逆に、ノートが整理されていなくてもCopilotは文句を言わないので、とりあえずCopilotに作業をさせてみるというやり方もある。あなたにフィットする使い方を見つけてほしい。
また、活用シーンとしては取り上げなかったが、ChatGPTに問いかけるかのように新しいアイデアの壁打ち相手として使うのもよい。

LESSON

86 書いた内容を要約してもらおう

では実際にCopilotを使ってみよう。今回は架空のプロジェクト進捗報告会議の文字起こしを用いて実際の動作を確認していく。

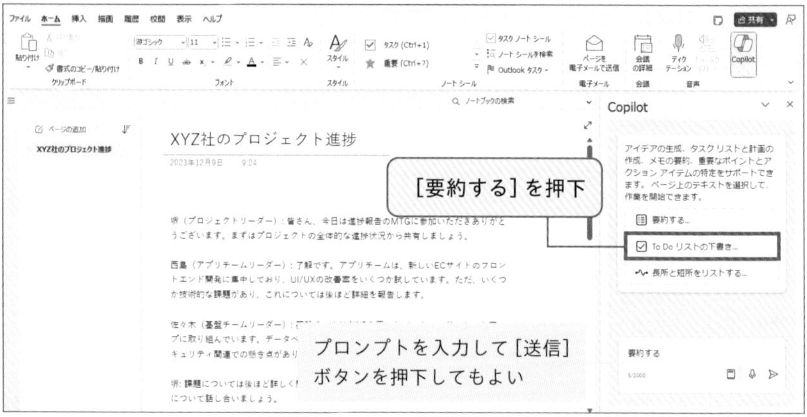

図86-1

図86-1のように、Copilotを開いて、提示される選択肢から「要約する」を押下するか、プロンプトを入力してみよう。すると、図86-2のような回答が生成される。まず、形式的な部分を確認しよう。回答の最初に、この回答が現在開いている文書にもとづいていることが示されている。また、回答の最後にある数字は、この回答の根拠となる部分がどこかを示している。数字を押下するか、回答の最後にある参考資料を押下すると、根拠となった部分がどこなのか確認できる。

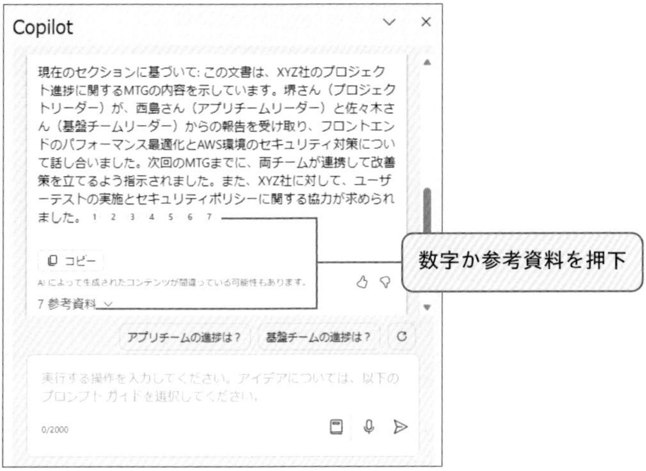
Copilot
現在のセクションに基づいて: この文書は、XYZ社のプロジェクト進捗に関するMTGの内容を示しています。堺さん（プロジェクトリーダー）が、西島さん（アプリチームリーダー）と佐々木さん（基盤チームリーダー）からの報告を受け取り、フロントエンドのパフォーマンス最適化とAWS環境のセキュリティ対策について話し合いました。次回のMTGまでに、両チームが連携して改善策を立てるよう指示されました。また、XYZ社に対して、ユーザーテストの実施とセキュリティポリシーに関する協力が求められました。 1 2 3 4 5 6 7
コピー
AI によって生成されたコンテンツが間違っている可能性もあります。
7 参考資料
アプリチームの進捗は？
基盤チームの進捗は？
実行する操作を入力してください。アイデアについては、以下のプロンプト ガイドを選択してください。
0/2000
数字か参考資料を押下

図86-2

内容についても確認していこう。XYZ社のプロジェクト進捗会議で、堺さんが各チームリーダーから報告を受けたこと、フロントエンドのパフォーマンス最適化とセキュリティ対策について話し合ったことが書かれている。その後に次回MTGまでの指示とXYZ社へ協力を求めたことが続いており、会議の要点がまとめられていることが分かる。また、プロンプト入力部の上には要約に対する質問の候補が示されている。

LESSON 87

ToDoリストを作ってもらおう

次に、ToDoリストの作成をさせてみよう。前回と同様、架空のプロジェクト進捗報告会議の文字起こしを用いて実際の動作を確認していく。

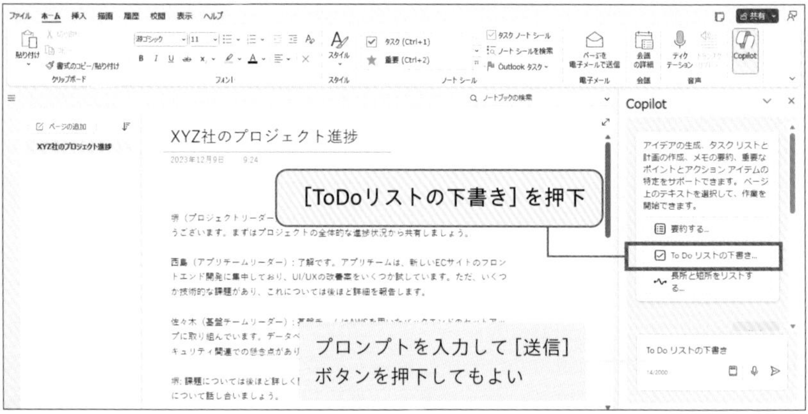

図87-1

図87-1のように、Copilotを開いて、提示される選択肢から「ToDoリストの下書き」を押下するかプロンプトを入力してみよう。すると、図87-2のような回答が生成される。回答の最初に、この応答が現在開いている文書にもとづいていることが示されている。また、各ToDoの最後にある数字は、この応答の根拠となる部分がどこかを示している。数字を押下すると、図87-3のように回答の根拠となった部分が確認できる。

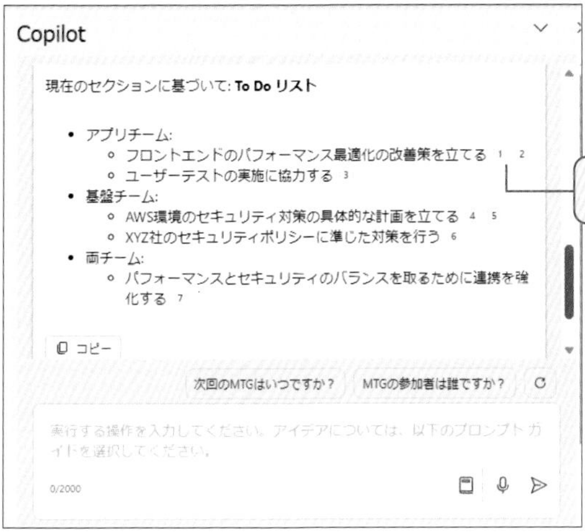
Copilot
現在のセクションに基づいて: To Do リスト
アプリチーム:
フロントエンドのパフォーマンス最適化の改善策を立てる 1 2
ユーザーテストの実施に協力する 3
基盤チーム:
AWS環境のセキュリティ対策の具体的な計画を立てる 4 5
XYZ社のセキュリティポリシーに準じた対策を行う 6
両チーム:
パフォーマンスとセキュリティのバランスを取るために連携を強化する 7
コピー
次回のMTGはいつですか？
MTGの参加者は誰ですか？
実行する操作を入力してください。アイデアについては、以下のプロンプト ガイドを選択してください。
0/2000
数字を押下

図87-2

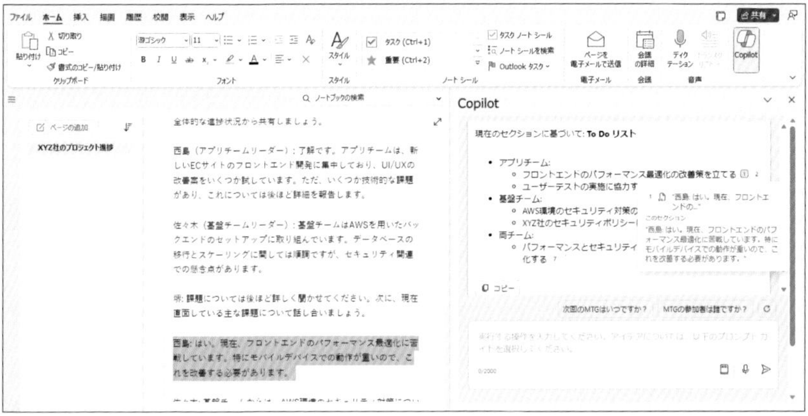
ファイル ホーム 挿入 描画 履歴 校閲 表示 ヘルプ
切り取り
コピー
貼り付け
書式のコピー/貼り付け
クリップボード
游ゴシック
11
フォント
スタイル
タスク (Ctrl+1)
重要 (Ctrl+2)
タスク ノート シール
ノート シールを検索
Outlook タスク
ノート シール
ページを電子メールで送信
電子メール
会議の詳細
会議
ディクテーション
音声
Copilot
ノートブックの検索
ページの追加
XYZ社のプロジェクト進捗
全体的な進捗状況から共有しましょう。
西島（アプリチームリーダー）：了解です。アプリチームは、新しいECサイトのフロントエンド開発に集中しており、UI/UXの改善案をいくつか試しています。ただ、いくつか技術的な課題があり、これについては後ほど詳細を報告します。
佐々木（基盤チームリーダー）：基盤チームはAWSを用いたバックエンドのセットアップに取り組んでいます。データベースの移行とスケーリングに関しては順調ですが、セキュリティ関連での懸念点があります。
堺: 課題については後ほど詳しく聞かせてください。次に、現在直面している主な課題について話し合いましょう。
西島: はい。現在、フロントエンドのパフォーマンス最適化に苦戦しています。特にモバイルデバイスでの動作が重いので、これを改善する必要があります。
Copilot
現在のセクションに基づいて: To Do リスト
アプリチーム:
フロントエンドのパフォーマンス最適化の改善策を立てる 1 2
ユーザーテストの実施に協力す
基盤チーム:
AWS環境のセキュリティ対策の
XYZ社のセキュリティポリシー
両チーム:
パフォーマンスとセキュリティ
化する 7
"西島: はい。現在、フロントエンドの..."
このセクション
"西島: はい。現在、フロントエンドのパフォーマンス最適化に苦戦しています。特にモバイルデバイスでの動作が重いので、これを改善する必要があります。"
コピー
次回のMTGはいつですか？
MTGの参加者は誰ですか？
0/2000

図87-3

また、図87-3のプロンプト入力部分の上には次の質問の候補が表示されている。これをベースに、議事録の作成を進めていくことができる。

LESSON

88 長所／短所をリストアップしてもらおう

最後のレッスンとして、Copilotに長所と短所をリストアップしてもらおう。

Copilotを開き、図88-1のように提示される選択肢から「長所と短所をリストする」を押下するかプロンプトを入力すると、表形式の回答が生成される。

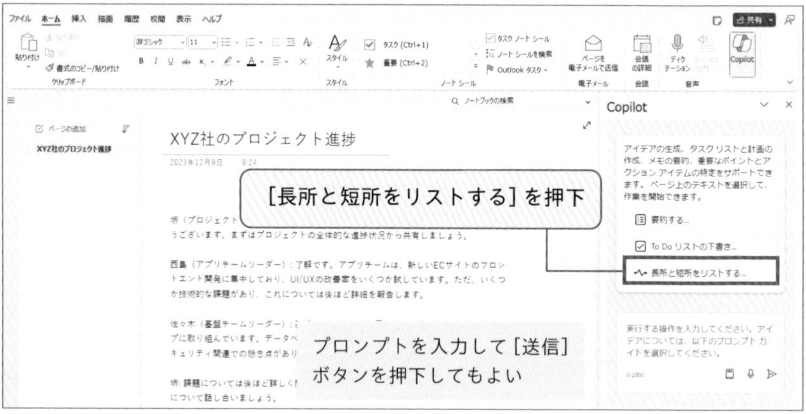

図88-1

図88-2の通り、長所と短所が2つずつリストアップされていることが分かる。このように、Copilotに情報を構造化させることもできる。

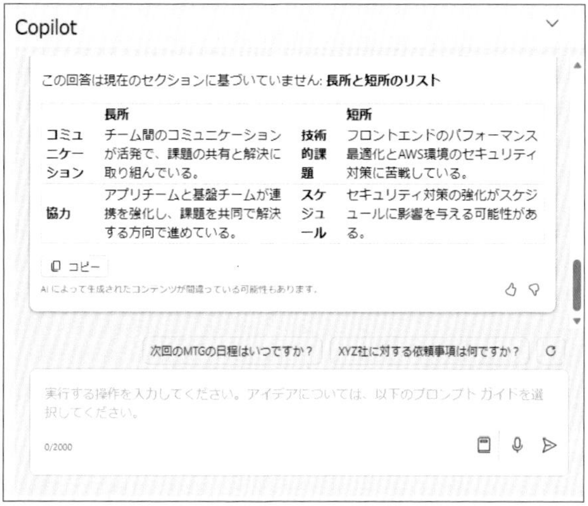
Copilot
この回答は現在のセクションに基づいていません: 長所と短所のリスト
長所
短所
コミュニケーション
チーム間のコミュニケーションが活発で、課題の共有と解決に取り組んでいる。
技術的課題
フロントエンドのパフォーマンス最適化とAWS環境のセキュリティ対策に苦戦している。
協力
アプリチームと基盤チームが連携を強化し、課題を共同で解決する方向で進めている。
スケジュール
セキュリティ対策の強化がスケジュールに影響を与える可能性がある。
コピー
AI によって生成されたコンテンツが間違っている可能性もあります。
次回のMTGの日程はいつですか？
XYZ社に対する依頼事項は何ですか？
実行する操作を入力してください。アイデアについては、以下のプロンプト ガイドを選択してください。
0/2000
図88-2

第 9 章

WhiteboardでのCopilotの活用テクニック

次は、Whiteboard での Copilot の活用テクニックだ。
まずはアプリケーションを起動して、新しいホワイトボードを作成するところからはじめてみよう。
Whiteboard での Copilot は、ちょっとした話題やキーワードを起点にしてブレインストーミングの展開をサポートしてくれる。また、複数のアイデアを分類・整理することもできる。
Whiteboard での Copilot 活用は他のアプリのユースケースとは明確に異なる点がある。ブレインストーミングでは間違いが許容される点だ。だからこそ、他のユースケースよりプロンプトの自由度が高く、ユーザーのセンスが試される。
また、将来的には、Whiteboard の内容を Loop コンポーネントに変換して他の人に共有したり、Whiteboard 上で画像生成ができるようになる予定だ。

Whiteboard の Copilot の概要

Whiteboard の Copilot でできること	●複数のアイデアを分類して整理 ●コンテンツを Loop コンポーネントに変換して共有 ●少数の単語やアイデアを起点にブレインストーミング
プロンプトの例	●(ホワイトボードでは、新しいアイデアを考えてもらったり、アイデアを画像で可視化してもらったり、アイデアを分類・整理してもらうことが簡単な操作で可能)
Tips	●将来的には、画像による可視化を指示すると、生成 AI によって画像が作成されるようになる
注意事項	●Loop との連携は原稿執筆時点で未対応 ●画像生成は原稿執筆時点で未対応

LESSON 89

画面とアプリの起動方法

このレッスンでは、他のアプリと異なるWhiteboard特有のCopilotの起動方法と、主要な3つの使い方を確認しよう。

図89-1に WhiteboardでのCopilotの主要な画面を示した。他のアプリと異なり、Whiteboardでは画面下のメニューの横にあるCopilotボタンを押下してCopilotを起動する。

Copilotへの指示は大きく分けて「候補表示」「分類」「要約」の3つがある。候補表示画面では、ユーザーが入力したプロンプトをもとにCopilotがアイデアを生成してくれる。分類を使うと、複数のアイデアをCopilotが分類・整理してくれる。生成と整理のサイクルを繰り返し回すことでCopilotの能力を最大限に活用することができる。

また、要約を使うと、Whiteboardの内容をまとめ、他の人に共有可能なLoopコンポーネントとして提供してくれる。

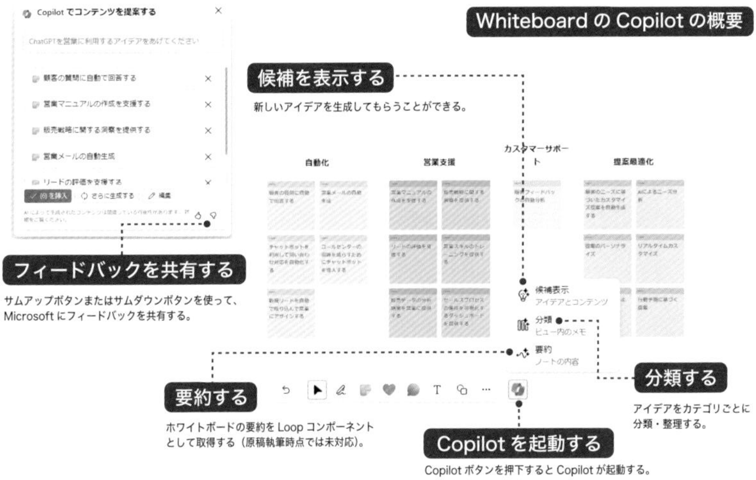

Whiteboard の Copilot の概要
Copilot でコンテンツを提案する
ChatGPTを営業に利用するアイデアをあげてください
顧客の質問に自動で回答する
営業マニュアルの作成を支援する
販売戦略に関する洞察を提供する
営業メールの自動生成
リードの評価を支援する
(6) を挿入
さらに生成する
編集
フィードバックを共有する
サムアップボタンまたはサムダウンボタンを使って、Microsoft にフィードバックを共有する。
候補を表示する
新しいアイデアを生成してもらうことができる。
自動化
営業支援
カスタマーサポート
提案最適化
候補表示
アイデアとコンテンツ
分類
ビュー内のメモ
要約
ノートの内容
分類する
アイデアをカテゴリごとに分類・整理する。
要約する
ホワイトボードの要約を Loop コンポーネントとして取得する（原稿執筆時点では未対応）。
Copilot を起動する
Copilot ボタンを押下すると Copilot が起動する。

図89-1

LESSON 90

WhiteboardでのCopilotの活用シーンと活用ポイント

Whiteboardはフリーハンドで自由に書き込んだり、ブレインストーミングで付箋をどんどん貼っていくツールだ。ここでは、現段階で主要な使い方である、ブレインストーミングにおけるCopilotの活用シーンを紹介する。

1 アイデア出し

Copilotに話題を与えることで、新たなアイデアを提案してもらうことができる。これによってブレインストーミングの立ち上がりを圧倒的に早くすることが可能だ。もちろん、ふわっとした指示を与えると（ブレインストーミングの初めはそうなりがちだ）、どこかで見たようなアイデアしか出てこないかもしれない。だが、そこから具体的な情報をどんどん追加していくことで、より洗練されたアイデアが提案される。

2 アイデアの分類・要約

Copilotにアイデアを整理してもらうこともできる。一通りアイデアが出そろったら、Copilotにアイデアを分類・要約してもらって議論を振り返ろう。情報を構造化することで新たな発見が見つかることは多い。いくつかの観点で分類させるのも有効だ。

CopilotをWhiteboardで活用する際のポイントとしては、とにかく使うことだ。Copilotはいくら考えさせても疲れることがないし、長く考え込むこともない。この利点を活かすためには、一度の提案で終わらせることなく、追加の情報やフィードバックを与えてまた提案させるサイクルを何度も迅速に回すことが肝心だ。

LESSON 91

課題をインプットして複数のアイデアを提案してもらおう

では、Copilotによるアイデアの提案を実際に試してみよう。新製品の開発やマーケティング戦略の策定など、ブレインストーミングが有効なシーンで活用できる。

今回は図91-1の通り、ChatGPTを営業に利用するアイデアを提案させてみよう。

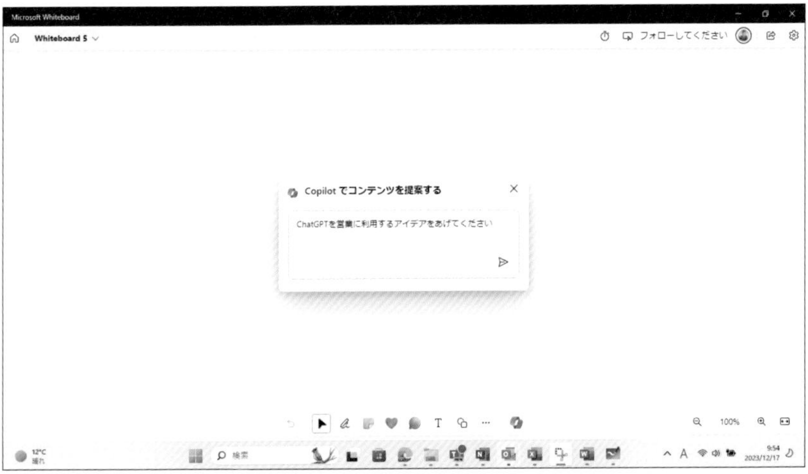

図91-1

図91-1のように「ChatGPTを営業に利用するアイデアをあげてください」と指示すると、Copilotがアイデアを6個提案してくれる。アイデアの数を増やしたければ、「さらに生成する」ボタンを押下すると、図91-2のようにアイデアの数を増やすことができる。また、「編集」を押下すると、各アイデアの中身を編集することができる。

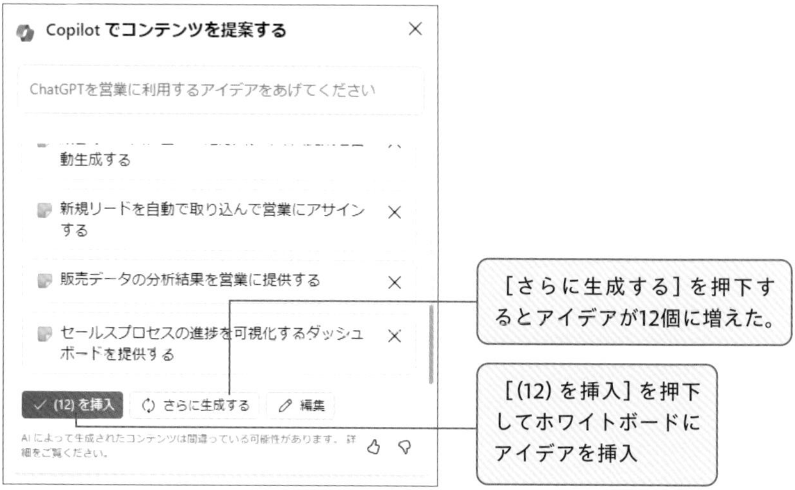
Copilot でコンテンツを提案する
ChatGPTを営業に利用するアイデアをあげてください
動生成する
新規リードを自動で取り込んで営業にアサインする
販売データの分析結果を営業に提供する
セールスプロセスの進捗を可視化するダッシュボードを提供する
(12) を挿入
さらに生成する
編集
AI によって生成されたコンテンツは間違っている可能性があります。詳細をご覧ください。
[さらに生成する] を押下するとアイデアが12個に増えた。
[(12) を挿入] を押下してホワイトボードにアイデアを挿入

図91-2

アイデアの数が増えたところで、ホワイトボードに挿入しよう。図91-2の「(12) を挿入」を押下すると、図91-3のように付箋としてホワイトボードにアイデアが挿入される。

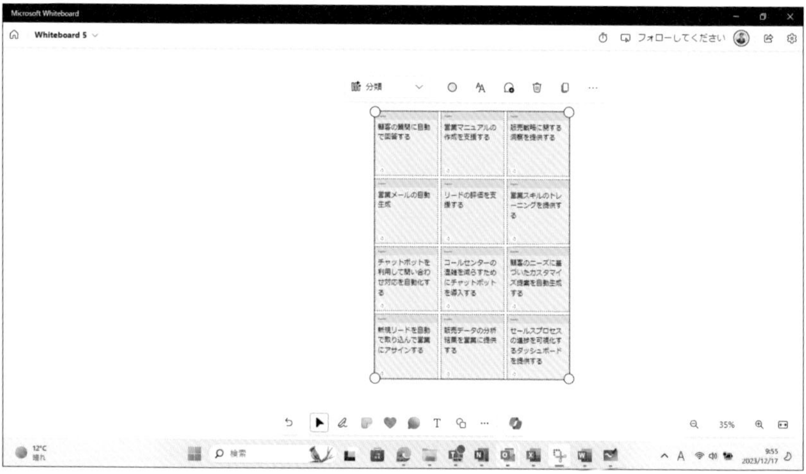
Microsoft Whiteboard
Whiteboard 5
フォローしてください
分類
顧客の質問に自動で回答する
営業マニュアルの作成を支援する
販売戦略に関する洞察を提供する
営業メールの自動生成
リードの評価を支援する
営業スキルのトレーニングを提供する
チャットボットを利用して問い合わせ対応を自動化する
コールセンターの混雑を減らすためにチャットボットを導入する
顧客のニーズに基づいたカスタマイズ提案を自動生成する
新規リードを自動で取り込んで営業にアサインする
販売データの分析結果を営業に提供する
セールスプロセスの進捗を可視化するダッシュボードを提供する
35%

図91-3

さらに、あるアイデアを膨らませたいときにCopilotを活用することもできる。図91-4のように、ホワイトボード上の付箋を右クリックして、「候補表示」を押下しよう。

Microsoft Whiteboard
Whiteboard 5
フォローしてください
顧客の質問に自動で回答する
営業マニュアルの作成を支援する
販売戦略に関する洞察を提供する
営業メールの自動生成
Copilot
編集済み: 09:55
チャットボットを利用して問い合わせ対応を自動化する
コールセンターの混雑を減らすためにチャットボットを導入する
顧客のニーズに基づいたカスタマイズ提案を自動生成する
候補表示
を提供する
35%

図91-4

すると図91-5のように、Copilotがその付箋のアイデアを細分化し、新たなアイデアを提案してくれる。

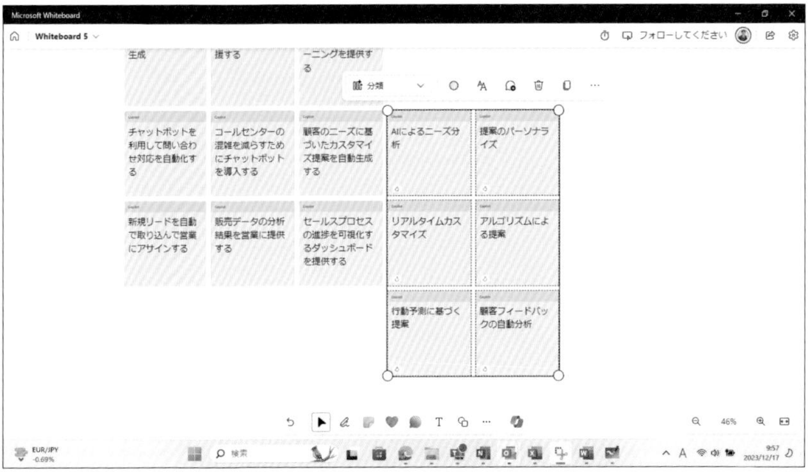

Microsoft Whiteboard
Whiteboard 5
フォローしてください
生成
援する
ーニングを提供する
分類
チャットボットを利用して問い合わせ対応を自動化する
コールセンターの混雑を減らすためにチャットボットを導入する
顧客のニーズに基づいたカスタマイズ提案を自動生成する
AIによるニーズ分析
提案のパーソナライズ
新規リードを自動で取り込んで営業にアサインする
販売データの分析結果を営業に提供する
セールスプロセスの進捗を可視化するダッシュボードを提供する
リアルタイムカスタマイズ
アルゴリズムによる提案
行動予測に基づく提案
顧客フィードバックの自動分析
46%

図91-5

LESSON

92 出たアイデアを分類してもらおう

次に、Copilotにアイデアを分類してもらおう。ブレインストーミングではしばしば、アイデアを発散させた後どう収束させるかが大変なのだが、そんなときもCopilotの出番だ。

ここでも引き続きChatGPTの営業利用を例にするが、「レッスン91：課題をインプットして複数のアイデアを提案してもらおう」とは別の例だ。ホワイトボード上のCopilotボタン、分類ボタンと順番に押下してみよう。

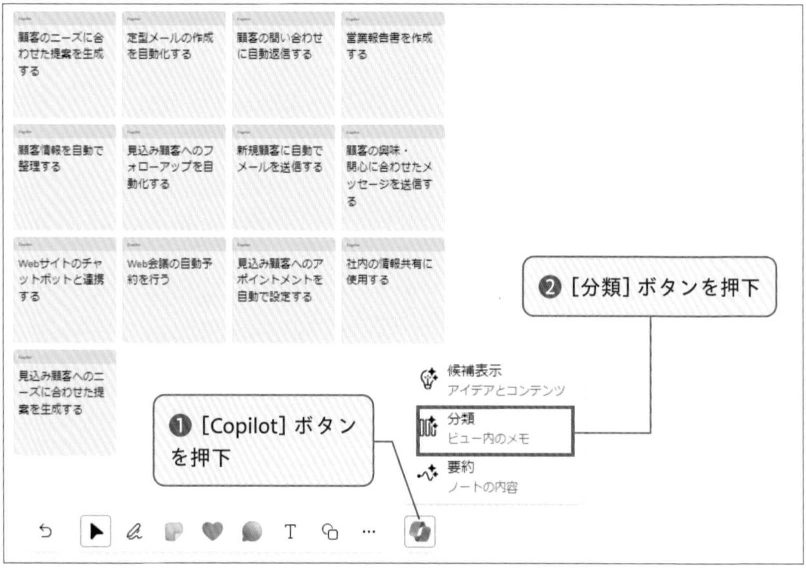

顧客のニーズに合わせた提案を生成する
定型メールの作成を自動化する
顧客の問い合わせに自動返信する
営業報告書を作成する
顧客情報を自動で整理する
見込み顧客へのフォローアップを自動化する
新規顧客に自動でメールを送信する
顧客の興味・関心に合わせたメッセージを送信する
Webサイトのチャットボットと連携する
Web会議の自動予約を行う
見込み顧客へのアポイントメントを自動で設定する
社内の情報共有に使用する
見込み顧客へのニーズに合わせた提案を生成する
❶ [Copilot] ボタンを押下
❷ [分類] ボタンを押下
候補表示
アイデアとコンテンツ
分類
ビュー内のメモ
要約
ノートの内容

図92-1

選択したメモを分類しますか？と表示されるので、分類を押下する。

顧客のニーズに合わせた提案を生成する
定型メールの作成を自動化する
顧客の問い合わせに自動返信する
営業報告書を作成する
顧客情報を自動で整理する
見込み顧客へのフォローアップを自動化する
新規顧客に自動でメールを送信する
顧客の興味・関心に合わせたメッセージを送信する
Webサイトのチャットボットと連携する
Web会議の自動予約を行う
見込み顧客へのアポイントメントを自動で設定する
社内の情報共有に使用する
見込み顧客へのニーズに合わせた提案を生成する
❸ [分類] ボタンを押下
選択したメモを分類しますか?
分類
キャンセル

図92-2

すると、Copilotが「提案生成」「メール自動化」「顧客対応」「情報共有」の4つにアイデアに分類してくれた。「保持する」を押下するとこの分類が保存されるし、気に入らなければ元に戻したり分類を再生成したりすることもできる。

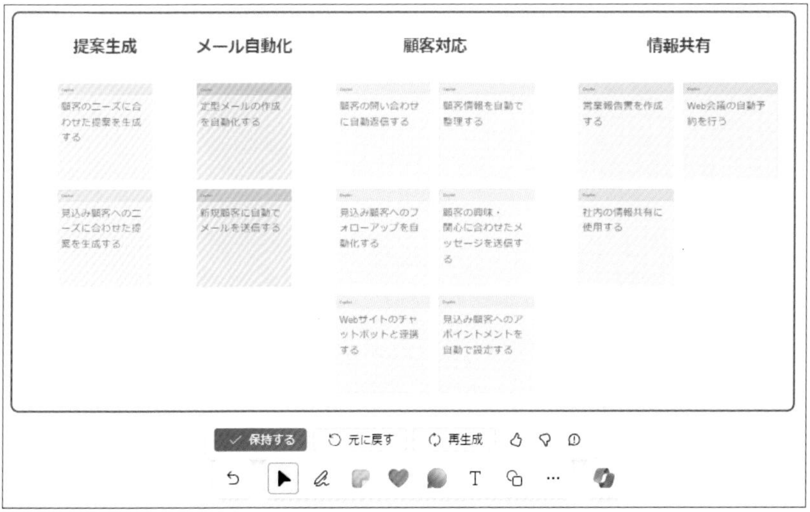
提案生成
メール自動化
顧客対応
情報共有
顧客のニーズに合わせた提案を生成する
見込み顧客へのニーズに合わせた提案を生成する
定型メールの作成を自動化する
新規顧客に自動でメールを送信する
顧客の問い合わせに自動返信する
顧客情報を自動で整理する
見込み顧客へのフォローアップを自動化する
顧客の興味・関心に合わせたメッセージを送信する
Webサイトのチャットボットと連携する
見込み顧客へのアポイントメントを自動で設定する
営業報告書を作成する
Web会議の自動予約を行う
社内の情報共有に使用する
保持する
元に戻す
再生成

図92-3

第10章

Power Automateでの Copilotの活用テクニック

次は、Power Automate での Copilot の活用テクニックだ。
これまで使用したことのない方もおられるかもしれないが、まずはアプリケーションを起動してみよう。

Power Automate で使える Copilot は、RPA（ロボティック・プロセス・オートメーション）に関する機能だ。業務自動化を実現するための手順について質問したり、既存のフローの中身について質問したりすることができる。
また、原稿執筆時点（2023 年 12 月）では未対応だが、文章での指示にもとづいてフローを作成してくれる機能も予定されている。
これまで RPA ツールは、便利である一方でフローを作成したりメンテナンスする労力やコストが高いと言われることも多かった。Copilot によってフローの作成コストが下がれば、より多くの人・業務が自動化の恩恵を享受することになるだろう。

Power Automate の Copilot の概要

Power Automate の Copilot でできること	• 業務自動化の手順を質問 • 既存フローの内容に関する質問 • 文章の指示に基づいてフローを作成
プロンプトの例	• テキストを PDF ファイルから抽出するにはどうしたらいい？ • このフローではどんな作業をしていますか？ • 自分がメンションされたメールを受信したときに、Teams で通知するフローを作成して
Tips	• なし
注意事項	• 原稿執筆時点では英語のみ対応 • 原稿執筆時点ではフロー作成機能は未対応

LESSON

93 画面とアプリの起動方法

ここではPower AutomateでのCopilotの画面構成とアプリの起動方法について、実際の画面とMicrosoftの記載を見ながら確認していく。

PowerAutomateでのCopilotの主要な画面は図93-1の通りだ。Power AutomateでのCopilotでは画面右側のCopilotウィンドウを通してCopilotへ指示ができる。Copitlotウィンドウにはあらかじめプロンプトがいくつか用意されており、そのパターンは1つではない。RPAにあまり詳しくないユーザーはこのプロンプトを眺めるだけでも自動化できる業務の幅広さに驚くのではないだろうか。
また、現在は自動化の手順を教えてくれたり既存のフローの内容を教えてくれたりといったテキストベースの機能しかないが、将来的には図93-1右側の画面のように、文章からフローを作成する機能が予定されている。

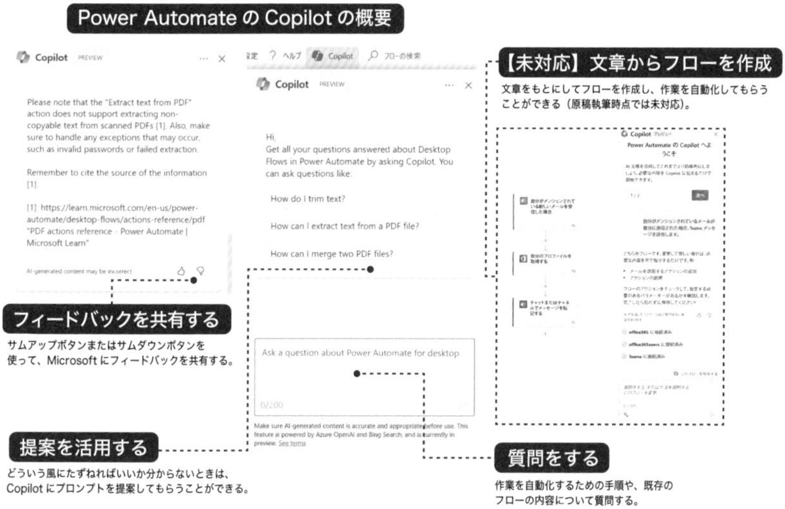
Power Automate の Copilot の概要
Copilot PREVIEW
Please note that the "Extract text from PDF" action does not support extracting non-copyable text from scanned PDFs [1]. Also, make sure to handle any exceptions that may occur, such as invalid passwords or failed extraction.
Remember to cite the source of the information [1].
[1]: https://learn.microsoft.com/en-us/power-automate/desktop-flows/actions-reference/pdf "PDF actions reference - Power Automate | Microsoft Learn"
AI-generated content may be incorrect
設定 ? ヘルプ Copilot フローの検索
Copilot PREVIEW
Hi,
Get all your questions answered about Desktop Flows in Power Automate by asking Copilot. You can ask questions like:
How do I trim text?
How can I extract text from a PDF file?
How can I merge two PDF files?
Ask a question about Power Automate for desktop
0/200
Make sure AI-generated content is accurate and appropriate before use. This feature is powered by Azure OpenAI and Bing Search, and is currently in preview. See terms
フィードバックを共有する
サムアップボタンまたはサムダウンボタンを使って、Microsoft にフィードバックを共有する。
提案を活用する
どういう風にたずねればいいか分からないときは、Copilot にプロンプトを提案してもらうことができる。
【未対応】文章からフローを作成
文章をもとにしてフローを作成し、作業を自動化してもらうことができる（原稿執筆時点では未対応）。
質問をする
作業を自動化するための手順や、既存のフローの内容について質問する。

図93-1

Power AutomateでのCopilotの画面はCopilotボタンを押下することで起動する。

新しいフロー
プレミアムを利用する
環境
Productivity (Accenture Default)
設定
ヘルプ
Copilot
フローの検索
ホーム
自分のフロー
自分と共有
例
❶ [Copilot] アイコンを押下
Power Automate へようこそ,
Power Automate で日常的なタスクをすべて自動化すると、最も重要な業務に専念できます。
自動化を構築して貴重な時間を有意義に使用する方法をご覧ください。
1 分間のビデオを見る
自動化の体験を開始する
Power Automate を実際に使用して、自動化の体験を始めましょう。
Copilotウィンドウ
ツアーを開始する
デスクトップ用 Power Automate のツアーに参加して、
Copilot
PREVIEW
Hi,
Get all your questions answered about Desktop Flows in Power Automate by asking Copilot. You can ask questions like:
How do I trim text?
How can I extract text from a PDF file?
How can I merge two PDF files?
Ask a question about Power Automate for desktop
0/200
Make sure AI-generated content is accurate and appropriate before use. This feature is powered by Azure OpenAI and Bing Search, and is currently in preview. See terms

図93-2

またPower AutomateのCopilotは原稿執筆時点（2023年12月）において以下の様な制限がある。

①英語のみ対応である。
②フローを作成する機能はサポートされていない。

LESSON 94

Power AutomateでのCopilotの活用シーンと活用ポイント

PowerAutomateのCopilotでは自動化する方法を作成したりフローを作成するといったシーンで活用できる。

1 自動化する方法を質問する

まずPower Automateでどのような業務が自動化できるかを理解するため、Copilotに質問を入力してみよう。例えば、「PDFファイルからテキストを抽出するにはどうすればよいですか？」といった具合にCopilotに具体的に質問すれば、Copilotが取り得る自動化のアプローチを教えてくれる。

2 自動化する処理の流れを作成する

現在はサポートされていないが、将来的に自動化したい手作業で行っている業務プロセスについて、Copilotで最適なフローの構築案を検討できるようになる見込みである[36]。

Power AutomateとCopilotを活用して自動化する際は、既存の業務プロセスの効率化にとどまらず、ビジネスプロセスリエンジニアリング（BPR）の観点から、業務プロセスの本来あるべき姿を検討することが重要である。これは、業務を根本から見直し、最も効率的かつ戦略的に価値を提供できる方法を模索することを意味する。自動化は単に時間を節約する手段ではなく、ビジネスの目標の成果を最大化するための戦略的ツールとして使用されるべきである。Copilotの提案は、本来あるべきプロセス設計を根本から考え直す助けとなり、真に価値のある業務に注力できるようになる事を支援する。

LESSON 95

やりたいことの自動化方法を聞いてみよう

Power Automateで自動化したいが、その方法がわからないことがあるだろう。そこでCopilotにやりたい事を自動化する方法を質問してみよう。

1 PDFからテキストを抽出する手順を質問する

Copilotウィンドウに以下のプロンプトを入力すると、自動化の方法を答えてくれる。

「How can I <自動化したいこと>」

図95-1のいずれかの手順で「PDFファイルからテキストを抽出するにはどうすればよいですか？」と英語で質問してみよう。

「How can I extract text from a PDF file?」ボタンを押下
Copilot PREVIEW
Hi,
Get all your questions answered about Desktop Flows in Power Automate by asking Copilot. You can ask questions like:
How do I trim text?
How can I extract text from a PDF file?
How can I merge two PDF files?
How can I extract text from a PDF file?
39/200
Make sure AI-generated content is accurate and appropriate before use. This feature is powered by Azure OpenAI and Bing Search, and is currently in preview. See terms
プロンプトを直接入力して［送信］ボタンを押下してもいい

図95-1

すると、図95-2のように手順を回答してくれた。

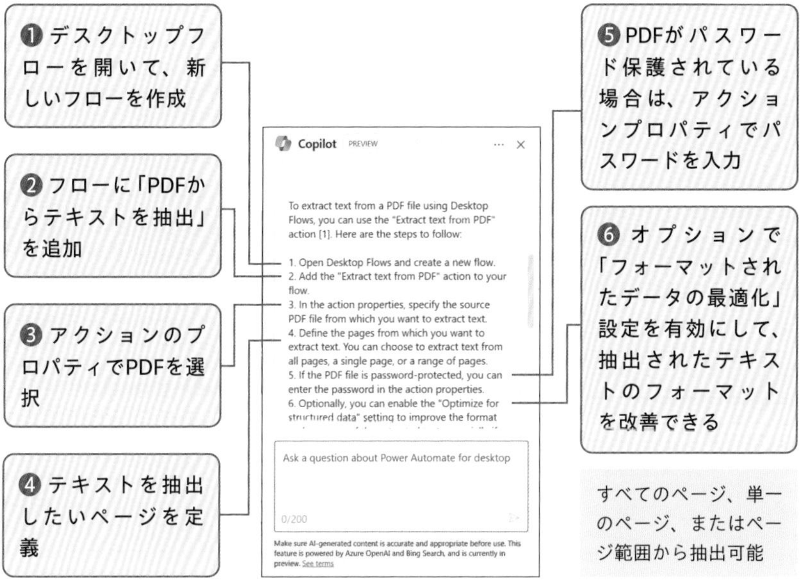
❶デスクトップフローを開いて、新しいフローを作成
❷フローに「PDFからテキストを抽出」を追加
❸アクションのプロパティでPDFを選択
❹テキストを抽出したいページを定義
Copilot PREVIEW
To extract text from a PDF file using Desktop Flows, you can use the "Extract text from PDF" action [1]. Here are the steps to follow:
1. Open Desktop Flows and create a new flow.
2. Add the "Extract text from PDF" action to your flow.
3. In the action properties, specify the source PDF file from which you want to extract text.
4. Define the pages from which you want to extract text. You can choose to extract text from all pages, a single page, or a range of pages.
5. If the PDF file is password-protected, you can enter the password in the action properties.
6. Optionally, you can enable the "Optimize for structured data" setting to improve the format
Ask a question about Power Automate for desktop
0/200
Make sure AI-generated content is accurate and appropriate before use. This feature is powered by Azure OpenAI and Bing Search, and is currently in preview. See terms
❺PDFがパスワード保護されている場合は、アクションプロパティでパスワードを入力
❻オプションで「フォーマットされたデータの最適化」設定を有効にして、抽出されたテキストのフォーマットを改善できる
すべてのページ、単一のページ、またはページ範囲から抽出可能

図95-2

2 2つのPDFファイルをマージする方法を質問する

同様に、図95-3のいずれかの手順で「2つのPDFファイルをマージするにはどうすればいいですか？」という質問を英語でしてみよう。

Copilot PREVIEW
Please note that the "Extract text from PDF" action does not support extracting non-copyable text from scanned PDFs [1]. Also, make sure to handle any exceptions that may occur, such as invalid passwords or failed extraction.
Remember to cite the source of the information [1].
[1]: https://learn.microsoft.com/en-us/power-automate/desktop-flows/actions-reference/pdf "PDF actions reference - Power Automate | Microsoft Learn"
AI-generated content may be incorrect
How can I merge two PDF files?
30/200
Make sure AI-generated content is accurate and appropriate before use. This feature is powered by Azure OpenAI and Bing Search, and is currently in preview. See terms
「How can I merge two PDF files?」ボタンを押下
プロンプトを直接入力して［送信］ボタンを押下してもいい

図95-3

すると、図95-4と図95-5のように手順を回答してくれた。

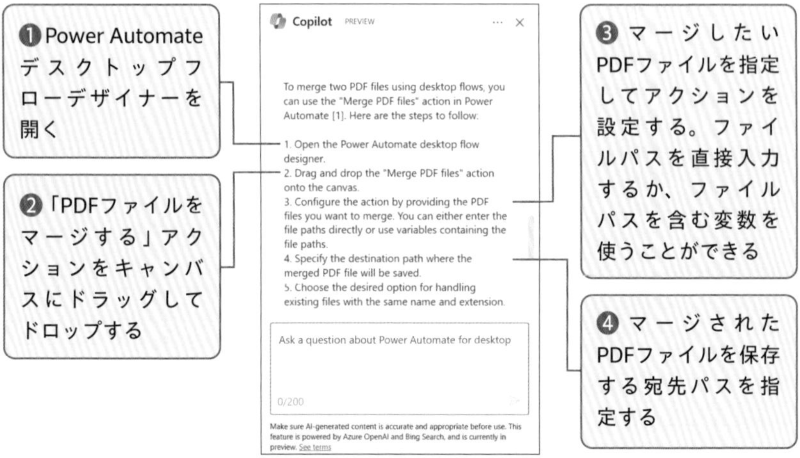

❶Power Automateデスクトップフローデザイナーを開く
❷「PDFファイルをマージする」アクションをキャンバスにドラッグしてドロップする
Copilot PREVIEW
To merge two PDF files using desktop flows, you can use the "Merge PDF files" action in Power Automate [1]. Here are the steps to follow:
1. Open the Power Automate desktop flow designer.
2. Drag and drop the "Merge PDF files" action onto the canvas.
3. Configure the action by providing the PDF files you want to merge. You can either enter the file paths directly or use variables containing the file paths.
4. Specify the destination path where the merged PDF file will be saved.
5. Choose the desired option for handling existing files with the same name and extension.
Ask a question about Power Automate for desktop
0/200
Make sure AI-generated content is accurate and appropriate before use. This feature is powered by Azure OpenAI and Bing Search, and is currently in preview. See terms
❸マージしたいPDFファイルを指定してアクションを設定する。ファイルパスを直接入力するか、ファイルパスを含む変数を使うことができる
❹マージされたPDFファイルを保存する宛先パスを指定する

図95-4

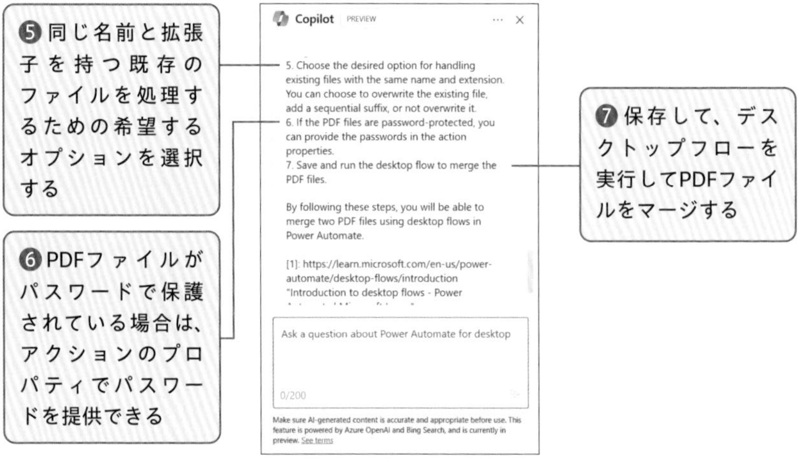

❺同じ名前と拡張子を持つ既存のファイルを処理するための希望するオプションを選択する
❻PDFファイルがパスワードで保護されている場合は、アクションのプロパティでパスワードを提供できる
Copilot PREVIEW
5. Choose the desired option for handling existing files with the same name and extension. You can choose to overwrite the existing file, add a sequential suffix, or not overwrite it.
6. If the PDF files are password-protected, you can provide the passwords in the action properties.
7. Save and run the desktop flow to merge the PDF files.
By following these steps, you will be able to merge two PDF files using desktop flows in Power Automate.
[1]: https://learn.microsoft.com/en-us/power-automate/desktop-flows/introduction "Introduction to desktop flows - Power
Ask a question about Power Automate for desktop
0/200
Make sure AI-generated content is accurate and appropriate before use. This feature is powered by Azure OpenAI and Bing Search, and is currently in preview. See terms
❼保存して、デスクトップフローを実行してPDFファイルをマージする

図95-5

3 CSVファイルを読み込む方法を質問する

同様に、図95-6のいずれかの手順で「CSVファイルを読み込むにはどうすればいいですか？」と英語で質問してみよう。

「How can I read from a CSV file?」ボタンを押下
Copilot PREVIEW
Hi,
Get all your questions answered about Desktop Flows in Power Automate by asking Copilot. You can ask questions like:
How can I read from a CSV file?
How can I write to a CSV file?
How do I compress files?
How can I read from a CSV file?
31/200
Make sure AI-generated content is accurate and appropriate before use. This feature is powered by Azure OpenAI and Bing Search, and is currently in preview. See terms
プロンプトを直接入力して[送信]ボタンを押下してもいい

図95-6

すると、図95-7と図95-8のように手順を回答してくれた。なお画像は回答の一部抜粋である。

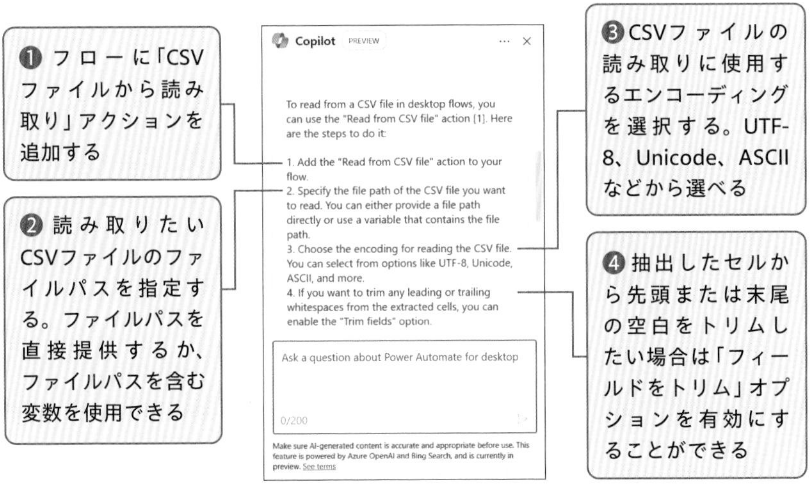
❶フローに「CSVファイルから読み取り」アクションを追加する
❷読み取りたいCSVファイルのファイルパスを指定する。ファイルパスを直接提供するか、ファイルパスを含む変数を使用できる
Copilot PREVIEW
To read from a CSV file in desktop flows, you can use the "Read from CSV file" action [1]. Here are the steps to do it:
1. Add the "Read from CSV file" action to your flow.
2. Specify the file path of the CSV file you want to read. You can either provide a file path directly or use a variable that contains the file path.
3. Choose the encoding for reading the CSV file. You can select from options like UTF-8, Unicode, ASCII, and more.
4. If you want to trim any leading or trailing whitespaces from the extracted cells, you can enable the "Trim fields" option.
Ask a question about Power Automate for desktop
0/200
Make sure AI-generated content is accurate and appropriate before use. This feature is powered by Azure OpenAI and Bing Search, and is currently in preview. See terms
❸CSVファイルの読み取りに使用するエンコーディングを選択する。UTF-8、Unicode、ASCIIなどから選べる
❹抽出したセルから先頭または末尾の空白をトリムしたい場合は「フィールドをトリム」オプションを有効にすることができる

図95-7

❺CSVファイルの最初の行に列名が含まれている場合は「最初の行に列名が含まれる」オプションを有効にできる。これにより、CSVファイルの最初の行に基づいて結果のデータテーブルの列名が設定される

❻CSVファイルを解析するための列区切り文字を指定する。カンマ、セミコロン、タブなどの事前定義された区切り文字から選ぶか、カスタム区切り文字を使用できる

❼アクションを設定したら、結果のデータテーブルをフローの後続のステップで使用できる

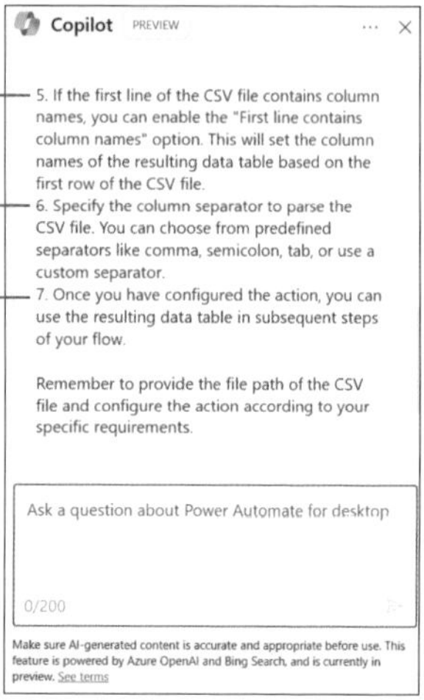
Copilot PREVIEW
5. If the first line of the CSV file contains column names, you can enable the "First line contains column names" option. This will set the column names of the resulting data table based on the first row of the CSV file.
6. Specify the column separator to parse the CSV file. You can choose from predefined separators like comma, semicolon, tab, or use a custom separator.
7. Once you have configured the action, you can use the resulting data table in subsequent steps of your flow.
Remember to provide the file path of the CSV file and configure the action according to your specific requirements.
Ask a question about Power Automate for desktop
0/200
Make sure AI-generated content is accurate and appropriate before use. This feature is powered by Azure OpenAI and Bing Search, and is currently in preview. See terms

図95-8

LESSON 96

自動化する処理の流れ（フロー）を作成してもらおう

執筆時点ではサポートされていないが、Copilotのクラウドフローでは、簡単な自然言語表現を通じてワークフロー作成の自動化が可能になる想定である。[36]

1 クラウドフローデザイナーを使用してフローを作成する

Copilotのクラウドフローデザイナーは以下の流れでフローを作成することができるようになる想定だ。

1. 以下のいずれかの手順でCopilotにフローの説明をする。
   A) Copilotが自動で提案するフローを選択する。
   B) プロンプトで自動化したいシナリオを入力する。

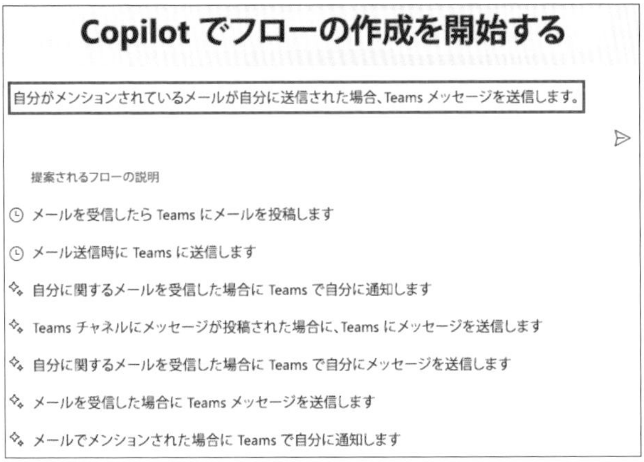
Copilot でフローの作成を開始する
自分がメンションされているメールが自分に送信された場合、Teams メッセージを送信します。
提案されるフローの説明
メールを受信したら Teams にメールを投稿します
メール送信時に Teams に送信します
自分に関するメールを受信した場合に Teams で自分に通知します
Teams チャネルにメッセージが投稿された場合に、Teams にメッセージを送信します
自分に関するメールを受信した場合に Teams で自分にメッセージを送信します
メールを受信した場合に Teams メッセージを送信します
メールでメンションされた場合に Teams で自分に通知します

図96-1[36]

2. Copilotがフローを自動で生成するので、以下のいずれかのアクションを取る。
   A) Copilotが作成したフローを受け入れる。
   B) プロンプトを更新し、別の提案を表示する。
   C) 「これは探しているものではありません」を選択し、他のオプションを表示する。
3. 想定のフローができたら、必要な設定と、「フローを作成する」を選択し、フローを確定する。すると、クラウドフローデザイナーとCopilotが開き、フローが表示される。

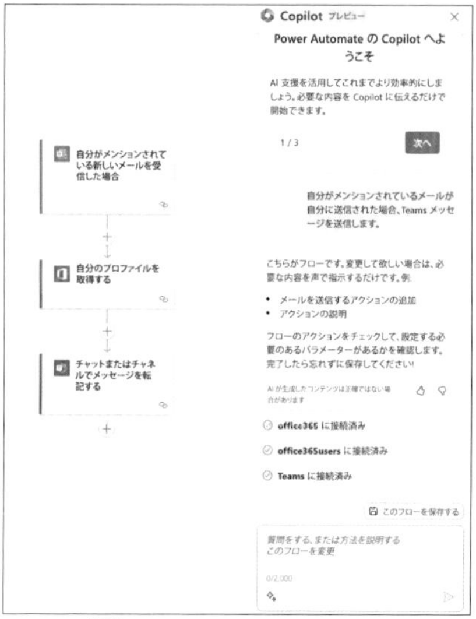
Copilot プレビュー
Power Automate の Copilot へようこそ
AI 支援を活用してこれまでより効率的にしましょう。必要な内容を Copilot に伝えるだけで開始できます。
1 / 3
次へ
自分がメンションされている新しいメールを受信した場合
自分のプロファイルを取得する
チャットまたはチャネルでメッセージを転記する
自分がメンションされているメールが自分に送信された場合、Teams メッセージを送信します。
こちらがフローです。変更して欲しい場合は、必要な内容を声で指示するだけです。例:
• メールを送信するアクションの追加
• アクションの説明
フローのアクションをチェックして、設定する必要のあるパラメーターがあるかを確認します。完了したら忘れずに保存してください!
AI が生成したコンテンツは正確ではない場合があります
office365 に接続済み
office365users に接続済み
Teams に接続済み
このフローを保存する
質問をする、または方法を説明する
このフローを変更
0/2,000
図96-2[36]

4. Copilotウィンドウで Copilotの提案に従ってフローのセットアップを完了するか、Edit with Copilotを使用してフローを編集する。
5. フロー作成が完了したら、「このフローを保存する」を選択しフローを保存する。
6. フローの保存後は「テスト」を選択してテストすることが推奨されている。

この機能を用いると以下のシナリオ例を含め、多くの定型作業が自動化されるだろう。

- 特定のメールアドレスからのメールを受信したら、Teamsに投稿する
- SharePointでアイテムが作成されたらモバイル通知を受け取る

第 11 章

Copilot同士をコラボさせたビジネス上のユースケース

ここまでは、各アプリケーションごとのCopilotの活用テクニックを見てきた。ここからは、各アプリケーションをまたがってCopilot同士をうまく連携しながら業務を遂行するユースケースをみていこう。

LESSON

97 会議を開催しよう

会議が開催されない会社は皆無だろう。このレッスンでは、会議の設定・資料作成といった準備段階から、会議開催後のフォローまでの流れに沿って、どのようにCopilotと仕事を進められるかを見ていこう。

1 会議の参加者を特定するために社内のエキスパートを探す

まず、会議のトピックにあわせて社内のエキスパートが誰か分からない場合、誰がエキスパートなのかをCopilotに聞いてみよう。TeamsのM365チャットで「社内で<トピック名>に詳しい人は誰ですか？」と聞くと回答を返してくれる。

8/31 14:19
社内で生成AIに詳しい人は誰ですか？
M365 チャット 8/31 14:19
アクセンチュア社内で生成AIに詳しい人として、堺勝信さんが挙げられます。彼は、生成AIに関する会議やプロジェクトに関与しており、その分野に精通していると思われます。 1
コピー
1 件の参照
6/20 AI によって生成されたコンテンツは誤っている可能性があります

図97-1

2 参加者の空き時間を検索し会議を設定する

会議の参加者が明確になったら、次は「<人名>の次の空き時間を教えて」とプロンプトを入力して会議体の設定のために空き時間を確認しよう。M365チャットで/を入力するとユーザーやファイルなどを参照できるようになり、確認できるようになる。

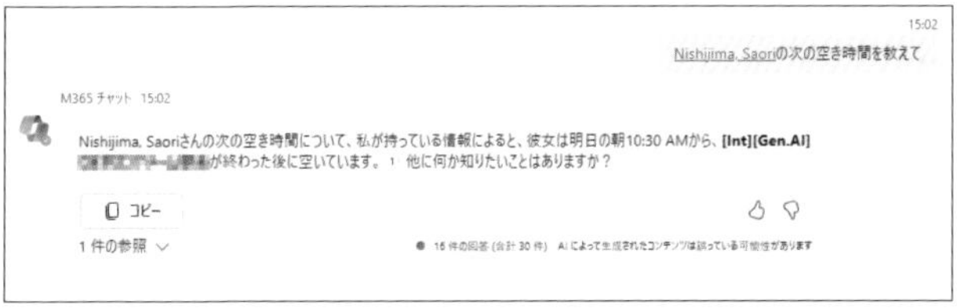
15:02
Nishijima, Saoriの次の空き時間を教えて
M365 チャット 15:02
Nishijima, Saoriさんの次の空き時間について、私が持っている情報によると、彼女は明日の朝10:30 AMから、[Int][Gen.AI]
[redacted]が終わった後に空いています。 1 他に何か知りたいことはありますか？
コピー
1 件の参照
16 件の回答 (合計 30 件) AI によって生成されたコンテンツは誤っている可能性があります

図97-2

ただし、現時点（2024年2月）においては、複数のユーザーの空き時間の確認ができなかったり、ハルシネーションが起こることもあるので、Outlookを直接使用した方がよいかもしれない。Outlookのカレンダーで新規イベントを作成すると、空白のイベントが作成されるので、ここに出席者を追加する。

図97-3

そうすると、自分も含めて全ての出席者の予定を鑑みた、時間帯の候補が提案されるのだ。あとは会議のタイトルなどの情報を入力してインビテーションを送付すれば会議の設定は完了だ。

図97-4

3 社内の関連資料を検索する

次に、社内の関連資料を検索しよう。M365チャットにて、「<トピック名>について教えてください。」と聞くと回答を返してくれる。「<社内用語>とは何ですか？」と社内用語について聞くことも可能だ。

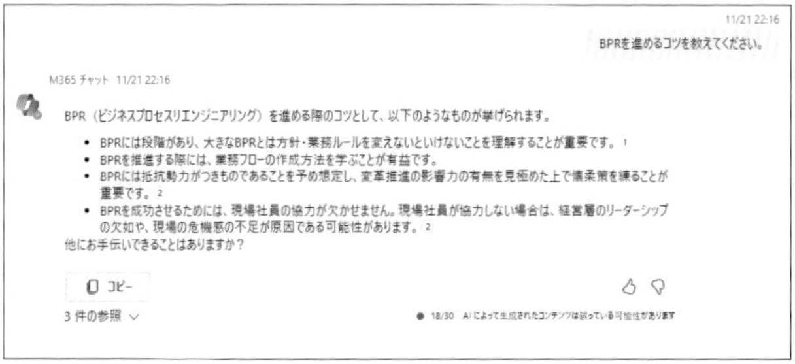
11/21 22:16
BPRを進めるコツを教えてください。
M365 チャット 11/21 22:16
BPR（ビジネスプロセスリエンジニアリング）を進める際のコツとして、以下のようなものが挙げられます。
• BPRには段階があり、大きなBPRとは方針・業務ルールを変えないといけないことを理解することが重要です。[1]
• BPRを推進する際には、業務フローの作成方法を学ぶことが有益です。
• BPRには抵抗勢力がつきものであることを予め想定し、変革推進の影響力の有無を見極めた上で懐柔策を練ることが重要です。[2]
• BPRを成功させるためには、現場社員の協力が欠かせません。現場社員が協力しない場合は、経営層のリーダーシップの欠如や、現場の危機感の不足が原因である可能性があります。[2]
他にお手伝いできることはありますか？
コピー
3 件の参照
18/30 AI によって生成されたコンテンツは誤っている可能性があります

図97-5

11/21 22:16
コンサルタントの心得を教えてください。
M365 チャット 11/21 22:16
コンサルタントとしての心得について、以下のようなものが挙げられます。
• 最初の2年半は、資源＝時間を全て仕事に投入し、没頭することが重要です。同時に、マネージャー以上を目指すなら、自分自身を一つの商品と捉え、自らの商品設計、すなわちポジショニングを考えることが大切です。[1]
• 得意分野・テーマを二つ以上重ね合わせて他人と差別化し、余人を持って代え難い唯一無二の存在となることを意識しましょう。[1]
• 時代が移り変わる中、それぞれの局面で自らの存在感を示すには、専門性は幾つあってもいいです。3年程度のスパンで、自分の胸に手をあて、本当に自分がやりたいテーマ、業界、分野をいくつか決め、極めるべきです。軸が多ければ、唯一無二の存在になれます。[1]
• 常に新しいものへ関心をもち、勉強し続けることが大切です。近年、知識の「減価償却」が早くなりました。企業社会の本質は変わらないが付加価値をつけるためには新しい知識が必要です。一回勉強をやめてしまうと、再び軌道に戻ることが難しいです。新しいことを学ぶことが嫌いな人は、この場から早く立ち去ってほしいです。[1]
他にお手伝いできることはありますか？
コピー
1 件の参照
19/30 AI によって生成されたコンテンツは誤っている可能性があります

図97-6

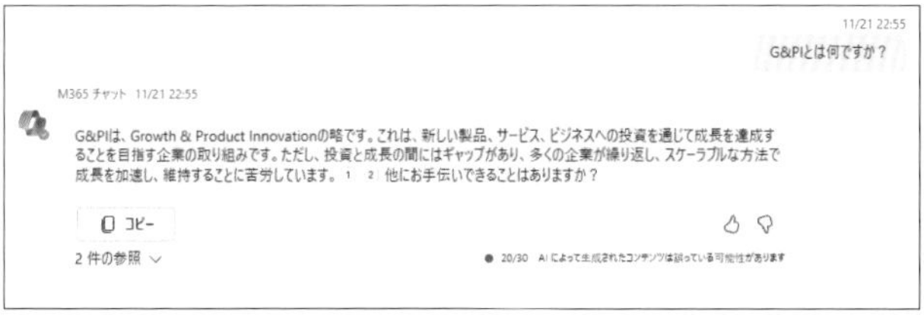
11/21 22:55
G&PIとは何ですか？
M365 チャット 11/21 22:55
G&PIは、Growth & Product Innovationの略です。これは、新しい製品、サービス、ビジネスへの投資を通じて成長を達成することを目指す企業の取り組みです。ただし、投資と成長の間にはギャップがあり、多くの企業が繰り返し、スケーラブルな方法で成長を加速し、維持することに苦労しています。[1] [2] 他にお手伝いできることはありますか？
コピー
2 件の参照
20/30 AI によって生成されたコンテンツは誤っている可能性があります

図97-7

15:13
Accenture Foundation Model Servicesについて教えてください。
M365 チャット 15:13
アクセンチュアのFoundation Model Servicesは、生成型AIアプリケーションをスケールするための新しいサービスセットです。このサービスには、独自の生成型AIモデル「スイッチボード」、カスタマイズ技術、モデル管理サービス、特別なトレーニングプログラムが含まれています。これらのサービスは、アクセンチュアのCenter for Advanced AIによって開発され、AIに30億ドルの投資を行っています。アクセンチュアは、生成型AIに関する特許を1,450件以上保有しており、ファインチューニング、プロンプトエンジニアリング、モデルアーキテクチャなどの独自の能力を持っています。他に何か知りたいことはありますか？
コピー
19 件の回答 (合計 30 件) AI によって生成されたコンテンツは誤っている可能性があります

図97-8

4 会議の資料を作成する

それでは、次に会議の資料を作成しよう。まずはパワーポイントで会議のアジェンダをCopilotにドラフトしてもらおう。「<討議内容>について討議する会議のアジェンダのスライドを追加してください」とCopilotに依頼すれば、すぐにドラフトしてくれる。

Copilot
チャットしたり、質問に答えたり、このプレゼンテーションの下書き作成を手伝ったりできます。
次のことをお試しください...
プレゼンテーションを作成する...
ファイルからプレゼンテーションを作成...
以下についてスライドを追加...
新規生成AIセンターの展示企画について討議する会議のアジェンダのスライドを追加してください。
46/2000
❶プロンプトを入力

図97-9

新規生成ＡＩセンターの展示企画について討議する会議のアジェンダ
• 新規生成ＡＩセンターの概要
• AI テクノロジー導入計画
• AI センターの展示計画
• 展示センター建設計画
• 展示センター実行委員会の創設
• 予算計画と資金調達
Copilot
新規生成ＡＩセンターの展示企画について討議する会議のアジェンダのスライドを追加してください。
OK、こちらです。新規生成ＡＩセンターの展示企画について討議する会議のアジェンダのスライドが追加されました。
デザイナー には、検討すべき他のレイアウト オプションもあります。
AI によって生成されたコンテンツが間違っている可能性もあります。
質問をして、このプレゼンテーションに関する作業を行う
0/2000

図97-10

また、会議のインプットとして、例えばアンケート調査の結果などを出したければ、ExcelでCopilotに分析とグラフ化を依頼することも可能である(レッスン75：データの基礎分析をしてもらおう)。

5 会議を盛り上げる

いざ会議がはじまったが、一通りの発表の後に誰もコメント／質問せず場が静まりかえる経験をした方もおられるだろう。そんな時には、TeamsのCopilotにトピックへの質問候補を出してもらおう（レッスン15：質問する内容を考えてもらおう）。
また、アイディエーションの会議であれば、WhiteboardでCopilotを活用すれば、アイデアやコンテンツに対していくつもの候補を提案してくれ、それらを付箋として追加することもできる（レッスン91：議題をインプットして複数のアイデアを提案してもらおう）。

6 会議を締める

会議を終える前に、会議のサマリを行い出席者全員の認識があっているか確認し、次のアクションアイテムを確認しよう。ここでは、TeamsのミーティングCopilotに、「会議の内容を要約して、アクションアイテムをリスト化してください。」とお願いすれば、会議後の議事録の展開を待たずして、会議中に確認することで、認識のずれを防ぐことができる。

7 会議であがったアクションアイテムをフォローする

会議中にあがったアクションアイテムについては、Plannerなどにチケットとして起票すれば、ToDoが漏れてしまうことはないだろう。 TeamsのCopilotで生成されたメッセージの右上にあるボタンを押下すると、クリップボードにコピーできる（レッスン25：会議の議事メモとToDoを含むメールを送付しよう）。
また、会議の後に「フォローアップの質問を提案する」ようにCopilotに依頼すれば、フォローアップの質問をドラフトしてくれる。これはToDoの期限日が近くなったタイミング、もしくは次回の会議の際に活用できるだろう（レッスン26：会議の振り返りに使おう）。

第12章

終わりに

100個のレッスンもいよいよ3つを残すのみとなった。この章ではCopilot自体の使い方ではなく、トラブルシューティングや拡張機能、今後のロードマップなどについて取り上げる。
本書としては最後の章だが、あなたとCopilotの旅はまだ始まったばかりだ。ここまでのレッスンをマスターしたあなたには、Copilotを使いこなして、来たる生成AI時代に未来を拓くパイロットとして活躍して頂きたい。

LESSON 98

困ったときは公式サイトにアクセスしよう

このレッスンでは、Copilotの使用時に問題が発生したときの対処法を紹介する。なお、ここでの問題とは、Copilotが機能しない等のケースを想定している。

1 ドキュメンテーションとオンラインリソースの活用

まず覚えておいてほしいことは、生成AI関連のサービスは非常に移り変わりが激しい分野だということだ。そして、移り変わりが激しい分野では公式ドキュメントの重要性がより高くなる。他の分野と比べ、ニュースや解説記事が既に古くなっている可能性が高いからだ。まずは公式ドキュメントを読む習慣を身に着けてほしい。2024年2月時点での公式ドキュメントは以下のURLからアクセス可能だ。

https://learn.microsoft.com/ja-jp/microsoft-365-copilot/

2 サポートへの連絡方法

公式ドキュメントを見てもなお不明点があったときには、Microsoftの公式コミュニティ（https://answers.microsoft.com/ja-jp）にアクセスすると良い。ここでは、過去にMicrosoftサポートや有識者のもとに寄せられた質問とその回答を確認することができる。また、コミュニティで新たな質問をすることもできる。2024年2月時点では平均応答時間が2時間となっており、素早い反応が期待できるのがコミュニティの利点だ。
ここまで調べても問題が解決しない場合は、公式サポートページ（https://support.microsoft.com/ja-JP）から問い合わせるのが賢明だろう。

LESSON 99

Copilotのロードマップと拡張機能を確認しよう

これまでに様々な機能を紹介してきたが、Copilotの潜在能力はこんなものではない。MicrosoftはCopilotの壮大なロードマップを公開している。ここでは、目玉機能の1つであるMicrosoft Copilot Studioと、Copilotの今後のロードマップを紹介する。

1 Microsoft Copilot Studio

Microsoft Ignite 2023で、Copilot をカスタマイズし、ユーザー独自のCopilotを構築するためのローコードツールである Microsoft Copilot Studioが発表された。[36] このCopilot Studioは、Copilotに含まれているものであり、以下3つのことができるようになる。

①Copilotを、あなた独自の仕事でのシナリオにあわせて、簡単にカスタマイズできる。
②ユーザー独自のCopilotとカスタムのGPTをすばやく構築・テスト・公開する。
③あなたの行ったカスタマイズとユーザー独自のCopilotを、適切なアクセス／データ／ユーザーコントロール／分析を用いて管理し、保護する。

Copilot Studioを使用すると、ドラッグアンドドロップのローコードアプローチで、プラグインを簡単かつ迅速に構築し、Copilotに直接公開できる。エンタープライズにおける業務シナリオに合わせて Copilot をカスタマイズし、CRMシステムや基幹系のEPRシステムや人事システムなどに接続して、そのシステム情報を参照しないと答えられない様々な質問に答えられるようになるのだ。
例えば、「経費の今四半期の自分の残予算はいくらか？」という質問に対して、通常のCopilotだと「すみません、情報をみつけられませんでした。」という回答となる。

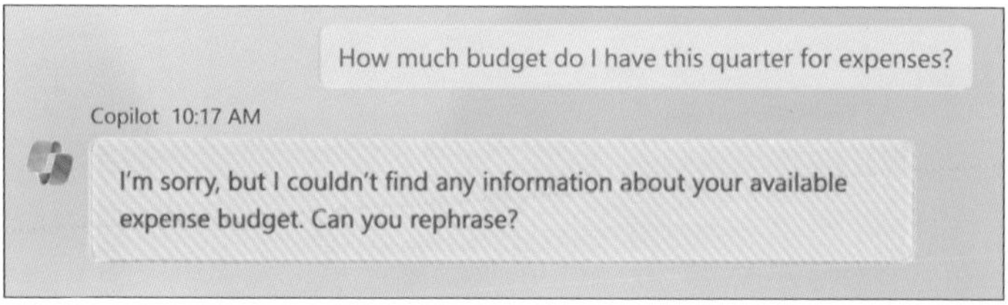
How much budget do I have this quarter for expenses?
Copilot 10:17 AM
I'm sorry, but I couldn't find any information about your available expense budget. Can you rephrase?
図99-1

そこで、このCopilot Studioを用いて、「Expense Budget Summary」(経費予算のサマリ)という会話型のプラグインを作成する。プラグインの名前をつけた後に、「経費の残予算について質問してくる従業員に詳細な情報を提供する」といった具合にプラグインの説明を自然言語で記載しておく。なお、この情報は後からGPTがユースケースに応じてどのプラグインを使用するかを判断するために用いられる。

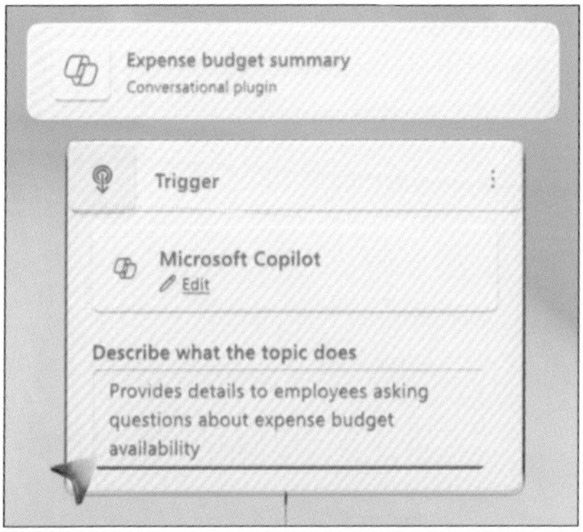

図99-2[36]

そして、ドラッグアンドドロップでアクションを追加し、この例だとSAPの経費予算というテーブルを参照するように設定する。

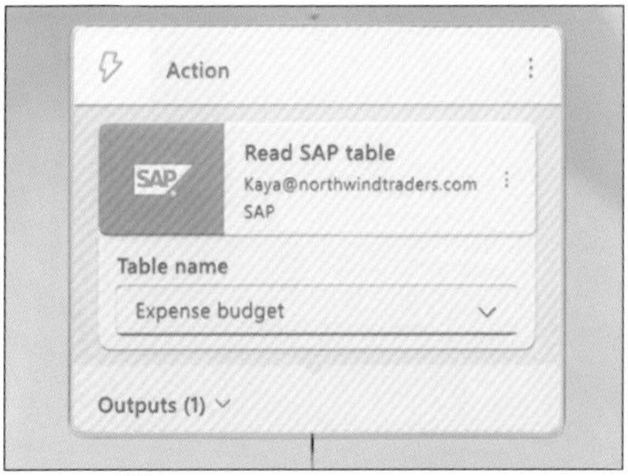

図99-3[36]

そして、SAPのテーブルを参照するアクションの次に回答を生成するチャットを返すようにして、さらにそのチャットの内容はOpenAI GPTを利用して生成する形に設定する。

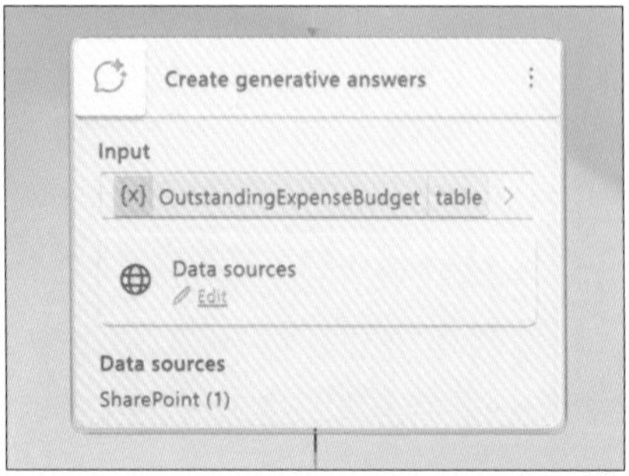

図99-4

図99-5

このようにして、プラグインが完成する。

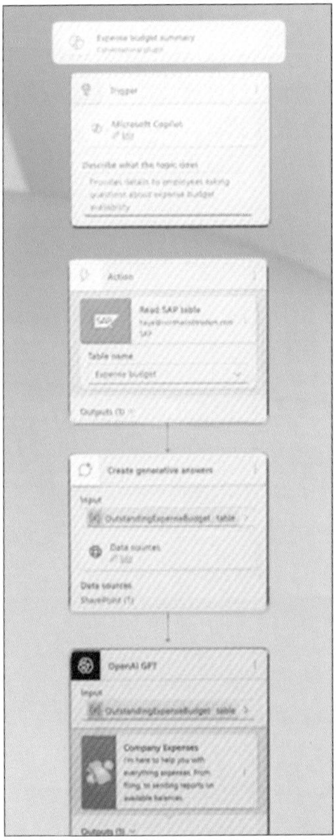
Trigger
Action
Read SAP table
Create generative answers
OpenAI GPT
Company Expenses

図99-6

このプラグインを実行すると、「経費の今四半期の自分の残予算はいくらか？」という質問に対してCopilotが先ほど作成したプラグインを使用して、SAPの情報をもとに図99-7のように回答を出せるようになるのだ。

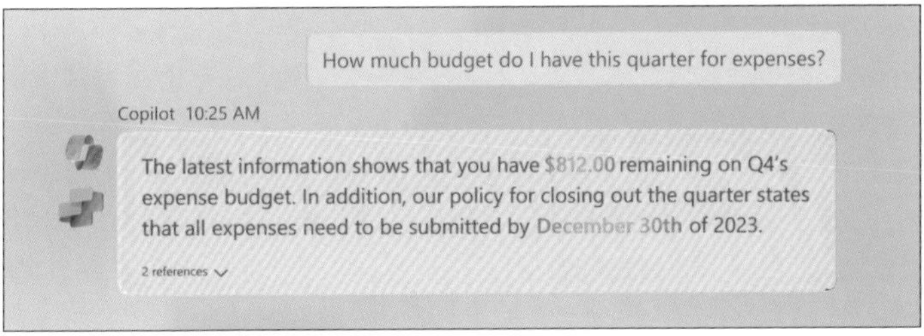
How much budget do I have this quarter for expenses?
Copilot 10:25 AM
The latest information shows that you have $812.00 remaining on Q4's expense budget. In addition, our policy for closing out the quarter states that all expenses need to be submitted by December 30th of 2023.
2 references

図99-7

なおCopilot Studioには、SAP、Workday、ServiceNowなど、1,100を超える事前構築済みのコネクタがあるため、殆どすべてのビジネスデータに簡単に接続できるだろう。また、事前構築済みのコネクタがないデータソースを接続する必要がある場合でも、独自のコネクタを簡単に構築できるそうだ。
社内の様々なシステム・データと連携するプラグインを簡単に構築できることで、対応できるユースケースが劇的に増えるだろう。

2 今後のロードマップ

下記のサイトにアクセスすると、Microsoft 365のロードマップを確認することができる。

https://www.microsoft.com/ja-jp/microsoft-365/roadmap

図99-8

ここで、製品として「Microsoft Copilot for Microsoft 365」を選択すれば、特にCopilot関連の今後のロードマップを確認できるようになる。なお、現時点（2024年2月）においては、37のアイテム（提供中：16アイテム、展開中：2アイテム、開発中：19アイテム）が対象となっている。

図99-9

図99-10

それでは、どんな機能がこれからリリースされる予定なのか、もう少し詳しく見ていこう。

図99-11

展開中のものには、TeamsのチャットリストにCopilotを表示させる機能や、Teamsチャットの作成ボックスにCopilotを呼び出すための機能といったアイテムが含まれる。

図99-12

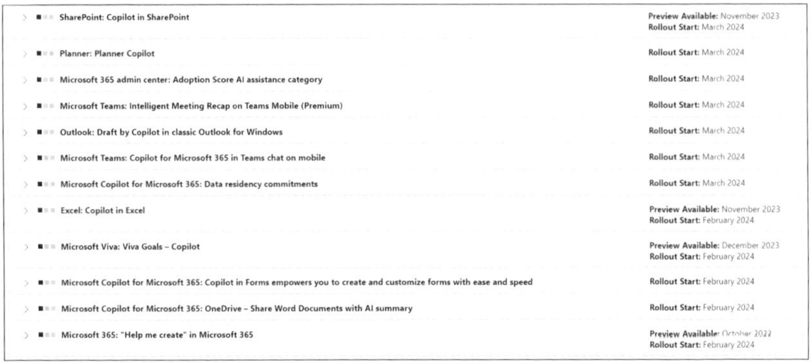

SharePoint: Copilot in SharePoint	**Preview Available:** November 2023 **Rollout Start:** March 2024
Planner: Planner Copilot	**Rollout Start:** March 2024
Microsoft 365 admin center: Adoption Score AI assistance category	**Rollout Start:** March 2024
Microsoft Teams: Intelligent Meeting Recap on Teams Mobile (Premium)	**Rollout Start:** March 2024
Outlook: Draft by Copilot in classic Outlook for Windows	**Rollout Start:** March 2024
Microsoft Teams: Copilot for Microsoft 365 in Teams chat on mobile	**Rollout Start:** March 2024
Microsoft Copilot for Microsoft 365: Data residency commitments	**Rollout Start:** March 2024
Excel: Copilot in Excel	**Preview Available:** November 2023 **Rollout Start:** February 2024
Microsoft Viva: Viva Goals – Copilot	**Preview Available:** December 2023 **Rollout Start:** February 2024
Microsoft Copilot for Microsoft 365: Copilot in Forms empowers you to create and customize forms with ease and speed	**Rollout Start:** February 2024
Microsoft Copilot for Microsoft 365: OneDrive – Share Word Documents with AI summary	**Rollout Start:** February 2024
Microsoft 365: "Help me create" in Microsoft 365	**Preview Available:** October 2022 **Rollout Start:** February 2024

図99-13

開発中のアイテムの中には、主に下記のようなものが含まれる。

- 2024年3月ロールアウト開始予定：SharePointでのCopilotやPlannerのCopilot
- 2024年4月ロールアウト開始予定：Teamsでのインテリジェントリキャップ機能やStreamでのCopilot
- 2024年5月ロールアウト開始予定：Outlookでのメールを起点にスケジュールを調整する機能

読者のみなさんが実際にCopilotを使用する際には、より機能が増えているだろうし、使用しはじめた後にもどんどん機能が追加されていくので、一度試してみてうまくいかなかったユースケースであっても、時間がたったら再度チャレンジしてみることをお勧めする。

LESSON

100 本書のまとめ

さあこれが最後のレッスンだ。本レッスンの最後に便利なウェブサイトやリソースと、プロンプトのリストをまとめておいたので、適宜参考にしてほしい。

1 本書のまとめ

Copilotは、まさにその名の通り「副操縦士」としてユーザーをアシストし、アウトプット作成までの時間を短縮し、アウトプットの質を高め、選択肢（着想／想像力）の幅を広げ、スキルアップを可能とするツールである。もしかすると、一度ではうまく動かなかったシナリオもあるかもしれない。ただ、Copilotとの旅はこれからがはじまりだ。プロンプトも改修を行っていけばより良い結果を得られるようになる。Copilotの機能は随時拡充されていくので、それにあわせて自身のスキルを向上させていこう。
ここで注意すべきは、手段を目的化してはいけない点である。Copilotのできることをいろいろ探して活用するのは大変良いことだが、Copilotを使わなくても簡単にできることまでCopilotを無理に使う必要はない。Copilotを使って大量の資料を効率的に作れても、そもそもその資料が中身のないものであれば価値はない。あくまで目的のアウトプットやアウトカム(成果)の創出に向けて、業務の効率化・スピードアップ・品質向上・アイデア創発等に役立つツール（手段）として使い倒していくべきである。
本書では基本的な使い方を紹介したが、まだまだ可能性は広がっている。他のユーザーと情報交換することで、新しい発見やコツを得ることもできる。ここでは、便利なウェブサイトやリソースと、サンプルプロンプトのリストを紹介する。これらはCopilotをより効果的に使うための参考になるだろう。

2 便利なウェブサイトやリソースのリスト

ここでは覚えておくと便利なサイトやリソースを挙げる

- **Copilot Lab - Microsoft**

https://copilot.cloud.microsoft/ja-JP/prompts?ocid=copilot_akams_copilotlab

- **Copilot プロンプトの詳細 - Microsoft サポート**

https://support.microsoft.com/ja-jp/topic/copilot-%E3%83%97%E3%83%AD%E3%83%B3%E3%83%97%E3%83%88%E3%81%AE%E8%A9%B3%E7%B4%B0-f6c3b467-f07c-4db1-ae54-ffac96184dd5

- **各アプリのCopilotに関するよくある質問 - Microsoft**

各アプリのCopilotのFAQのリンクを紹介する。2024年2月時点では、一部のアプリのみ上記のCopilot Labから各アプリのページに遷移するとFAQのリンクが存在する。なお、後述するサンプルプロンプトのファイルにもFAQのURLを記載しておいたので、必要に応じて参照してほしい。

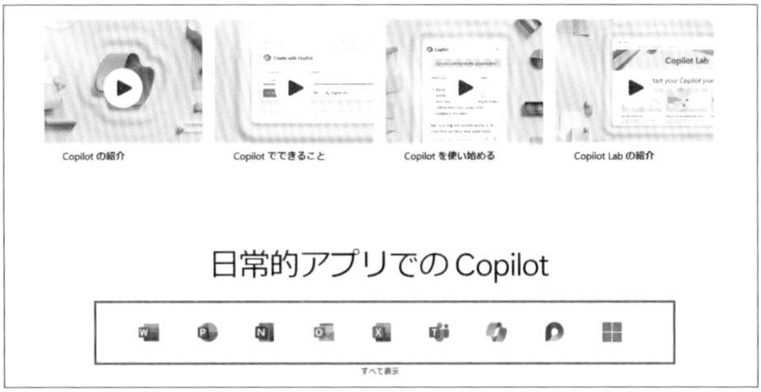

図100-1

図100-2

- **Teams**

https://support.microsoft.com/ja-jp/office/microsoft-teams-%E3%81%AE-copilot-%E3%81%AB%E3%81%A4%E3%81%84%E3%81%A6%E3%82%88%E3%81%8F%E5%AF%84%E3%81%9B%E3%82%89%E3%82%8C%E3%82%8B%E8%B3%AA%E5%95%8F-e8737767-4087-4ae6-b1d8-10264152b05a

- **Outlook**

https://support.microsoft.com/ja-jp/office/outlook-%E3%81%AE-copilot-%E3%81%AB%E3%81%A4%E3%81%84%E3%81%A6%E3%82%88%E3%81%8F%E5%AF%84%E3%81%9B%E3%82%89%E3%82%8C%E3%82%8B%E8%B3%AA%E5%95%8F-07420c70-099e-4552-8522-7d426712917b

- **PowerPoint**

https://support.microsoft.com/ja-jp/office/frequently-asked-questions-about-copilot-in-powerpoint-3e229188-9086-4f4c-9f9f-824cd25ae84f

- **Word**

https://support.microsoft.com/ja-jp/office/word-%E3%81%AE-copilot-%E3%81%AB%E9%96%A2%E3%81%97%E3%81%A6%E3%82%88%E3%81%8F%E5%AF%84%E3%81%9B%E3%82%89%E3%82%8C%E3%82%8B%E8%B3%AA%E5%95%8F-7fa03043-130f-40f3-9e8b-4356328ee072

- **Excel**

https://support.microsoft.com/ja-jp/office/excel-%E3%81%A7%E3%81%AE-copilot-%E3%81%AB%E9%96%A2%E3%81%97%E3%81%A6%E3%82%88%E3%81%8F%E5%AF%84%E3%81%9B%E3%82%89%E3%82%8C%E3%82%8B%E8%B3%AA%E5%95%8F-7a13758f-d61e-4a56-8440-f2c9a07802ec

- **OneNote**

https://support.microsoft.com/ja-jp/office/onenote-%E3%81%A7%E3%81%AE-copilot-%E3%81%AB%E9%96%A2%E3%81%97%E3%81%A6%E3%82%88%E3%81%8F%E5%AF%84%E3%81%9B%E3%82%89%E3%82%8C%E3%82%8B%E8%B3%AA%E5%95%8F-2d9136e0-132a-4d4c-ab0e-39cf3ed914cc

- **Whiteboard**

https://support.microsoft.com/ja-jp/topic/%E3%83%9B%E3%83%AF%E3%82%A4%E3%83%88%E3%83%9C%E3%83%BC%E3%83%89%E3%81%AE-copilot-%E3%81%AB%E9%96%A2%E3%81%97%E3%81%A6%E3%82%88%E3%81%8F%E5%AF%84%E3%81%9B%E3%82%89%E3%82%8C%E3%82%8B%E8%B3%AA%E5%95%8F-cbe05878-d68d-4d9d-83c1-5b47d6b76792

- **Power Automate**

https://learn.microsoft.com/ja-jp/power-automate/faqs-copilot-generative-answers-power-automate-desktop

- プロンプトエンジニアリングガイド – OpenAI（英語のみ）

https://platform.openai.com/docs/guides/prompt-engineering

- プロンプトエンジニアリングガイド – DAIR.AI（日本語対応）

https://www.promptingguide.ai/

引用文献

［1］ 保科　学世, アクセンチュアAIセンター , 生成AI時代の「超」仕事術大全, 東洋経済新報社, 1.Nov.2023.

［2］ Tyna Eloundou, Sam Manning, Pamela Mishkin , Daniel Rock, "GPTs are GPTs: An Early Look at the Labor Market Impact Potential of Large Language Models," 17 Mar. 2023. ［オンライン］.Available: https://arxiv.org/abs/2303.10130.

［3］ 株式会社三菱総合研究所, "ICT によるイノベーションと新たなエコノミー形成に関する調査研究," Mar. 2018. ［オンライン］. Available: https://www.soumu.go.jp/johotsusintokei/linkdata/h30_02_houkoku.pdf.

［4］ アクセンチュア, "AIの民主化," 2023. ［オンライン］. Available: https://www.accenture.com/content/dam/accenture/final/markets/growth-markets/document/Accenture-AI-For-Everyone-J.pdf.

［5］ Microsoft, "マイクロソフトと OpenAI がパートナーシップを拡大," 25 Jan. 2023. ［オンライン］. Available: https://news.microsoft.com/ja-jp/2023/01/25/230125-microsoftandopenaiextendpartnership/.

［6］ Microsoft, "Introducing Microsoft 365 Copilot – your copilot for work," 16 Mar. 2023. ［オンライン］. Available: https://blogs.microsoft.com/blog/2023/03/16/introducing-microsoft-365-copilot-your-copilot-for-work/.

［7］ Microsoft, "Microsoft 365 Enterprise の価格とプランの比較," 2023. ［オンライン］. Available: https://www.microsoft.com/ja-jp/microsoft-365/enterprise/microsoft365-plans-and-pricing. ［アクセス日: 14 Dec. 2023］.

［8］ Microsoft, "法人向けソフトウエアおよびクラウドサービスの価格改定について," 6 Dec. 2023. ［オンライン］. Available: https://news.microsoft.com/ja-jp/2023/12/06/231206-information/.

［9］ Microsoft, "microsoft-365-copilot-flow," Microsoft, 2023. ［オンライン］. Available: https://learn.microsoft.com/ja-jp/microsoft-365-copilot/media/microsoft-365-copilot-flow.png. ［アクセス日: 16 12 2023］.

［10］ Microsoft, "Semantic Index for Copilot: Explained by Microsoft," Microsoft, 2023. ［オンライン］. Available: https://www.youtube.com/watch?v=KtsVRCsdvoU. ［アクセス日: 16 12 2023］.

［11］ Microsoft, "Microsoft Copilot (現 Bing Chat、Copilot in Windows) を 12 月 1 日より正式提供開始。個人のお客様向け機能の紹介," Microsoft, 28 Nov. 2023. ［オンライン］. Available: https://news.microsoft.com/ja-jp/2023/11/28/231128-microsoft-copilot-officially-launched-on-december-1-introduction-of-features-for-individual-customers/.

［12］ Microsoft, "責任あるAI," Microsoft, 2023. ［オンライン］. Available: https://www.microsoft.com/ja-jp/ai/responsible-ai?activetab=pivot1%3aprimaryr6. ［アクセス日: 16 12 2023］.

［13］ Microsoft, "How Microsoft 365 Copilot works," Microsoft, 16 May. 2023. ［オンライン］. Available: https://techcommunity.microsoft.com/t5/microsoft-mechanics-blog/how-microsoft-365-copilot-works/ba-p/3822755.

［14］ Microsoft, "Microsoft 365 アプリを使用した Microsoft Copilot に関するフィードバックの提

供,” Microsoft, 2023.［オンライン］. Available: https://support.microsoft.com/ja-jp/topic/microsoft-copilot-for-microsoft-365-%E3%81%AB%E9%96%A2%E3%81%99%E3%82%8B%E3%83%95%E3%82%A3%E3%83%BC%E3%83%89%E3%83%90%E3%83%83%E3%82%AF%E3%81%AE%E6%8F%90%E4%BE%9B-c481c26a-e01a-4be3-bdd0-aee0b0b2a423.［アクセス日: 16 12 2023］.

［15］Microsoft, “Data, Privacy, and Security for Microsoft Copilot for Microsoft 365,” Microsoft, 15 Dec. 2023.［オンライン］. Available: https://learn.microsoft.com/en-us/microsoft-365-copilot/microsoft-365-copilot-privacy.

［16］Microsoft, “Introducing the Microsoft Copilot Copyright Commitment,” Microsoft, 7 Sep. 2023.［オンライン］. Available: https://www.microsoft.com/en-us/licensing/news/Microsoft-Copilot-Copyright-Commitment.

［17］Microsoft, “Copilot プロンプトでより良い結果を得る,” Microsoft, 2023.［オンライン］. Available: https://support.microsoft.com/ja-jp/topic/copilot-%E3%83%97%E3%83%AD%E3%83%B3%E3%83%97%E3%83%88%E3%81%A7%E3%82%88%E3%82%8A%E8%89%AF%E3%81%84%E7%B5%90%E6%9E%9C%E3%82%92%E5%BE%97%E3%82%8B-77251d6c-e162-479d-b398-9e46cf73da55.［アクセス日: 16 12 2023］.

［18］Microsoft, “Microsoft 365 Copilot : Prompting do's and don'ts,” Microsoft, Oct. 2023.［オンライン］. Available: https://adoption.microsoft.com/files/copilot/Prompt-dos-and-donts-one-pager.pdf.［アクセス日: 16 12 2023］.

［19］茂木健一郎, 成功脳と失敗脳, 総合法令出版, 2015.

［20］SBクリエイティブ株式会社, “プロンプト・エンジニアとは何か？年収4,000万円超え、AI普及で登場した新職種の本質,” 13 May 2023.［オンライン］. Available: https://www.sbbit.jp/article/cont1/113388#:~:text=%E3%83%97%E3%83%AD%E3%83%B3%E3%83%97%E3%83%88%E3%83%BB%E3%82%A8%E3%83%B3%E3%82%B8%E3%83%8B%E3%82%A2%E3%81%A8%E3%81%AF%E4%BD%95%E3%81%8B%EF%BC%9F%20%E5%B9%B4%E5%8F%8E4%2C000%E4%B8%87%E5%86%86%E8%B6%85%E3%81.

［21］Bloomberg, “ＡＩに仕事取って代わられる、米国人の半数近く予想－６年前と様変り,” 18 Aug. 2023.［オンライン］. Available: https://www.bloomberg.co.jp/news/articles/2023-08-17/RZJJ8BT0G1KW01#:~:text=%E7%B4%84%EF%BC%93%E5%88%86%E3%81%AE%EF%BC%91%E3%81%AF%EF%BC%A1%EF%BC%A9%E3%82%92%E3%81%99%E3%81%A7%E3%81%AB%E8%81%B7%E5%A0%B4%E3%81%A7%E6%B4%BB%E7%94%A8%E3%81%97%E3%81%A6%E3%81%8.

［22］Microsoft, “Microsoft Teams での Copilot 会議を開始する,” Nov. 2023.［オンライン］. Available: https://support.microsoft.com/ja-jp/office/microsoft-teams-%E3%81%A7%E3%81%AE-copilot-%E4%BC%9A%E8%AD%B0%E3%82%92%E9%96%8B%E5%A7%8B%E3%81%99%E3%82%8B-0bf9dd3c-96f7-44e2-8bb8-790bedf066b1.［アクセス日: 11 12 2023］.

［23］DeepL, “DeepL Translator (free),” DeepL,［オンライン］. Available: https://www.deepl.com/ja/pro-license?tab=free.［アクセス日: 16 Dec 2023］.

［24］G. V. Mappartida, “Copilot in Outlook helps you achieve more,” Microsoft, 2023 Nov. 15.［オンライン］. Available: https://techcommunity.microsoft.com/t5/outlook-blog/copilot-in-outlook-helps-you-achieve-more/ba-p/3981033.

［25］ Microsoft, “PowerPoint の Copilot へようこそ,” ［オンライン］. Available: https://support.microsoft.com/ja-jp/office/powerpoint-%E3%81%AE-copilot-%E3%81%B8%E3%82%88%E3%81%86%E3%81%93%E3%81%9D-57133c75-24c0-4519-8096-d0dadf25fb8d. ［アクセス日: 17 Dec. 2023］.

［26］ Microsoft, “PowerPoint の Copilot を使用して新しいプレゼンテーションを作成する,” ［オンライン］. Available: https://support.microsoft.com/ja-jp/office/%E6%96%B0%E3%81%97%E3%81%84%E3%83%97%E3%83%AC%E3%82%BC%E3%83%B3%E3%83%86%E3%83%BC%E3%82%B7%E3%83%A7%E3%83%B3%E3%82%92%E4%BD%9C%E6%88%90%E3%81%99%E3%82%8B-3222ee03-f5a4-4d27-8642-9c387ab4854d. ［アクセス日: 29 Feb. 2024］.

［27］ Microsoft, “PowerPoint で組織のテンプレートを使用する,” ［オンライン］. Available: https://support.microsoft.com/ja-jp/office/powerpoint-%E3%81%A7%E7%B5%84%E7%B9%94%E3%81%AE%E3%83%86%E3%83%B3%E3%83%97%E3%83%AC%E3%83%BC%E3%83%88%E3%82%92%E4%BD%BF%E7%94%A8%E3%81%99%E3%82%8B-2baa9e36-d4a7-4ef1-bb3e-39b39b7035d5. ［アクセス日: 17 Dcc. 2023］.

［28］ Microsoft, “PowerPoint の Copilot で組織のブランド化を使用する,” ［オンライン］. Available: https://support.microsoft.com/ja-jp/office/powerpoint-%E3%81%A7-copilot-%E3%81%A7organization%E3%81%AE%E3%83%96%E3%83%A9%E3%83%B3%E3%83%89%E5%8C%96%E3%82%92%E4%BD%BF%E7%94%A8%E3%81%99%E3%82%8B-c8bc6df5-37ed-4398-8b90-f78a8fdcf9bb. ［アクセス日: 17 Dec. 2023］.

［29］ Microsoft, “Word の Copilot へようこそ,” ［オンライン］. Available: https://support.microsoft.com/ja-jp/office/word-%E3%81%AE-copilot-%E3%81%B8%E3%82%88%E3%81%86%E3%81%93%E3%81%9D-2135e85f-a467-463b-b2f0-c51a46d625d1#:~:text=%E7%8F%BE%E5%9C%A8%E3%80%81Copilot%20%E3%81%A7%E5%87%A6%E7%90%86%E3%81%A7%E3%81%8D%E3%82%8B,%E3%81. ［アクセス日: 17 Dec. 2023］.

［30］ Microsoft, “Microsoft Copilot でサポートされている言語,” ［オンライン］. Available: https://support.microsoft.com/ja-jp/office/microsoft-365-%E3%81%A7%E3%82%B5%E3%83%9D%E3%83%BC%E3%83%88%E3%81%95%E3%82%8C%E3%81%A6%E3%81%84%E3%82%8B%E8%A8%80%E8%AA%9E%E3%81%AE-copilot-94518d61-644b-4118-9492-617eea4801d8. ［アクセス日: 17 Dec. 2023］.

［31］ Microsoft, “Word の Copilot を使用してコンテンツの下書きと追加を行う,” ［オンライン］. Available: https://support.microsoft.com/ja-jp/office/word-%E3%81%AE-copilot-%E3%82%92%E4%BD%BF%E7%94%A8%E3%81%97%E3%81%A6%E3%82%B3%E3%83%B3%E3%83%86%E3%83%B3%E3%83%84%E3%81%AE%E4%B8%8B%E6%9B%B8%E3%81%8D%E3%81%A8%E8%BF%BD%E5%8A%A0%E3%82%92%E8%A1%8C%E3%81%86-069c91f0-9e42-4c9a-bbce-fddf5d581541. ［アクセス日: 29 Feb. 2024］.

［32］ Microsoft, “Word の Copilot を使用してコンテンツを変換する,” ［オンライン］. Available: https://support.microsoft.com/ja-jp/office/word-%E3%81%AE-copilot-%E3%82%92%E4%BD%BF%E7%94%A8%E3%81%97%E3%81%A6%E3%82%B3%E3%83%B3%E3%83%86%E3%83%B3%E3%83%84%E3%82%92%E5%A4%89%E6%8F%9B%E3%81%99%E3%82%8B-923d9763-f896-4da7-8a3f-5b12c3bfc475. ［アクセス日: 17 Dec. 2023］.

［33］ Microsoft, “スクリーン リーダーを使用してWordで Copilot を使用する,” ［オンライン］. Available: https://support.microsoft.com/ja-jp/topic/%E3%82%B9%E3%82%AF%E3%83%AA%E3%83%BC%E3%83%B3-%E3%83%AA%E3%83%BC%E3%83%80%E3%83%BC%E3%82%92

%E4%BD%BF%E7%94%A8%E3%81%97%E3%81%A6word%E3%81%A7-copilot-%E3%82%92%E4%BD%BF%E7%94%A8%E3%81%99%E3%82%8B-d6132416-993f-42d1-9c2c-4b84c112a9a5#bkmk_rewriteweb. [アクセス日: 29 Feb. 2024].

[34] Guru Solutions, LLC, "Free Example Data Sets For Spreadsheets [Instant Download]," 31 Aug. 2022. [オンライン]. Available: https://www.thespreadsheetguru.com/sample-data/.

[35] Microsoft, "クラウド フローで Copilot の利用を開始する - Power Automate | Microsoft Learn," 6 Dec. 2023. [オンライン]. Available: https://learn.microsoft.com/ja-jp/power-automate/get-started-with-copilot.

[36] Microsoft, "Announcing Microsoft Copilot Studio," 15 Nov. 2023. [オンライン]. Available: https://www.microsoft.com/en-us/microsoft-365/blog/2023/11/15/announcing-microsoft-copilot-studio-customize-copilot-for-microsoft-365-and-build-your-own-standalone-copilots/.

著者紹介

堺 勝信（さかい・かつのぶ）

アクセンチュア　ビジネス コンサルティング本部 データ&AIグループ
マネジング・ディレクター

北海道大学教育学部卒。企業の経営課題だけでなくその先の社会課題も解決してよりよい未来を創ることをパーパスとしながら、データ&AIグループのAIアーキテクトチームリード 兼 ジェネレーティブAIの日本リード 兼 ビジネス コンサルティング本部でのディスアビリティ・インクルージョンリードを担当。著書に『生成AI時代の「超」仕事術大全』（東洋経済新報社刊）がある。

佐々木　三泰（ささき・みつやす）

アクセンチュア　ビジネス コンサルティング本部 データ&AIグループ
チーフフェロー

早稲田大学大学院理工学研究科電気工学修士課程修了。AI Hub プラットフォームを基軸としたAIを基幹システムに組み入れるためのシステム構想立案から実装までを受け持つ一方、AIソリューションの導入プロジェクトのプロジェクトマネジャーを担当。著書に『生成AI時代の「超」仕事術大全』（東洋経済新報社刊）がある。

西島　沙織（にしじま・さおり）

アクセンチュア　ビジネス コンサルティング本部 データ&AIグループ
シニア・マネジャー

明星大学情報学部卒。通信・ハイテク、官公庁、製造等の業界に対して、基幹業務システムの構想段階から実装までを担当。ジョイントベンチャー設立における分析基盤構築などを通じ、データ・AI利活用支援業務に従事するほか、自社内での生成AI活用企画・推進を実施。

平岡　将史（ひらおか・まさし）

アクセンチュア　ビジネス コンサルティング本部 データ&AIグループ
コンサルタント

大阪大学大学院工学研究科電気電子情報工学専攻修士課程修了。ディープラーニングを用いた動画検索や生成AIを用いたシステム運用保守改善など、幅広いAIソリューションのPoCプロジェクトを担当。

高野　拓海（たかの・たくみ）

アクセンチュア　ビジネス コンサルティング本部 データ&AIグループ
アナリスト

慶應義塾大学開放環境科学専攻修士課程修了。通信業界におけるデータ分析モデルの開発及び運用業務に従事するほか、社内での生成AIを用いた業務効率化の支援を担当。

李 相雲（い・さんうん）

アクセンチュア　ビジネス コンサルティング本部 データ&AIグループ
アナリスト

韓国、Dongyang University産業工学科卒。ドライブレコーダーで撮影された事故データを分析し、事故の査定に必要な情報を自動で抽出するシステムの運用保守を担当。

INDEX

英字

ア

カ

サ

タ

ハ

マ

Microsoft Copilot for Microsoft 365活用大全

2024年 4月 8日 第1版第1刷発行
2024年 6月14日 第1版第4刷発行

著者	アクセンチュア データ＆AIグループ
発行者	中川ヒロミ
編集	進藤 寛
発行	株式会社日経BP
発売	株式会社日経BPマーケティング 〒105-8308 東京都港区虎ノ門4-3-12

装丁	小口翔平＋後藤司（tobufune）
本文デザイン・制作	クニメディア株式会社
印刷・製本	図書印刷株式会社

ISBN978-4-296-08034-2

●本書に掲載した内容についてのお問い合わせは、下記Webページのお問い合わせフォームからお送りください。電話およびファクシミリによるご質問には一切応じておりません。なお、本書の範囲を超えるご質問にはお答えできませんので、あらかじめご了承ください。ご質問の内容によっては、回答に日数を要する場合があります。
https://nkbp.jp/booksQA